2022 中国建筑教育

设计研究与教学·思路与方法

CHINA ARCHITECTURAL EDUCATION

U0192305

组织编写

中国建筑出版传媒有限公司（中国建筑工业出版社）
教育部高等学校建筑学专业教学指导分委员会
全国高等学校建筑学专业教育评估委员会
中国建筑学会

中国建筑工业出版社

图书在版编目（CIP）数据

2022 中国建筑教育：设计研究与教学·思路与方法 /
中国建筑出版传媒有限公司（中国建筑工业出版社）等组
织编写 .—北京：中国建筑工业出版社，2022.9
ISBN 978-7-112-27859-6

Ⅰ . ① 2⋯ Ⅱ . ①中⋯ Ⅲ . ①建筑学—教育研究—中
国 Ⅳ . ① TU-4

中国版本图书馆 CIP 数据核字（2022）第 161638 号

责任编辑：李　东　徐昌强　陈夕涛
责任校对：李辰馨

2022 中国建筑教育
设计研究与教学·思路与方法
CHINA ARCHITECTURAL EDUCATION
组织编写
中国建筑出版传媒有限公司（中国建筑工业出版社）
教育部高等学校建筑学专业教学指导分委员会
全国高等学校建筑学专业教育评估委员会
中国建筑学会
＊
中国建筑工业出版社出版、发行（北京海淀三里河路 9 号）
各地新华书店、建筑书店经销
北京雅盈中佳图文设计公司制版
北京中科印刷有限公司印刷
＊
开本：880 毫米 ×1230 毫米　1/16　印张：10　字数：330 千字
2022 年 9 月第一版　2022 年 9 月第一次印刷
定价：48.00 元
ISBN 978-7-112-27859-6
（39999）

2022 年

目 录

市郊驱动
——记市郊轨道交通站点城市设计研究生设计课程

朱 渊

Driving of Suburban
—Graduate Design Course of Urban
Design for Suburban Rail Transit Stations

■ **摘要**：从市郊驱动的维度驱动设计与发展的角度出发，在研究生课程中讨论市郊线站点在城市设计中的思维推进，一方面指向基于轨道站点基本问题的实践性探索，另一方面希望在效能激发的基础上，形成对于未来轨道站点发展问题的系列性研究。课程以一个站点为设计对象，通过研究效能引导的基本认知，和动能差异的能动性激发，形成市郊轨道交通站点特性的点线联通、长效弹性、地块联动和管控能动的策略引导，并通过不同市郊主题特色发展的课程案例对效能进行具体解析。

■ **关键词**：市郊；轨道站点；效能；设计课程

Abstract：From the perspective of efficiency-driven design and development, this paper discusses the thinking advancement of suburban railway stations in urban design in the graduate course. On the one hand, it points to the practical exploration based on the basic problems of rail stations, and on the other hand, it hopes to form a series of researches on the future development of rail stations on the basis of efficiency-driven design. Through the study of basic cognitive efficiency of station, and efficiency difference of initiative, it raises the feature of suburban rail transit, such as point-line system, long-term elasticity, block linkage and control the dynamic policy guidance, and through the case to explain the different subject course for specific efficiency.

Keywords：Suburb, Railway Station, Efficiency, Design Course

受江苏省高等教育教改研究立项资助（2021JSJG383）、国家自然基金面上基金资助（51778121）

　　轨道交通市郊线网的快速发展，在打通了"市－郊"公共交通快速通路的同时，承载了更多对于"市－郊"之间的空间联通、价值驱动、城市疏解和资源整合的重要作用，这成为在快速城镇化的城市转型中，以轨道交通的网络化建设促进城乡发展的重要功能之一。市郊线网的发展，在都市圈发展、地块整合开发、优化生活品质中，具有激发市郊互动的强大引导力。针对轨道交通发展的特性，尤因与塞韦罗（Ewing & Cervero）等学者在 5D 原则[①] 中，进一步强调了可达性的重要性，并强化了密度、距离、多样性等基本要素与之关联的重新思考。这在强调了轨道的基本特性的同时，也带来了基于人的本体思考下的"新"动能理念与思考模式。

城乡一体化的市郊轨道的建设领域，强化了在"站城一体化"基本问题基础上，相关"空间耦合""协同发展""弹性效率""城所属性"等不同指标和维度的拓展，由此强化了市郊轨道发展特性对站域周边城市要素影响的进一步理解和研究。

市郊驱动主题下轨交站点的研究生城市设计课程，一方面聚焦市郊维度探索市郊线网站点的特殊内涵，另一方面强调站点及其线网带来的以点及面的动能驱动形成的面向未来的发展潜力。课程希望通过设计研究，触发突破现有制度与管理局限，探索面向未来革新的新尝试。由此在对"新"的理解基础上，强化轨交的系统性牵引与站域城市空间的进一步深化引导。

本次研究生设计课，以市郊宁句线（南京－句容）的白水桥站点为设计对象，希望以动态发展意识实验性地探索市郊站点的特定属性和轨道交通站点迭代发展的长效机制，研究市郊站点的发展模式与潜力。

该站点为两线换乘站，上位规划定位为住区类型站点。其中，两线之间的联络线穿过地块，需要结合地块开发进行一体化考虑；而下穿的城市快速路，对于沿路的南北地块的连接带来挑战（图 1、图 2）。

课程在轨道站点一体化设计目标下，从 TOD 的基本理论研究出发，通过典型的案例调研、概念设计的模式研究，到模式推演下的整体设计（图 3），希望以轨道流动带来的全新动能牵引周边城市的发展动力，形成对已知和未知问题的全新探索，其中包括对于流动性、共享性、街区模式、社区模式等各种不同属性的进一步研究。基于此，课程在市郊特性研究的基础上，梳理不同主题，探索提升效能的多元路径，并通过设计分析和差异化视角的聚焦，结合市－郊、城市－建筑的整合趋势，提出轨道交通站点站域空间发展的特定意图和发展路径。

一、市郊驱动的维度认知

轨交公共交通带动下的市郊流动，在人流、物流、信息流和活力流传输的同时，形成了对城市宏观架构与特性的驱动式整合，并带来了对于市郊空间整体与局部定位的系统化思考。针对站点的核心基本特性，需满足更综合和精细化的站点开发、接驳、活力、价值等多方面需求。而这些基本需求上的交叉融合将以一种群集效应，在基本交通、功能诉求中产生更复杂的附加值，由此对空间价值和效能产生关联影响。

图 1　白水桥站点在宁句线的区位

图 2　白水桥站点平面与地下空间剖面基本情况

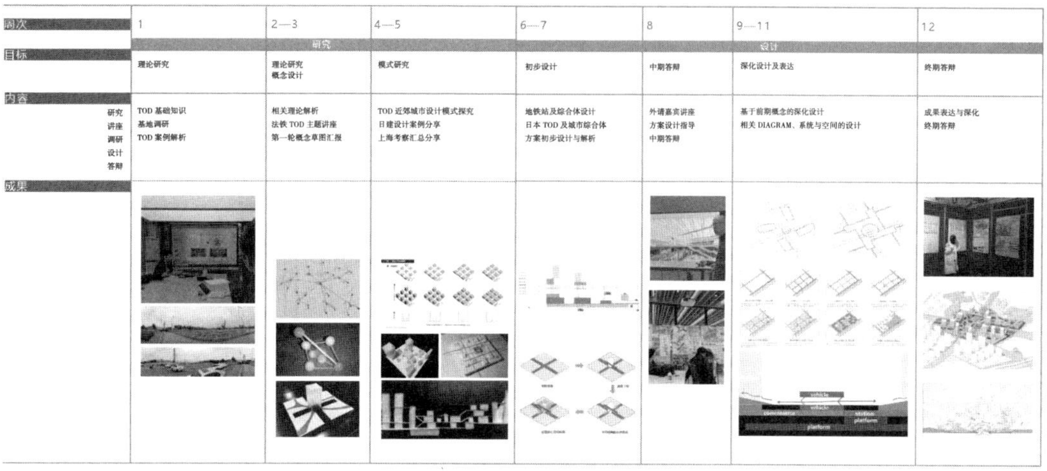

周次	1	2—3	4—5	6—7	8	9—11	12
		研究				设计	
目标	理论研究	理论研究 概念设计	模式研究	初步设计	中期答辩	深化设计及表达	终期答辩
内容	研究 讲座 调研 设计 答辩 TOD 基础知识 基地调研 TOD 案例解析	相关理论解析 法铁 TOD 主题讲座 第一轮概念草图汇报	TOD 近郊城市设计模式研究 日建设计案例分享 上海考察汇总分享	地铁站及综合体设计 日本 TOD 及城市综合体 方案初步设计与解析	外请嘉宾讲座 方案设计指导 中期答辩	基于前期概念的深化设计 相关 DIAGRAM、系统与空间的设计	成果表达与深化 终期答辩
成果							

图 3　整体教学框架与进度安排

针对关联效能基本问题的梳理与重塑，设计课程通过区位价值、接驳效率、影响域圈层、开放功能与形态类型的基础研究（表 1），从市郊站点的专题研究出发，结合对新动能的探索，形成对课程站点的基础策略与引导。由此，通过对不同主题的聚焦，形成各组的设计与研究主题的基础建构，从而建立差异化设计的基础。

新动能引导的基本认知　　　　　　　　　　　　　　　　　表 1

聚焦	市郊线特性要点	新动能特性	白水桥站点特性要点
区位价值	市郊区位的差异性，带来站点开发的多元定位。如，市郊站点经历的城市 - 城市边缘 - 大型住宅区 - 工业区 - 自然景区 - 乡村 - 镇中心区 - 城市边缘、城市高铁等特色各异的城郊地区，形成了对于课题特定站点的综合定位	城市资源分布、兴趣点可达、地价高低	本站点为住区型换乘站，周边配套有社区中心和社区医院、菜场等功能。地块内有城市绿地景观
接驳效率	"交通接驳 + 空间接驳"的整合，在疏解了大量人流的同时，也营造了相应的空间模式。各站点刚性的快速交通接驳与慢性的功能空间接驳结合，组织不同接驳类型下的空间模式，将有效引导未来城市空间与形态的发展模式	慢行连续性、步行空间品质、换乘路径便捷性	站点为地下两线换乘，同时需要通过建立南北之间的便利的慢行联系，缝合被快速路割裂的南北地块之间的便利联系
影响圈层	从距离核心站点远近，定义地块的差异化价值，从三维等时的多维尺度建立地块空间的整体意义，让地块具有空间、时序、价值等不同维度的特性	街区模式、慢行模式、三维土地使用模式	通过建立三维等时慢行接驳圈层，从发展的动态视角进一步探索提升体块价值的可能性
开放功能	功能不再是单一定位，而是在各站点整合与互动交流下的功能混合与动态共享，也是在对各种空间、交通、现状协调下的弹性定义。而多功能叠加下的进一步功能留白，也突出体现了市郊站点开发的时序特性	功能多样性、叠加密度、空间弹性	结合住区站点特性，探索 TOD 社区模式，合理配置相关的辅助功能，并由此带来具有混合活力的业态模式
形态类型	从宏观定位到微观认知，定义市郊站点形态特色。结合地块属性、接驳机制和功能定位，形成具有差异化、复合化的空间形态。其中，空间的一体化体验，在快与慢、上与下、动与静等特性引导下，基于物理性能的优化，形成基于人的行为、感知与体验的空间综合呈现	空间性能、街区形态、一体化体验	结合地上地下、跨线联通、街区模式以及周边地块的衔接方式，带来具有特殊意义的形态特性

二、特性引导的设计推动

通过区位、接驳、影响域、功能、形态等要素的梳理，轨道站点新动能引导下的特色彰显，在结合市郊站点特性的基础上，对课程设计进行进一步的策略性引导。其中，在线网整体系统流动特性基础上的站点互补性定位，对站点周边地块互动联通、弹性发展和能动管控均带来特定的发展趋势。课程要求在 TOD基本接驳、功能定位等特性的研究基础上，通过市郊特色下的策略引导，回应动能影响要素的基本认知，以此推动课程设计中设计思路的生成与发展。其具体策略如下：

1. 点线联通：流动性共享与城市切片下的站点定位

在站点的设计中，通过整体线网与站点地块之间的联通，强化线与线、站点与站点之间的群聚效应。站点慢行体系的拓展，带来了站点之间的流动性共享，形成具有连续"宽度"和"厚度"的轨道网络结构。不同区位的混合功能与多样风貌在流动性串联的基础上，形成整合、互补和聚集效应下点线结合的多层级效应，并以一种拓展辐射下的城市切片，叠入城市整体发展脉络，并在未来的整体风貌、开发强度、廊道连接、经济收益等方面起到积极影响。

2.留白弹性：留白的开放性承载与弹性预留

针对市郊站点的发展具有时间长、差异大、面向未来不确定性和可变性的特征，课程设计中强调在思考其应对不同时期的开放与适应性的基础上，有效地增强站点地块周边发展的弹性与长期潜力。适度的空间留白、弹性的功能多向适应、公共利益导向的奖励措施等，为市郊轨道站点的开发形成可以被进一步思考、探索和适度自我更新的空间。

3.地块联动：地块经营模式与慢行嫁接

轨道站点周边的地块发展，为了创造更多的公共活力的慢行界面，承载了更多地上地下联动、小地块一体化和地块联动开发的可能性。而这种可以被进一步慢行感知的公共界面的塑造，形成了不同的空间组织模式和感知特性。其中，地块大小、道路使用方式、地块整合和分离模式等，将有效地探索整体系统与局部感知之间的差异性。

4.特区管控：特定管控与特殊价值

针对规划管控指标体系的特定研讨，其特定区域的地块、空间和使用价值，能有效地体现设计带来的未来潜力。站域区间的差异化策略将形成对传统指标的特性化引导，形成"城市再生特别区"②，如绿化率、密度、容积率等突破一般地块的指标控制，形成相关功能类型的复合与开放度，充分体现站点周边地块的特殊价值。

三、差异视角的市郊驱动

在TOD特质梳理的基础上，结合效能特色的挖掘和策略引导，形成对于不同主题的凝练与进一步发展，包括宏观结构、弹性效能以及管控等不同维度的主题性强化。并尝试以动态发展的视角对轨道效能进行多元认知，综合判断交通、空间、开发、收益、时序等不同层面的发展时效。具体包括与宏观维度有关的"TOD 2050""Shared TOD""自然景观结合的城市性"；与地块模式有关的"适宜密度街区模式""TOD混合住区模式""类型化共享"；与慢行体系建构有关的"速率街区""10分钟慢行圈"等各种相关主题（图4）。不同维度与尺度专题的并行与交叉，让各组的专题切入与不同主题综合下的全局思考形成互动关联，促使前期的综合效能研究应对不同主题，发挥其多维度的发展潜力。例如，在"TOD 2050"的主题中，讨论了TOD带来的城市交通与空间结构的变化，并通过街区模式、功能复合和慢性圈层的复合架构进行设计与实证性呈现；而"10分钟慢行圈"主题，通过人的不同行为的微观切入，在整体城市综合发展目标的基础上，建立不同时间圈层速率关联，形成具有站域特性的城市发展模式。

宏观与微观主题的引导与发展，带来了一种多维混合和专项深入结合下的专题化研究与设计方向，也逐步形成未来可以持续探索的不同触角。各组从TOD的特性研究出发，在效能特性的引导下，结合效能策略，探索不同的特色主题，并从课程研究、专题探索、概念模型和主题明确的不同方向形成各自特点，形成效能引导与课程引导双向互动的教学机制与设计主题的推进方法。

四、市郊驱动的特色引导

基于特质专题、发展模型等分析引导，课程设计各组通过以下主题，结合市郊站点的特点，进行轨道站点及周边地区的设计探索。

1.市郊－自然景观结合的立体公园

该设计结合场地西北象限山地现状，在提升站点能级的基础上，进一步结合地下展厅空间与山地景观的联通，呈现具有公园化的空间关联，以打造商业价值和自然景观集聚的城市空间类型。在此，结合站点的三维公园的空间塑造，使得城市站点公园的类型与内涵发生了较为丰富的变化，让我们从交通城市节点的城市营造中，重新反思公园的基本属性和特色延展（图5）。

2.市郊－适宜密度站域街区

适宜密度，包括对于各种与密度关联的要素之间的联系，其中包括地块大小如何适应人流密度、如何形成对功能密度的定义、如何产生空间与密度关联的城市状态等，从而形成从物理密度向感知密度的系统发展。

同时，为了创造通行快捷、密度高、尺度宜人、环境优美、行人相对安全的TOD中心区，改变市郊大街区模式下交通对地块的割裂问题，方案尝试以"密路网，小街区"的模式，在影响域区间打造具有尺度宜人、多沿街界面的街区格局，并以地上地下一体化开发入手，进行空间环境和氛围的体验，探讨地上地下的产权划分、地下空间整合、街区连续公共空间、交通接驳、功能复合等问题，打造轨道站域的小街区开发模式（图6）。

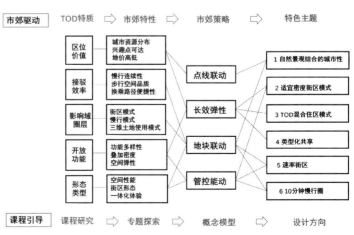

图4 市郊驱动下的课程推进与主题确定

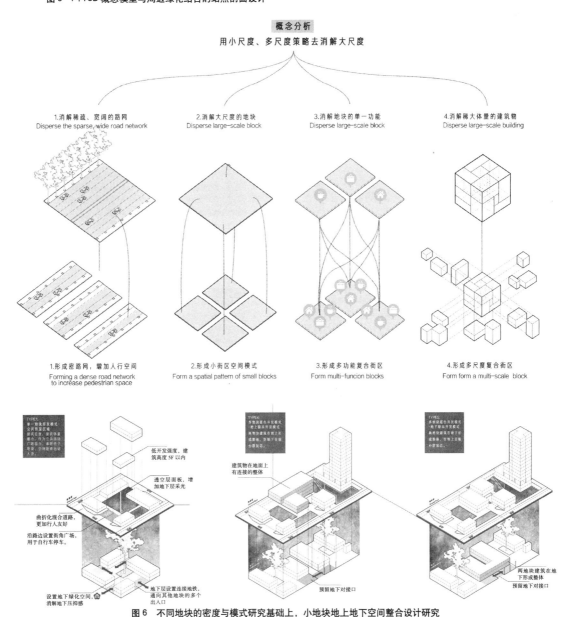

3. 市郊－层级混合住区模式

站点周边的功能混合和大量的居住需求，无疑是TOD站点功能定位中需要面临的重要问题。人们在不断地理解TOD带来的生活变化的同时，也在不断地改变自己的生活方式。居住的人群、需求、模式也将随之发生变化。是单身居家的过渡性模式，还是家庭式的安居模式；是单纯的居住，还是混合功能下的居住；是靠近站点，还是适当远离站点，对于不同类型的居住人群，会有不同的需求，由此应对不同的居住模式（图7）。

基于此，地铁建设提供了作为便利的车站与城市换乘的交通体系，带来了水平与垂直的叠合和可选择的出入可能；规划管理与设计，将结合不同的需求和城市的形态意向，确定用地属性的划分；商业开发，则会判断距离远近对于居住模式与品质的关联度进行居住类型定位。由此，不同角色与部门的协同，将形成对于居住类型、人群接驳和空间形态的差异化。

图5 P+TOD概念模型与周边绿化结合的站点剖面设计

概念分析

用小尺度、多尺度策略去消解大尺度

1.消解稀疏、宽阔的路网
Disperse the sparse, wide road network

2.消解大尺度的地块
Disperse large-scale block

3.消解地块的单一功能
Disperse large-scale block

4.消解稀大体量的建筑物
Disperse large-scale building

1.形成密路网，增加人行空间
Forming a dense road network to increase pedestrian space

2.形成小街区空间模式
Form a spatial pattern of small blocks

3.形成多功能复合街区
Form multi-funcion blocks

4.形成多尺度复合街区
Form form a multi-scale block

图6 不同地块的密度与模式研究基础上，小地块地上地下空间整合设计研究

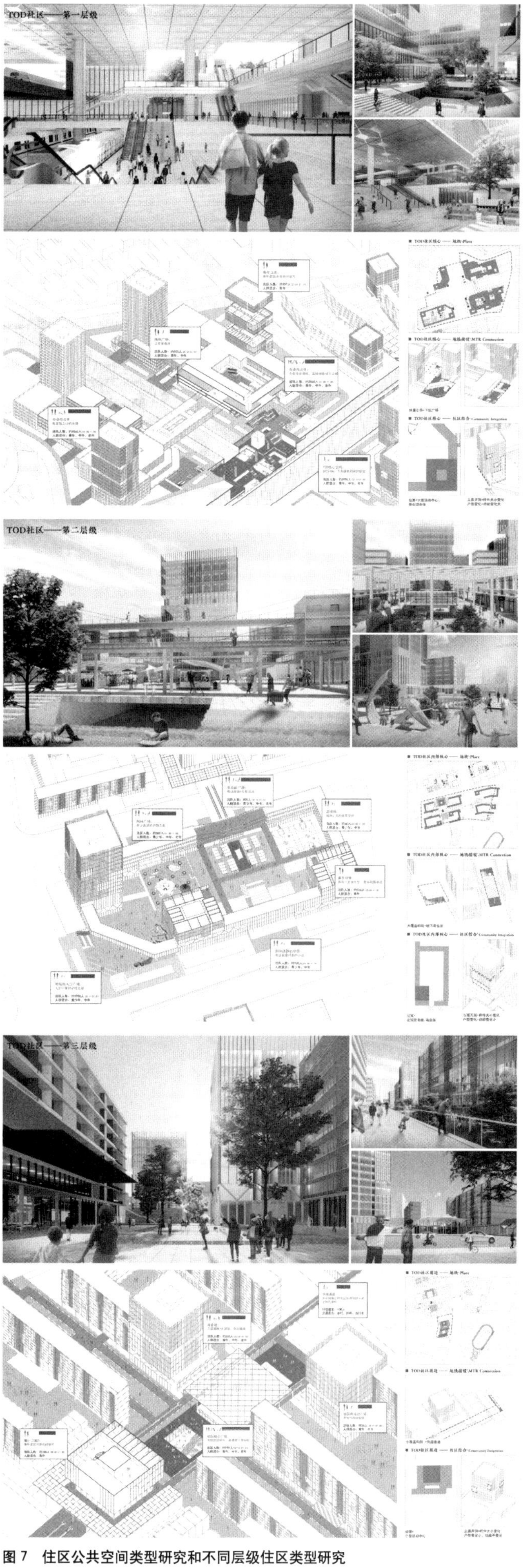

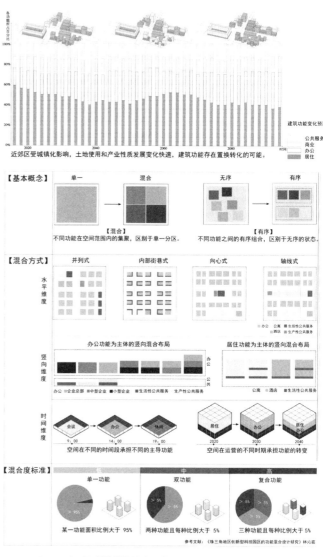

图 7　住区公共空间类型研究和不同层级住区类型研究

4. 市郊－互动共享类型重组

轨道站点周边的精细化设计，以及大量人流的共享，带来地块发展的拓展机会。不同层级的共享、不同空间的共享、不同共享对象的定义与引导，将促使地块开发在类型化分析引导下，进行不同的单元空间组织。这使居住社区类型随着不同的共享需求与便利性，呈现面对社会的不同的开发度，这也为站点周边的城市空间带来一定的内在驱动力。

在站点产生各种共享机会的同时，也将在不同的站点之间体现流动特性下的互动互联，以及由此带来的更大范围的共享机会。而这种共享也带来了各种活动、事件在不同地点激发的多样性，以及由此形成的信息互动和能量互给。这种共享，也在富裕的运量基础上，对客运、物流带来更多的组织和协调，并带来对站点功能的特殊化定义（图 8）。

5. 市郊－快慢速率活力街区

轨道交通站点的发展，使得人们在站点与周边地块之间产生了不同的"接驳"衔接需求。在不同的动力驱使下，刚性与弹性、快速与慢速的需求，以不同的速率形成了相互之间交织的网络，并形成特定的城市空间形态。快慢系统的梳理，不仅是一种对于轨道站点周边系统慢行体系的综合梳理，更是一种重新组织场地

图 8　具有时间性的地块的功能弹性变化与相应的分析模式调整，以及功能混合下的地块发展模式研究

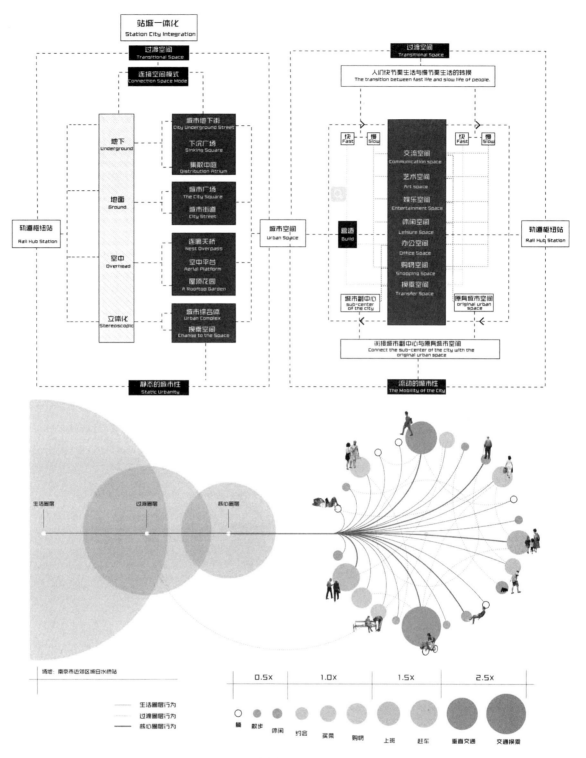

图 9　接驳速率快慢和速率圈层模式研究

的圈层和流动性的重要方式。这也是在公共性、高效性、生活性的组织中，重新思考站点及其周边地块开发的组织模式（图 9）。

　　慢行交通组织下不同速率的叠加，带来了对于城市区域的重新定义。0.5x，1x，1.5x 以及 2x 的速度定义，一方面定义了快慢圈层，另一方面也将人的行为属性进行了一次分离与融通。让接驳功能与接驳体验通过不同的空间进行并置与分离，也由此形成可以被进一步高效衔接的系统节点，从而丰富站点的层级活力。

6．市郊－站域 10 分钟慢行圈

　　慢行系统的建立，高效地实现了轨道站域空间的公共性与接驳效率之间的互动联系。不同的接驳对象与接驳之间的换乘，使慢行路径中的空间、功能、感知及价值等，均发生了巨大的变化，也使得慢行圈层形态和范围发生变化。10 分钟的慢行圈层，旨在以不同的慢行媒介进行拓展，呈现不同的慢行路径，从而在沿线地块形成可以被不断提升的界面价值与空间活力（图 10）。

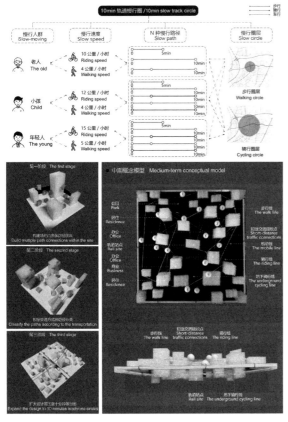

图 10 不同慢行接驳圈层行为模式研究和地块慢行
接驳圈层空间模式研究

五、展望与期待

　　从新动能驱动的角度出发,在研究生课程中讨论市郊线站点在城市设计中的发展潜力,一方面指向基于轨道站点基本问题的实验性探索,另一方面希望在效能的认知-策略-激发联动的基础上,形成对于未来轨道站点发展问题的系列性探索。其中,市郊轨道站点发展中关于自然、共享、混合、类型、速率、慢行等一系列关键词的深度追问,将在系统、多义、长效、管控等相关效能推进的基础上,逐步形成可以被进一步认知的影响力和实践路径。而这些要素,如何进一步在三维量化的角度进行空间定义,将是未来从研究到课程需要进一步延展与转化的方向。

注释

① 在 3D 即"密度"(Density)"多样性"(Diversity)和基于慢行体系的"设计"(Design)基础上增加了"交通换乘距离"(Distance to Transit)和"目的地可达性"(Destination Accessibility)特性,将 5D 原则融入对TOD"效能"特性的整体思考。

② 日本东京涩谷与新宿车站,对城市再生有较大贡献的项目,享受有更高的自由度,由此保证民间企业对城市规划提案的可行性。

参考文献

[1] Cervero R,Kockelman K. *Travel demand and the 3ds:Density,diversity,and design*[J]. *Transportation Research Record*,1997,2(3):199-219.

[2] 潘海啸,任春洋.轨道交通与城市公共活动中心体系的空间耦合关系——以上海市为例[J].城市规划学刊,2005(4):76-82.

[3] 卢济威,王腾,庄宇.轨道交通站点区域的协同发展[J].时代建筑,2009(5):12-18.

[4] 日建设计站城一体开发研究会.站城一体化开发——新一代公共交通指向型城市建设[M].北京:中国建筑工业出版社,2014.

[5] 夏正伟,张烨.从"5D"到"5D+N":英文文献中 TOD效能的影响因素研究[J].国际城市规划,2019,5(34):109-116.

[6] (日)矢岛隆,家田仁著,陆化普译.轨道创造的世界都市——东京[M].北京:中国建筑工业出版社,2016.

[7] 日建设计站城一体开发研究会,站城一体开发 2 TOD46的魅力[M].沈阳:辽宁科学技术出版社,2019.

图表来源

图 1:项目组绘制
图 2:宁句地铁公司
图 3:课程教案
图 4:作者自绘
图 5:韩佳琪、廖玥
图 6:罗洋、罗梓馨
图 7:肖一鸣、方泽儒
图 8:陶立子、徐洁
图 9:李惠、潘佳慧
图 10:刘潇云、廖彤瑶
表 1:作者自绘

作者:朱渊,博士,东南大学建筑学院副教授。主要研究TOD城市建筑一体化设计与理论、乡村设计等领域

目标导向教育引导下的住区规划与住宅设计课程研究

虞志淳　曹象明

Research on the Curriculum of Residential Planning and Residence Design under the Guidance of Outcomes-Based Education

■ 摘要：面对建筑学专业教育新时代的挑战，建筑设计课程在加强专业理论授课的同时，运用 OBE 目标导向教育方法，着力对接社会需求、聚焦热点问题、完善知识体系与强化职业技能。西安交通大学建筑学系在四年级设计课程"住区规划与住宅设计"中把握时代脉搏，理论结合实践，探索住区设计的新理念、新方法，从健康住区、住区更新改造、小户型精细化设计、适老化设计、数字化设计等理念入手，强化设计理念的生成与设计过程的实际运用，将前沿科学问题融入现实生活需求，以问题为导向并结合设计竞赛设置命题，激发学生学习热情，取得了较好的教学效果。

■ 关键词：住区规划与住宅设计；课程研究；健康住区；时代性；数字化

Abstract：facing the challenges of the new era of architectural education, the architectural design course not only strengthens the teaching of professional theory, but also uses the Outcomes-Based Education method to focus on social needs, focus on hot issues, improve the knowledge system and strengthen vocational skills. The Architecture Department of Xi´an Jiaotong University grasps the pulse of the times in the fourth-grade design course "residential planning and residence design", combines theory with practice, explores new ideas and methods of residential design, and starts with the concepts of healthy residential, residential renewal and transformation, fine design of small sized apartment, aging design and digital design etc. Strengthen the generation of design concept and the practical application of design process, integrate cutting-edge scientific problems into the needs of real life, take problems as the guidance and set propositions in combination with design competition, stimulate students´ learning enthusiasm and achieve good teaching results.

Keywords：Residential Planning and Residence Design, Curriculum Research, Healthy Residential, Contemporary, Digitization

一、设计课程的任务与使命

"住区规划与住宅设计"是传统的建筑学中高年级设计课程，是学生由建筑单体设计转向城市建筑群体设计的重要阶段。其设计规模与复杂程度仅次于毕业设计，是学生设计能力培养的重要阶段。从工程实践教育理念出发，重视工程实践能力的培养提升，践行 OBE（Outcomes—Based Education）目标导向教育方法，提升学生分析问题与综合设计能力，课程选题一般源于真实设计项目，紧跟社会需求与建筑理论发展，具有社会性、时效性与理论前沿性。回顾西安交通大学建筑学专业本课程近十几年来教学内容设置，很好诠释了住区规划设计、城市设计理论的发展历程，关注民生、与时俱进、聚焦前沿，理论结合实践，承担起建筑师的使命以及建筑学专业教育的重任。

二、传统课程的新命题

1.中小户型与精细化设计

回顾课程十余年选题历程，首先是"十一五"期间 2006 年国六条"7090"住房政策：建新住宅项目，套型建筑面积 90m^2 以下住房（含经济适用住房）面积所占比重，必须达到开发建设总面积的 70% 以上。自 2006 年以来课程响应国家推广小户型的号召，住宅设计的重点锁定 90m^2 以下中小户型。学生对小户型设计比较茫然，教学中从空间设计入手，引入清华大学著名学者周燕珉的住宅精细化设计理论，挖掘户型空间潜力，注重细部设计。关注生活实用性，空间紧凑，为不同生活模式提供适宜的功能空间设计。将抽象的空间设计转化为具体生活场景设计，用精细化设计方法实现小户型的生活可能性与适应性。并以保障性住房设计为契机，在住区规划中加入一定比例的保障房（90m^2 以下中小户型）设计要求，确保中小户型的设计比例与实施。

2.存量更新与住区改造

随着我国经济增长方式的转变与城镇化发展需求，老旧小区更新成为住区规划的重要方面。从"十一五"开始针对老旧住宅的综合改造、节能改造，进入"十三五"以来，国家多措并举推进城市更新和既有建筑改造。2019 年 7 月住房和城乡建设部会同发展改革委、财政部联合印发《关于做好 2019 年老旧小区改造工作的通知》，全面推进城镇老旧小区改造。在课程中引入城市更新、小街区和开放街区、存量规划与旧区更新、功能混合与混合社区等概念。让学生在老旧住区深入实地调查，观察生活，寻找问题并进行分析，从而发现解决途径。包括针对建筑节能的生态化改造、住宅活化更新，涉及住区环境设计，以及基础设施、公共服务设施的完善与更新，问题复杂，包罗万象，综合考虑社区物质与人文环境建设、精神与物质空间环境提升等复合难题，也包括精细化品质提升设计方法的探索，还可以探讨小尺度街区空间问题，以及开放街区、共享街道等城市设计问题，更是存量更新、活化再生等涉及建筑文化遗产保护与更新的议题。所以老旧小区更新类设计题目可以综合考查学生认识社会、分析问题的能力，以问题为导向，培养学生综合设计能力。2018 年、2019 年、2021 年分别设置了交大社区改造、信号厂社区更新等题目，结合西安历史古都的特色指导学生进行设计，并在设计竞赛中突出地域特色，取得了不错的成绩（表 1，图 1~图 3）。

3.信息时代的适老化设计

当前信息技术的发展日新月异，科学技术的发展推动居住变革。"住区规划与住宅设计"课程积极组织学生参与相关竞赛，2019 年"未来居住区创新性概念设计竞赛"（陕西省土木建筑学会主办），思考未来居住方式，尤其是信息时代的适老化居住的可能性。智慧生活改变了传统居住模式，更优化的道路设置、多元化交通组织、更少的停车空间、更多的绿地共享空间、可变的居住空间，距离、场所的概念转换，变换

与课程结合的设计竞赛　　　　　　　　　　　　　　　表 1

时 间	设计竞赛	获奖作品	设计理念	获奖等级
2010 年	Autodesk 杯全国建筑设计作业评选与观摩活动	王笑竹，住宅设计——会长大的青年（图 1）	小户型精细化设计	优秀作业奖 1 项
2018 年	华·工坊国际建筑设计竞赛	建筑 51/52，杨扬、雷宛榕、刘逸飞，邻里之间——记忆与新生（图 2）	城市存量更新	佳作奖 1 项
2019 年	2019 未来居住区——创新性概念设计竞赛	建筑 61/62 班，浮游居等	5G、适老化设计、数字化	二等奖 1 项、三等奖 1 项、优秀奖 2 项
2020 年	基准杯国际大学生建筑设计竞赛：超级寓所	建筑 71/72 班，人 -Tree Habitat（图 3）香江·楚平	疫情与健康住区、数字化	优秀奖 2 项
2021 年	基准杯国际大学生建筑设计竞赛：超图社区	建筑 81/82 班	后疫情与健康住区、数字化	—

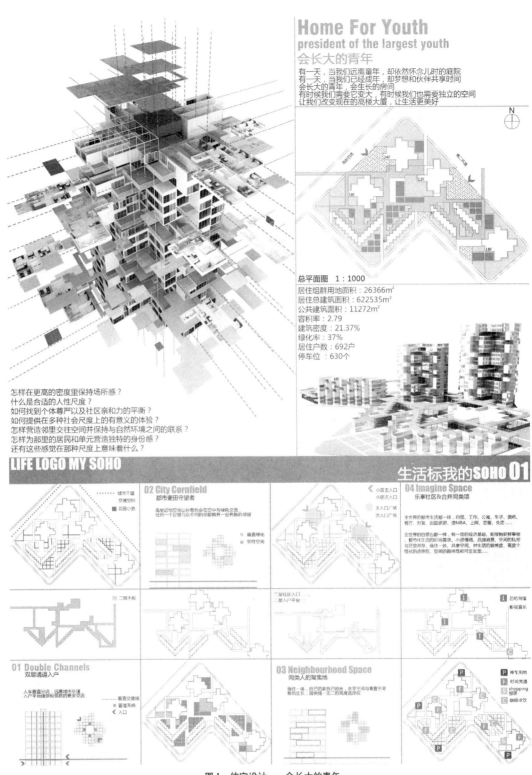

怎样在更高的密度里保持场所感？
什么是合适的人性尺度？
如何找到个体尊严以及社区亲和力的平衡？
如何提供在多种社会尺度上的有意义的体验？
怎样营造邻里交往空间并保持与自然环境之间的联系？
怎样为那里的居民和单元营造独特的身份感？
还有这些感觉在那种尺度上意味着什么？

图1 住宅设计——会长大的青年

的时空关系让居住不再传统。另一方面中国严峻的人口老龄化现状令人警醒，适老化居住设计已经成为无法回避的现实问题。近年来国家加大养老设施的投入以解决养老问题，但是养老设施并不受人们青睐，居家养老依然是我国当前养老的主要模式。所以探索适老化居住方式，营造让老年人与家人、左邻右舍一起共同生活的适老社区，是当前住区规划与住宅设计重要的出发点。无人驾驶技术为适老化居住提供了更多助力，让老年人便利出行，5G 网络提供远程医疗服务、物资运送、家人间 VR 直播，涵盖家庭服务、紧急求助、医疗保健、安全监控、精神慰藉等方面。万物互联、智慧生活、智慧养老。人与人、人与物、人与自然的关系由于技术承载的变化，将演化出无限变革的可能，未来居住值得我们不断探索。学生针对适老化在空间、时间，以及人群需求等方面都进行了思考与创新（表1）。

4．后疫情时代的健康住区

2020 年以来，疫情给住区规划和住宅设计提出了新的要求，基准杯 2020 年、2021 年国际大学生建筑

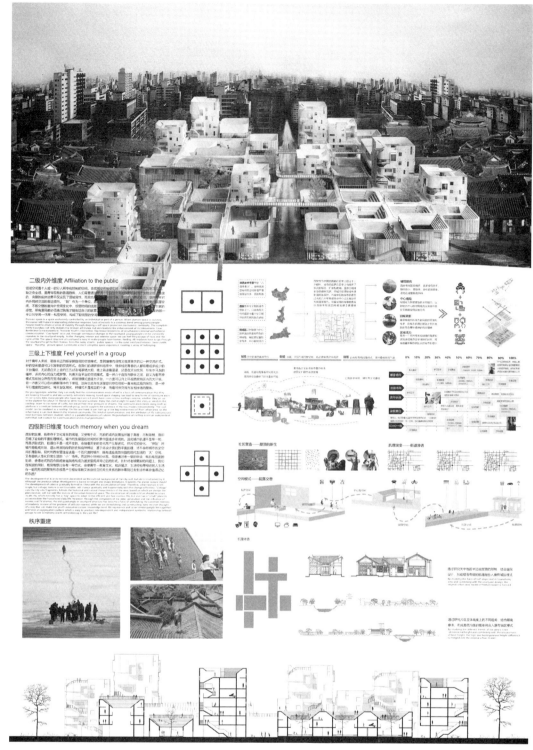

图 2 邻里之间——记忆与新生

设计竞赛，探讨了疫情下、疫情后的新居住方式，近两年课程重点关注了疫情影响下的居住模式探讨（表 1、图 3），引导学生通过规划设计营造健康住区。在住区中引入更加丰富的生活服务设施，方便疫情中以及后疫情时代的生活需求，10 分钟社区生活圈概念的引入与实施具有意义。社区生活圈的规划层面强调居住环境的质量，营造安全、卫生、方便、舒适、美丽、和谐以及多样化的居住生活环境建设目标，以生活圈为社区生活单元的居住环境结合居民的年龄特征、出行范围和个性偏好等改善居住环境品质。社区生活圈的营造需要重点关注居民的健康，这与健康社区理念本质一致。社区生活圈中各类设施，包括交通、社区服务、体育运动等，都与健康密切相关，通过外部空间环境（广场、绿色等）与公共服务设施（医疗卫生、体育休闲等）设计，实现健康住区营造。此外，社区应坚持弹性和可持续的健康发展：既要保持自身的相对稳定，又应该留有一定的弹性空间，考虑长远与特殊状况（如疫情）的发展需求，提升社区的土地混合使用，提高社区公共交通的使用率，增加社区公共空间的可达性等，从而将健康理念融入住区规划。

图 3 人—Tree Habitat

教学环节设置（2021 年）　　　　　　表 2

阶段划分		授课环节	内容与要求
住区规划阶段	STEP1 选题与调研分析	居住区规划基本原理与方法 任务书讲解，背景介绍 "超图社区"设计竞赛要求解读 健康住区、住区规理论与案例 基地调研汇报讲评	了解本课程的教学任务及要求，强化住区规划基本知识；确定选题，基地调研，对地块所在城市地段、基地现状以及相关案例进行资料收集和调研分析；结合设计竞赛理念进行发散性、创新性思考。
	STEP2 项目定位与概念设计	住区定位与人群分析 住区规划设计概念及规划结构 "超图社区"概念设计	根据前期调研及相关理论进行住区定位，设定目标人群；居住需求分析；住区规划概念与规划结构初步方案。 结合设计竞赛的概念设计："超图社区"基本业态构成，"超边容器"场所定义及空间模式。
	STEP3 住宅概念设计	规划结构讲评 住宅设计任务书讲解，案例分析	完善规划概念，修改规划结构；住宅设计主题与目标人群需求分析，住宅选型；住宅设计构思与初步方案。 设计竞赛方案草图："超图社区"总体布局，"超边容器"空间组织。
	STEP4 小区规划布局	住宅草图讲评 住区总平面布置基本要求及案例分析 总平面布置讲评	修改规划结构，进行总平面初步布置；把握住宅单体-组团基本尺度。结合设计竞赛的方案：功能与形体设计。
STEP5 中期成果		中期答辩：住区规划与住宅设计 超图社区	住宅套型设计修改；小区总平布置CAD修改，数字模型推敲，日照分析，指标估算；汇总前期工作成果。 完成设计竞赛图纸内容。
住宅设计阶段	STEP6 住宅设计深入	中期成果汇报讲评 住宅精细化设计 住宅防火规范要求	住宅设计修改深入，与小区规划总平面相互调整。
	STEP7 配套设施规划布局	配套设施设计要求 社区中心案例分析	小学、托幼、社区中心等配套设施总平面设计；住宅设计修改深入：套型平面及单元组合设计，家具布置与厨卫设备布置。
	STEP8 住区规划深化	完善住宅套型及单元设计 住宅平、立、剖设计 住区总平面调整，日照分析，模型分析，指标估算	住宅套型及单元设计CAD修改，平、立、剖设计；小区总平布置CAD调整，数字模型推敲，日照分析复核，指标估算；住宅设计与小区规划总平面相互调整，指标核算。
	住宅设计深化	住区总平面设计规范表达，环境设计与表达，案例分析 典型住宅组群设计	
STEP9 规划设计成果表达			

5. 数字化设计方法与途径

当前正处于新一轮科技革命和产业变革的历史性交汇期，体现信息化与智能化时代的新特征。社会经济与环境资源的可持续发展、知识形成过程与信息传播途径的改变、未来社会对人才需求的变化与挑战等都深刻影响着工程教育的走向。在教学过程中运用建筑学前沿理论与方法，在建筑设计中强调数字化、量化研究方法，计算性设计是当前新兴的设计方法与途径。计算性设计（computational design）是基于人居环境系统科学与复杂性科学思想，面向建筑方案创作需求，应用进化计算、深度学习神经网络建模等人工智能技术，展开多性能目标耦合下的建筑设计元素自组织生成与自适应优化，生成建筑设计方案的过程。引导学生通过空间量化方法进行分析，在整个设计过程中运用不同算法实现设计目标。从基地调研就开始指导学生进行量化分析与设计，例如：百度热力图POI抓取、空间句法区域交通分析等，运用信息化技术手段解决复杂城市设计问题。学生设计热情高涨，自主学习应用蚁群算法用于最优路径计算，羊毛算法推导最短路径。课程培养了学生理性的计算设计思维，聚焦前沿并加以实践探索，尝试数字化设计的方法与途径。

三、教学实施与成果

1. 教学实施

设计课程的选题是课程教学质量提升的重要保证之一，直接影响具体教学内容的实施，所以在选题阶段要秉承设计与现实生活密切关联，把握时代脉搏，解决突出和热点问题，将新技术与新设计理念融入其中。此外，在课程设计过程中积极参与相关设计竞赛，选择题目适合、时间契合的竞赛，激励学生的课程参与热情，取得较为丰硕的教学成果。

在教学环节的设置上，围绕设计主题与课程教学要求，充分利用西安交通大学网络资源，进行全面的教学组织。按照实际教学设计过程，住区规划与住宅设计逐步深入穿插进行（表2）。并结合竞赛主题，在设计前期引入概念设计环节，在完成竞赛设计的同时，通过竞赛解读、未来居住剖析、案例分析等课程讲解，开拓和提升学生设计理念的生成，并鼓励学生创新设计的落实，将健康住区、适老化设计、数字化设计方法等从住宅设计到住区规划贯彻始终。借助网络及学校多媒体资源，运用西安交通大学思源学堂BB（Black Board）系统、QQ群、微信群等，实现资源共享，并在疫情期间实现线上教学的正常推进。

2. 教学成果

经过多年课程建设，取得了一些成绩，2010年Autodesk杯全国建筑设计作业评选与观摩活动

中王笑竹同学"住宅设计——会长大的青年"获得优秀作业奖（图1）。2018年建筑51、52班参加2018华·工坊国际建筑设计竞赛，获得佳作奖1项（图2）。2019年建筑61、62班学生参加陕西省土木协会主办的2019未来居住区——创新性概念设计竞赛，获得二等奖1项、三等奖1项、优秀奖2项。2020年参加基准杯国际大学生建筑设计竞赛，获得优秀奖2项（图3）。2021年建筑81、82班学生参与了"超图社区""未来社区"等竞赛，课程与设计仍正在进行，期待能够取得更好的成绩（表2）。

四、结语

设计课程的命题围绕社会发展需求，以问题为导向，在新时期面对行业发展特征，通专结合、面向未来，思考建筑设计的本源问题，探索人居环境营造。引入建筑设计前沿理论与方法，伴随时间的脚步，设计理念不断更新，实现创新设计的方法和途径逐一落实在设计的各个环节中，优秀的设计成果不断呈现，使设计课在建筑学专业健康发展进程中发挥更大的作用。

参考文献

[1] 虞志淳. 新工科人才培养模式下的建筑构造课程研究[J]. 中国建筑教育，2020（2）：82-86.

[2] 周燕珉. 住宅精细化设计2[M]. 北京：中国建筑工业出版社，2015.

[3] 王承华，李智伟. 城市更新背景下的老旧小区更新改造实践与探索——以昆山市中华北村更新改造为例[J]. 现代城市研究，2019（11）：104-112.

[4] 刘东卫，贾丽，王姗姗. 居家养老模式下住宅适老化通用设计研究[J]. 建筑学报，2015（6）：1-8.

[5] 夏洪兴. 健康住区规划设计防疫策略思考[J]. 生态城市与绿色建筑，2021（1）：52-59.

[6] 汪丽君. 成为彼此的守护者——建构基于"邻里健康单元"的城市住区空间系统[J]. 建筑实践，2020（8）：44-45.

[7] 柴彦威，于一凡，王慧芳，吕海虹，程蓉，王德，王兰，黄瓴，武凤文. 学术对话：从居住区规划到社区生活圈规划[J]. 城市规划，2019，43（5）：23-32.

[8] 概念·方法·实践："15分钟社区生活圈规划"的核心要义辨析学术笔谈[J]. 城市规划学刊，2020（1）：1-8.

[9] 孙澄，邵郁，董宇，薛名辉，韩昀松. "智慧建筑与建造"专业教学体系探索新工科理念下的建筑教育思考[J]. 时代建筑，2020（2）：10-13.

[10] 孙澄，韩昀松. 基于计算性思维的建筑绿色性能智能优化设计探索[J]. 建筑学报，2020（10）：88-94.

图表来源

本文所有表格均为作者自制，图片来自学生作业

作者：虞志淳，博士，西安交通大学人居环境与建筑工程学院建筑学系教授；曹象明，博士，西安交通大学人居环境与建筑工程学院建筑学系副教授

策略思维导向下的三年级城市设计教学初探

杨怡楠　金　珊　赵勇伟　王浩锋　张彤彤

The Teaching Exploration of "Urban Design Course" for 3rd Grade Student Oriented by Strategic Thinking

■ 摘要：存量时代的城市更新愈发重视空间策略对城市设计的推动作用。针对以往三年级课程作业过于追求形式、空间形态深化缺少策略逻辑支撑的困境，教学组采用了策略思维导向下的方案策略生成训练。本文以创意产业园设计为例，阐述了教学组在前期调研、空间策略生成、总图设计、单体设计四个板块的具体内容设计，强化在概念生成与概念深化之间的逻辑衔接。

■ 关键词：策略思维；城市设计；空间形态；逻辑衔接；创意产业园；教学实践

Abstract：For urban design in the stock era, more and more attention is paid from the guiding value of spatial strategies on urban spatial design. In view of the practical problems that occurred in the third study year, the students pursue mostly the form personality and there lacks the logical support, by what can the form be developed and detailed. This reformed teaching program takes the design of creative industrial park as an example and expounds the specific content design in the four sections as follows: preliminary investigation, spatial strategy generation, general layout design and individual design. The aim is to strengthen the logical connection between concept generation and concept deepening.

Keywords：Strategic Thinking，Urban Design，Spatial Form，Logical Connection，Creative Industrial Park，Teaching Practice

国家自然科学基金项目（52008252）、深圳市高等院校稳定支持计划（20200812115436001）、深圳大学教学改革基金项目（GJ2019082）、深圳市医养建筑重点实验室（筹建启动）资助（项目编号ZDSYS20210623101534001）

一、引言：问题与困境

城市设计教学助力国家未来的城市更新实践，策略思维在存量更新中发挥着重要作用。设计从业者不能仅局限于城市空间的形象思维，还需具备更广阔的空间视野和策略逻辑思维，促进实现有价值的城市更新实践和城市空间转型。城市设计教学是深圳大学规划系的核心课程，又是从二年级到三年级过渡阶段首次接触的城市设计课程，学生对建筑群体的组群关系、空间组织、功能定位、社会意义难以透彻理解。教学中既要引导学生对城市空间形态中观尺度、微观尺度的设计与理解，还包含引导学生理解城市设计的价值与对城市的影响作用。为更好帮助学生建立城市设计的思维能力与形态深化能力，深圳大学教学组在2019年的教学中以创意产业园设计为主题，建立了调研场地、空间策略生成、方案生成、方案深化四个阶段的教学思路。

教学组建立策略思维导向的教学方法，是出于对以往教学训练中的困境反思。本方案旨在探索适合中国国情和未来需求的城市设计教育方法，提出注重对调研与策略提出、策略与概念生成、总图设计、单体设计四个阶段之间的层次衔接关系与逻辑能力培养。

在目前阶段，存在的问题与困境如下：

一是学生缺乏对不同尺度空间形态关系的深度理解。学生从二年级的建筑设计转向三年级的城市设计，用地规模从0.05公顷扩大到3—6公顷，设计内容从建筑单体的空间设计转向建筑群体的公共组织关系，难以在短时间内充分理解空间结构布局、产业功能等内容。以往出现了学生对组团间、组团内的群体空间关系难以理解的现象。引领学生了解空间群体关系背后的生成逻辑及其对空间形态的影响，有助于帮助学生理解空间设计主线、理解不同层级的建筑群体空间关系。

二是初步形态概念在后半阶段难以深化。学生在前期研究中产生了概念想法，但在后续阶段难以继续深化，城市空间形态与整体布局、概念之间存在矛盾。究其原因，在于缺乏对场地主要问题的前期理性分析，没有形成从策划到形态关系设计的逻辑性，难以支撑后期空间形态的深度设计。

三是学生难以充分了解城市设计内涵，概念想法过于天马行空。学生无法理解城市设计是对城市空间的形态控制，将其更多地理解为形式问题。在进行总图布局比选、形态单元比选时，因缺乏对设计主线的深度思考，导致学生不会判断方案的优势。这既需要把握建筑群体与组团内的空间组织关系，还需要形成独立判断方案优势的能力。

二、策略思维导向在城市设计教学中的必要性与目标

1. 策略思维导向的必要性

（1）问题导向的前期研究有助于形成空间策略。城市设计方案包含物质层面的空间形态设计与空间策略。在物质层面包含城市空间形态的各要素及其与环境的协调关系，如建筑群体组织、组团形态、场地关系、形态指标等。空间策略是

城市设计的基本思维，是基于上位规划和场地问题提出的策略方案，如产业特色定位、概念构想等。三年级学生难以在短时间内理解如此多要素之间的关系。建构问题—策略—概念—深化的逻辑思维，能培养学生利用空间策略响应城市问题的思维能力。

（2）策略思维引导对空间形态的设计深化。通过策略思维导向训练，形成基于调研问题的概念提出与方案策划，可帮助学生深入理解并构建自己的城市设计任务。在系统性逻辑思维下进行城市空间设计，能帮助学生摆脱拘泥于表面细节的形态束缚，促使其自发理解、分析不同使用群体的空间需求。这能进一步帮助学生理解空间场景设计与整体设计思路的联系，促进其空间形态深入设计能力的提升。

2. 基于策略思维的空间形态训练目标

三年级城市设计课教学的基本目的在于，培养学生在建筑群体尺度上的空间形态能力与空间策略能力。通过策略思维训练，引导学生通过方案策略提出解决城市问题的概念构想与形态设计。这既是三年级教学组对学生从低年级建筑设计向高年级城市尺度的建筑群体关系的过渡训练，又可培养学生逐步建立研究城市问题的视角。

三、教学模式探索

1. 整体教学框架

"创意产业园区规划"共计18周144课时，重点关注城市产业升级的现实背景需求，2020年选取深圳市蛇口老工业区作为基地。基地的研究范围约36km²，设计范围为3—6km²。设置较大研究范围的目的在于，启发学生从更宏观的城市环境视野进行用地思考。提供两个基地的目的在于，让学生通过比选更深入地了解基地环境。

围绕策略思维导向的空间设计思路，本课程在原有教案基础上增加了对空间策略构建和深化的强调，将设计任务分为前期调研、空间策略、总图设计、单体设计四个阶段。它们分别对应场地调研与任务策划、设计策略与空间概念、总图布局比选与方案优化、场地环境与单体概念等板块内容。课程注重各板块之的逻辑衔接，非常强调并鼓励学生从调研问题提出到破题、解题、答题的连贯性。（图1）

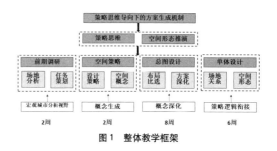

图1 整体教学框架

（1）场地调研与任务策划。出于对调研任务量和学生主观能动性的考虑，课程采用小组调研、个人场地策划的方式。学生以3~4人的小组为单位进行基地调研，对上位规划资料、基地环境、交通现状、服务配套等现状条件和使用需求进行系统分析，形成SWOT结论。学生针对所发现的场地问题，个人进行案例研究，形成带有个人意识的任务策划。

（2）设计策略与方案概念。基于调研结果，如产业、空间分配等问题，设置方案概念的功能与形态策划。该板块重点训练学生的方案策划思维与空间布局概念。首先要求每人提出2~3种规划布局，通过对空间结构、形态容量、方案概念的比选，引导学生理解建筑群体设计的空间效应。在此过程中强调设计策略的价值，探讨方案概念与策略思维的一致性。

（3）总图设计。基于已形成的策略概念，在一草、二草中进行方案调整与空间组织的深化。该板块是对建筑群体、群体内部的形态逻辑的进一步推敲，强调规划布局、空间结构、功能业态、车流、人流组织等与场地整体策略的逻辑关系。同时进一步强化核心空间的概念与形态特征，如公共空间关系、组团布局、典型空间单元与空间界面的形态塑造。

（4）单体设计。将场地概念和群体空间特色延续至单体建筑概念中，通过对单体设计的深化与场景化设计，完成从场地环境到建筑单体的全过程训练。

2. 教学方法

学生在场地策划和整体布局时是缺少经验的。为提升其学习热情与积极性，需要加强师生互动。教学组采用了教师导向式教学、学生多角色扮演的教学方法。

（1）导向式教学。教师在各板块教学中，不断引导学生关注思维策略对空间形态生成机制的影响，指引学生在个人作业和小组互动中围绕同一概念思路进行案例搜集和经验学习，将思维导向训练与空间设计能力培养相结合。

（2）多角色模拟互动。在四个板块中各设置一次小组讨论，请学生就开发商、使用者、设计师、管理者进行多角色扮演，从不同角度对彼此方案策略进行提问。该过程能促进学生对总图布局、空间组织关系的深入理解，形成判断空间策略合理性的思维与视角。

四、策略思维导向下的方案生成

深圳南山区的蛇口老工业基地是深圳最早的工业生产基地之一，蛇口老街贯穿其中，未来将依托蛇口国际海洋城发展为海洋门户和文化中心。西北有城中村住区，东南有较好的滨海景观

和公共空间，这些都为设计提供了多角度切入的可能性。

1. 破题：前期调研与策略提出

学生的调研主要关注两方面内容：基地概况和个体调研。基地概况包括上位规划、基地环境、交通、建筑现状等内容。个人调研包含创意产业模式、需求空间、产业模式带来的工作居住方式的变化等内容。通过小组协作，学生形成了对基地较为系统全面的认识。在基地环境分析中，对地铁公交、慢行系统、停车等对人流的影响分析得较到位。

学生以个人关注为出发点，对基地周边进行了不同主题的梳理。有的以蛇口老街发展的历史故事为线索，整理沿街建筑风貌特征和建筑现状分类，利用拼贴图、图底关系分析工厂建筑、城中村、老街界面的建筑肌理。有的以公共设施为关注点，对基地周边公共设施的数量和服务半径进行数据分析，以确定是否应增补公共服务设施。还有的研究周边山体对场地的气候影响，建立景观廊道的概念意象。调研后的SWOT结论，体现了围绕创意产业需求的用地开发思考。

前两周的调研任务完成后，学生结合上位规划，提出了适用于未来创意产业人群的生活工作愿景，但侧重点有所不同。在策略提出环节，学生们对创意产业模式中的公共空间类型、工作与生活模式进行了个人思考、案例搜集，还基于场地特色发展出有价值的故事线索。作业中出现了更具宏观视野的渔民产业与渔民生活故事线、蛇口中古集市文化生活线、渔民民俗休闲生活线、博物馆创意线等叙事线索。学生逐渐明确自己的设计任务，将模糊的策略转化为明确的产业内容与结构、目标人群、空间生产模式等。（图2~图5）

2. 解题：策略思维与空间概念提出

在场地任务策划后，学生们进入了总图布局设计与多方案比选。在总体布局中，学生们围绕各自的公共空间流线，采用了组团式、围合式、行列式等多种组团单元模式，进行2~3种总体布局的尝试。为了培养学生形成空间容量与空间结构的意识，在总图布局前增加了强排的训练，增强其对用地内多层、高层、低层建筑的空间开放程度的认识。

学生围绕其策划思路和空间概念，进行了多种建筑群体组合的方式尝试。对建筑群体的空间组织与公共空间流线设计，实际上是通过建筑群体形体构建方案概念的过程，空间结构设计对场地布局存在天然影响。通过功能布局、组团分布、强度分布，确定公共空间的流线组织方式与核心空间的布局。交通、业态、资源条件、场地限制等均影响场地入口与场地内部的交通流线组织。学生采用了多组团、2~3个核心空间串联的布局，

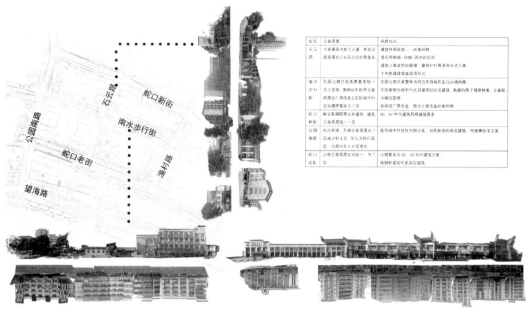

图2 街道风貌

图3 周边广场节点

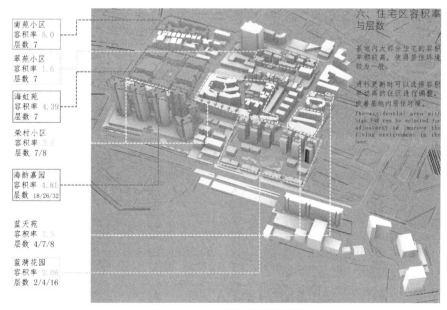

图4 建筑容量分析

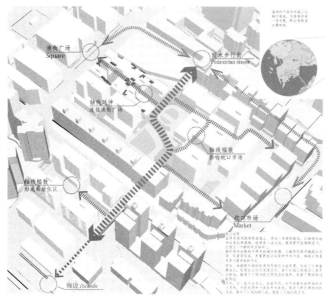

图 5　滨海连接带

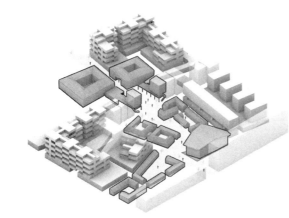

图 6　渔民村体量关系分析

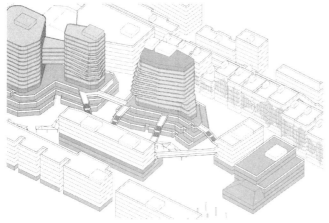

图 7　绿色峡谷综合体的公共空间体系

但在入口流线、方案的起承转合中都体现了各自独特的想法。

在不断强调空间布局、形态指标与空间概念的逻辑衔接，形成初步的策划概念后，教学组对学生提出了增强图示语言表达的要求。学生利用拼贴、分析图等各种手段呈现其设计策略。这不仅提升了对概念空间的深化推演，还使得"办公生活 plus"等抽象模式转化为有多种形态关系的布局方案。

3．答题：总图设计与概念深化

总图设计环节，进一步推敲建筑群体与公共空间的形态关系与空间容量，形成功能分区与整体形态把控。学生们了解群体空间设计特点与公共空间组织的逻辑关系经历了以下过程：首先是整体的公共空间流线组织，之后是组团和空间单元的概念设计。学生们逐渐开发出各自方案的空间单元形态特征，并形成了空间格局特征。娱乐港湾的作业强调组团式布局中各自组团内部的开放性，从海岸到老街之间建立了步行景观廊道。渔民村方案则以民宿和传统渔业展览销售为主题，将传统尺度的商业院落与现代尺度的居住院落统一布局，将几个广场串联。

在总图深化阶段，同学们将空间策略进一步转化为建筑群体的空间、竖向设计、建筑组团的特征挖掘。以绿色峡谷为概念的方案，细化底层商业建筑之间的公共空间系统，对其进行退台的场景化设计。高层公寓与底层退台形成景观系统，在总图中对交通组织流线、廊道等进一步推敲。多数学生在此阶段已能抓住重点空间的特征，对其进行空间的场景化营建，以突出设计主旨。

在图纸表达技巧上，为了进一步强化设计理念下的方案思路，强调学生在轴测图、爆炸图、场景透视中的设计概念的生成过程。在该板块结束之前，强调学生在图纸上对空间形态逻辑推演、方案形体概念和技术指标与策略生成的回应。（图 6 ~ 图 11）

4．结题：建筑单体的概念深化

在最后一个板块中，结合场地空间概念选取重点建筑进行单体营建。学生经过一系列强化训练，格外注重建筑形体与室内外空间的组织关系、建筑形态与整体场地的关系组织。渔民村作业的文化展览馆处于场地南边的尽端，采用沿新旧院落方向扭转的平面布局方式，形成建筑展陈空间。蛇口步行街活化作业以空间品质提升为主题，对建筑、装置采用方块母题，形成整体场地布局。

单体建筑所处的环境位置对整体布局有重要的氛围影响。滨海连接带廊道出现了二层廊道、首层空间的双层入口，这些都为单体建筑带来了多种可能。此外在单体建筑的场景化营建中，非常强调虚实界面、高低、尺度、材质、色彩等的细化，增强了建筑概念的意向性效果。（图 12、图 13）

五、教学总结

本课程注重城市设计教学与城市更新实践的衔接，着重对建筑群体尺度的城市设计的空间思维训练。教师将策划思维导向下的任务书制定、空间形态逻辑、场地策略、方案概念的一致性与合理性列为教学重点，强调学生在协作互动中的

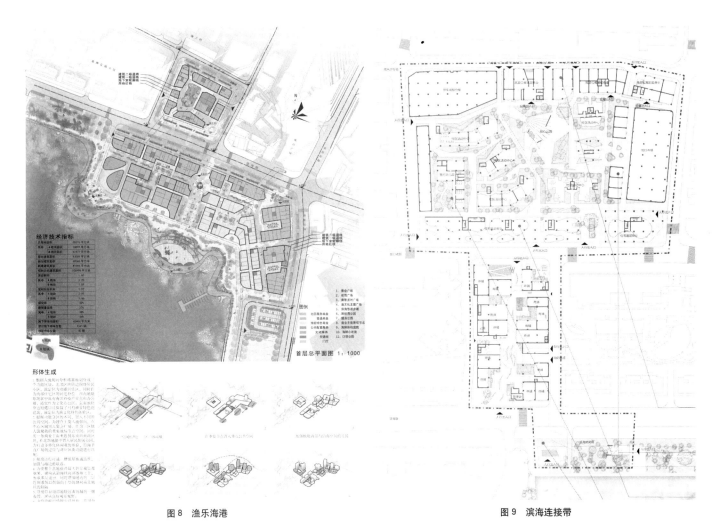

首层总平面图 1：1000

形体生成

图 8 渔乐海港

图 9 滨海连接带

图 10 滨海鸟瞰

图 11 二层廊道旁的公共空间界面

独立思维。作为未来的城市设计从业者，理性的策略思维与感性的场景设计能力二者缺一不可。受问题导向和策略思维的启发，作业的设计概念得以深化。

（1）整体性教学体系，分阶段任务切分。将复杂的城市设计任务切分至不同阶段，在各阶段明确城市设计流程的重点内容，可以减少学生的畏难情绪，提升各阶段的学习效率。建立整体连贯的教学思路，才能在各阶段对学生进行持续的正向引导，使策略思维落实在各个教学环节中。

（2）建立策略思维与空间推演的联系。借助从场地策略到方案深化的全过程引导，学生初步建立了从场地策划、概念生成到空间形态深化的工作思路，其空间的概念性、合理性和可实践性得到了提升。

（3）图示表达对方案深化的启发。有效的图示分析、图示表达可以启发思路，形成对方案从抽象到具象、从宏观到建筑群具体形态的深化。

六、结语

城市设计课程是三年级从建筑单体向群体尺度的过渡阶段。策划思维能帮助学生建立城市设计过程中的整体逻辑性，提升其对建筑形体的深化能力。使用策略思维引导下的空间形态设计教学方案，给课程带

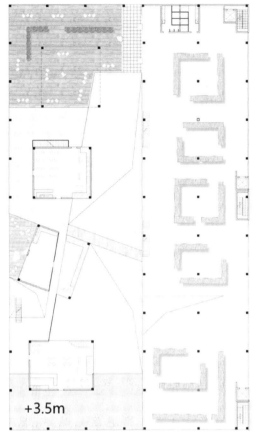

图12 单体建筑平面

+3.5m

图13 文化展览馆透视

来了令人欣喜的成果。城市设计是理性思维与形态空间的结合。建立整体性教学思路、培养学生观察城市问题的视角、建立学生对城市更新的开放意识，能为学生在之后大尺度的空间规划中进行准备，并适应国家未来的城市发展实践。

参考文献

[1] 黄旭升，朱渊，郭茹.从城市到建筑——分解与整合的建筑设计教学探讨 [J].建筑学报，2021：95-99.

[2] 金珊，徐带领，王鹏，杨怡楠，彭小松.基于"空间叙事"方法的《建筑设计与构造2》教学实践探索 [J].中国建筑教育，2020（1）24-30.

[3] 韩冬青.设计城市——从形态理解到形态设计 [J].建筑师，2013（4）：60-65.

[4] 陈跃中.缺失的环节——对当前规划设计中存在问题的一些思考 [J].建筑学报，2007：18-19.

[5] 王正.城市设计教学中的形态思维训练探索 [J].建筑学报，2021：102-106.

[6] 徐岚，蔡忠原，段德罡.建筑设计与场地支持——建筑设计方法教学环节1——城市规划专业低年级教学改革系列研究（6）[J].建筑与文化，2009：67-69.

[7] 张赫，卜雪旸，高畅."场地设计"的教学体系与整体性教学法研究 [J].中国建筑教育，2015：79-82.

图片来源

图1：杨怡楠
图2：麦津筝
图3、图6：陈天佑
图4、图7：花明可
图5：林浩岚
图8、图10、图13：李宜静
图9、图11：张蕾
图12：吕竞晴

作者：杨怡楠，博士，深圳大学助理教授；金珊（通讯作者），博士，深圳大学副教授；赵勇伟，博士，深圳大学副教授；王浩锋，博士，深圳大学教授；张彤彤，博士，深圳大学助理教授

基于"OBE"理念的城市设计课程教学改革与实践

章慧洁　王晓健

Teaching Reform and Practice of Urban Design Course Based on "OBE" Concept

■ 摘要：在本科教学中，城市设计与以往的单体设计不同，其涉及面广，包罗知识多样，因此需要学生具有更强的主动思考和解决问题的能力。传统设计教学的课堂辅导改图模式在新形势下显得力不从心。针对这种情况，我们构建一个融入学科竞赛和OBE理念的城市设计教学模式，并在近三年的教学中用于实践，对其取得的成果和存在的问题进行了探讨。这种模式意在激发学生的创造力和主观能动性，提升学生独立解决问题的能力，同时寻找一种兼具开放与连贯逻辑的设计方法和思维方式。

■ 关键词：OBE理念；学科竞赛；城市设计；教学模式；教学应用

Abstract：In undergraduate teaching, urban design is different from the previous single design, which involves a wide range of aspects and includes a variety of knowledge, so students are required to have stronger active thinking and problem-solving skills. The classroom tutoring model of traditional design teaching is not enough in the new situation. In response to this situation, we have built an urban design teaching model that incorporates the concept of subject competition and OBE. It was also used in practice in the past three years of teaching, and its achievements and existing problems were discussed. This model is intended to stimulate students´ creativity and subjective initiative, promote students´ ability to resolve problems, and at the same time look for a design method and way of thinking that combines openness and coherent logic.

Keywords：OBE，Discipline Competition，Urban Design，Teaching Mode，Teaching Application

基金项目：河北省研究生示范课程建设项目
项 目 编 号 ：
KCJSX2020081

引言

随着城市化的发展，存量城市空间的优化成为当前需要探索的热点问题之一。而城市设计是介于建筑设计、城市规划和景观设计三者之间，把城市作为研究对象，主要研究内容集中于社会问题和城市空间环境的设计工作，是建筑学四年级设计课的主干课程[1]。教育部《关于加快建设高水平本科教育　全面提高人才培养能力的意见》（简称"新高教40条"）明确指出：（高校培养学生的基本原则之一）坚持以学生为中心，全面发展。以促进学生全面发展为中心，既注重"教得好"，更注重"学得好"，激发学生学习兴趣和潜能，激励学生爱国、励志、求真、力行，增强学生的社会责任感、创新精神和实践能力。

因此本文将建筑学和城乡规划中城市设计部分的教学理念和教学模式相结合，提出在城市设计课程中融入学科竞赛和OBE理念，以学生为主体，融合学科竞赛和日常城市设计教学，充分发挥学科竞赛对创新人才培养的积极作用，进而最大限度地激发学生的积极性和教师的潜能，以适应新时期城市设计人才的培养需求，为今后城市设计教学改革提供参考。

一、当前城市设计教学存在的问题

通过对之前教学过程的观察和分析，发现存在以下问题：

授课方式：传统的教学方式是以课堂讲解为主，学生课下搜集查阅资料为辅，学生通过阶段性草图的修改和完善，电脑和手工模型的制作，不断地深化设计方案，这当中的每一阶段会借助教师的设计经验来完善方案，补充盲区，解答疑惑，这种教学模式是以教师为中心，学生的主观能动性没有被充分调动，缺少了学生自身对空间的感知和环境的互动，忽视了建筑、城市和人三者之间的关系，进而缺少了一些具有社会性和现实性问题的思考，限制了学生创新能力的培养。

授课内容：传统授课内容偏重于功能组织和形式操作的选择，基于以往的专业技法训练，按照任务书的各项设计要求完成设计内容，缺少了学生自主发现问题、分析问题和解决问题的过程，导致设计过程及结果缺乏逻辑性和创新性，"设计如何生成和发展"这一基本问题没有得到解决。

二、"OBE+学科竞赛"教学模式内涵及意义

（一）OBE（Outcomes Based Education）内涵及实践应用发展现状

OBE理念是以"成果导向""以学生为中心"以及"持续改进"作为三要素，并以三要素作为核心的先进教育理念，强调教育的最终目的是适应社会发展的需要。该理论首先是由美国学者Spandy W.D.等人于20世纪80年代初提出，之后运用于学习单元、课程等微观领域，随着人们接受度的提高，其应用逐步扩展到学科和高等教育领域，因成果显著，推广范围逐渐扩大到世界各国，目前已成为欧美国家教育改革的主流理念[2]。OBE理念在我国的推广应用相对较晚，中国香港大学教育资助委员会在2005年率先通过了成果导向的教学方法，之后中国内地部分高校也开始逐步引进OBE理念，开始探索构建国家三级专业质量标准进行教学改革[3]。

（二）"OBE+学科竞赛"教学模式

"OBE+学科竞赛"教学模式主要是指：首先根据每个学习者学习需求和基础明确教学目标，引入围绕蚁群算法、羊毛算法等算法技术和城市更新中大拆大建的原因所设置的学科竞赛题目，然后结合每个学习者的学习需求和竞赛要求的专业能力和综合能力逐层进行教学设计，合理构建整个课程体系，完成教学任务后，学生和教师对教学结果进行双向评价，再根据评价结果进一步优化培养目标，为进一步的学习改进提供依据，形成优化循环（图1）。这种模式通过实际赛题的引入和教学主体的转换，极大限度地激发了学生的创作热情及主观能动性，进一步提高他们利用理论知识解决实际问题的能力。

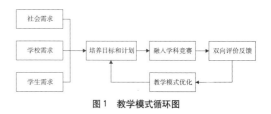

图1　教学模式循环图

（三）"OBE+学科竞赛"教学模式对城市设计教学的意义

一是教学主体的改变。这种模式与传统的教学模式相比其教学目标和内容都围绕学习者进行，老师从权威角色转变为辅助者，确保学习者能够最大化地满足自我需求和实现个人潜能。

二是教学质量的提高。这种模式通过引入课堂之外的竞赛，使得专业和学科间的界限被打破，可以共享跨学科的优质资源，进而提高教学质量，提升了城市设计教学内容和方法的多样性。

三是教学资源的充分利用。这种模式的实施需要相应的教学资源保障，如充足的高素质的师资队伍和教学空间的升级与改造，来满足教学形式改变和学生学习过程与结果的需要。

三、"OBE+学科竞赛"教学模式在城市设计课程中的应用——以河北工程大学四年级城市设计课程为例

（一）课程选题契机

1. 课题优势

（1）随着城市化的发展，存量城市成为热点，城市存量发展对城市设计教学提出了新要求。

（2）现存疫情虽然得到了很好的控制，但疫情防控仍然不能掉以轻心。选择以高校周边城中村为设计题目，符合当前城市发展方向，利于学生调研。

（3）高校周边城中村与学生具有直接关联性，并且具有校园和社会的双重属性，符合引导学生解决复合功能空间的教学要求。

（4）新迁校区，学校周边的村落与城市总体规划及高校文化特性存在差异，其更新改造势在必行。课程设计与竞赛相结合，落实了学生在实际设计项目中的参与性。

2. 课题背景

（1）20世纪城市化的发展所暴露出来的问题除了单一功能的不断扩张，还有在结构上、用途上和外表上所表现出来的各种无序杂乱[4]。尤其近年来随着教育事业的不断发展，大量老旧校区已经不能满足教育需求，因此大学规模迅速扩张、改建、扩建和新建成为主要的解决形式。高校新校区周边区域绝大多数存在的一个共同问题，就是发展滞缓，没能与新校区一同建设，导致新校区中心与周边地区配套设施严重失衡。

（2）杨·盖尔的著作《交往与空间》讨论了建筑师从人的领域感、距离感、安全感等心理需求方面以及"边界效应"等方面考虑人的社会化活动行为特征。书中还谈及交往空间的社会公平性，以及如何消除不同职能和人口之间的界限。相较于文学领域中，分离感和距离感会让悲剧更加出彩，在建筑中，距离感的存在，会让我们缺失对建筑体量的感知，失去对材料及结构细部的观察，以致完全失去有效的美学体验。高校周边城中村作为校园与城市的中介空间，对双方的交往、物质能量的传输等方面具有重要的意义，高校周边城中村的更新改造成为现阶段改善城市环境的重要课题。

3. 任务书

人们一直寻找一种居所，从私有空间到公共空间，能让舒适的空间环境围绕着生活，滋润着心灵，从成长到老去；我们也一直这样努力着，试图用我们的专业来为人们通向梦想搭建一座桥梁，让寻找变成到达。无论城市还是乡村，在这个"地球村"的时代都没能逃脱环境恶化、人口剧增（或流失）、交通变革、信息交互变革、经济社会发展不平衡等问题对传统意义上"空间营造"的影响，这些问题也使设计师陷入了不断的思考之中：我们要给自己一个怎样的"家园"？

我们活在当下，但需谋定未来，从城市管理者、设计师、所有城乡建设参与者，更有置身其中生活的普通市民，他们在不断地调整，不断地思考和实践，以期使我们生活的空间理智中不失浪漫，秩序中不失偶遇，传承中不失发展。我们有坚守，但我们也拥抱科技，GIS、BIM、VR等新技术手段在5G的推动下，快速影响着生活的方方面面。此次竞赛聚焦传承、科技、创新、智慧、生态、共享"六大发展理念"下的城乡人居环境设计探索，试图通过参赛者的创新、创意设计，激活城乡空间，营造美好人居环境。

（二）具体实施环节

河北工程大学建筑与艺术学院进行重组教学，将四年级课程分为上下两部分，每一部分课程时间为16周。上半年教学内容主要为住宅设计和居住区规划，设计手段要求为手工模型制作或电脑SU模型的塑造，上半部分课程结束后老师和学生进行双向评价和反馈，总结经验和不足，进而不断修正教学内容以满足不断变化的课程需要。下半年的教学内容将扩大为城市设计领域，教学方向为城市更新方面，并引入相关学科竞赛，这一阶段的设计手段则鼓励学生使用蚂蚁、羊毛等算法或者GIS等参数化手段建立模型，实现跨学科设计手段的融合，拓展学生思维的宽度和广度。60名选课同学分5组，每组由一位专业老师指导，形成小班化教学，并采用课堂加课余双线开展的模式。在整个过程中，从设计伊始的选题到最后完成设计成果的全过程都强调以学生为主，通过引导和互动使得学生掌握城市设计的内容、内涵和方法，进而完成对学生理性分析能力、逻辑归纳能力、方案表达能力、多维创新思维能力和规划设计实践能力的培养（图2）。

1. 教师引导阶段

教学对象是建筑学四年级学生，在之前一年级到三年级的教学过程中，已经完成了包括空间组合、居住设计原理、公共设计原理等相关的理论学习，因此教师只在教学开始的前两课时强调了课题对象的基本情况和基地的复合型特点，引导学生在现有知识储备的前提下，基于理性思维通过自身的感知体验去发现和解决城市、环境和建筑之间的复杂问题，进而形成自己的建筑空间逻辑（图3）。

2. "OBE"模式实践

在设计开始的时候，教师要求学生必须树立一个基本设计目标，即"总体定位"的概念，区域内使用人群可以定位于三种：原住民、高校学生、社会人群，学生侧重点可以自定。学生以各自为

图 2　教学现场图

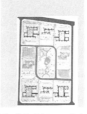

图 3　前期学生分析 PPT 节选

中心对竞赛主题进行解析并提出自己的见解及设计目标，根据设定目标以及使用人群确定不同使用性质的空间场域及建筑规模。针对社区里不同人群的不同生活方式，引导学生发现自己感兴趣的生活情境，从兴趣点出发，进而了解特定生活情境下居民的生活方式和心理需求，并对其与空间特点的关联性加以分析。通过调查问卷走访了解空间特征、生活行为和场景营造等，实现使用者参与设计的可能性。找到设计中积极因素并将其转化，成为下阶段设计的出发点，实现建筑方

案的推进与深化（图 4）。

3. 成果表达和制作

通过分析不同人群的行为方式、行为场所的需求和人们社交方式以及现存高科技的潜力，重构具有地域文化和时代特征的空间环境，以新材质、新技术、新工艺等构想出一种新的生活交往模式和空间样态。除了传统的手工模型，参数化设计将想象中的灵感推向了新的高度，学生的逻辑思维得到了充分的展示。基于数字化、人工智能、5G 等时代技术使理性创新有了更大突破（图 5）。

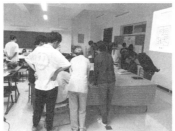

图 4　学生日常课堂探讨

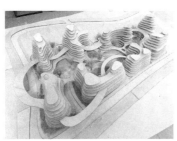

图 5　学生部分模型展示

4.反馈评价

课程除了老师进行考核评判,学生也会表述各自在整个课程中的收获和遇到的问题,然后教学组对这些经验和问题进行总结和分析,对现存模式进行合理的改进,然后运用到下一次的城市设计课程中,如此循环,在教与学之间形成双重优化的互动循环关系,使得教学体系更加完善,学生的积极性和创新性得到充分发挥(图6)。

四、"OBE+学科竞赛"模式下的评价反馈体系及学生自评

1.评价体系的建立

在课程最后,通过发放问卷来收集教师和学生对所有作业的评价。问卷内容包含三个部分:第一部分是每个评价者基本信息的填写;第二部分是对作品各要素的评价,包括对城市空间的关系、功能布局、与大学的关联度、对原有环境造成的破坏、创新程度和图面表现等;第三部分是应用SD法对所有作品进行评价。本次共发放问卷65份,回收有效问卷65份,问卷回收率为100%,其中60名学生一共分为五组,每组分配一位教师

进行指导,根据课程特点选出六组形容词,采用了5级李克特量表(-2,-1,0,1,2)。在最终评价中,每位教师的权重为5,每个学生的权重为1,且本组教师不参与本组作品的评价,学生也不参与自己作品的评价,最后将分数进行统计累加,选择十个分数排名较前的作品参加竞赛(表1)。

2.学生自我评价

随机选择三位同学进行深度采访,了解学生对整个方案生成过程和最终作品的评价,见表2。

五、成果总结与思考

课程结束后,参与竞赛的十份作品中,有三份分别获得了城市组一等奖、二等奖和优秀奖(图7~图9)。

通过实际的教学实践和学生的反馈评价,我们发现将"OBE+学科竞赛"这种模式引入城市设计的教学中,顺应了"以学生发展为中心""以学生学习为中心""以学习效果为中心"的"新三中心"理念,打破了建筑设计教学的传统模式,对以"老三中心"(教师、教师和教材)为基础的传统模式带来了挑战,并与原有教学框架形成良好的补充,

图6 学生汇报考核

SD法描述形容词　　　　　　　　　　　　　　表1

负面形容词	非常	比较	一般	比较	非常	正面形容词
和城市空间的关系弱	-2	-1	0	1	2	和城市空间的关系强
功能布局不合理	-2	-1	0	1	2	功能布局合理
与大学的关联度弱	-2	-1	0	1	2	与大学的关联度强
对原有环境造成的破坏大	-2	-1	0	1	2	对原有环境造成的破坏小
创新程度低	-2	-1	0	1	2	创新程度高
图面表现杂乱	-2	-1	0	1	2	图面表现整洁

学生评价　　　　　　　　　　　　　　表2

学生姓名	作品名称	对作品的评价	对课程体系的评价
刘＊鑫	模度世界	我的理念主要来源于蚁群算法,在这样的一群社交性生物中,我们总可以找到共通性,在路径的寻找上我看重深入,最终找到了蚁群在城市中的可行性,并运用了装配式的路径搭接(图7)	在整个课程体系中,我可以自由选择自己感兴趣的参数化方式,提高了我的兴趣和参与度,进而提升了综合设计能力
张＊	"生"于自然	目标定位是一种生态化的城市客厅,一个开放式的活动中心,一个集商业娱乐文化休闲于一体的创意街区,即"生"于自然的生态城市(图8)	通过这一阶段的学习,使得我的设计更加人性化和科学性,建筑想法不再空洞和不实际
丁＊琼	城蕴绿河	以智慧城市为背景,在完善基础设施的基础上,增加生态绿化与体育设施,基于城市触媒延伸的理论,着手将大学城文化街区打造为各类人群、文化共同发展的活力街区(图9)	在课程中发现兴趣点,思维更加开拓,课堂变得有趣并更具吸引力,学习效率显著提高

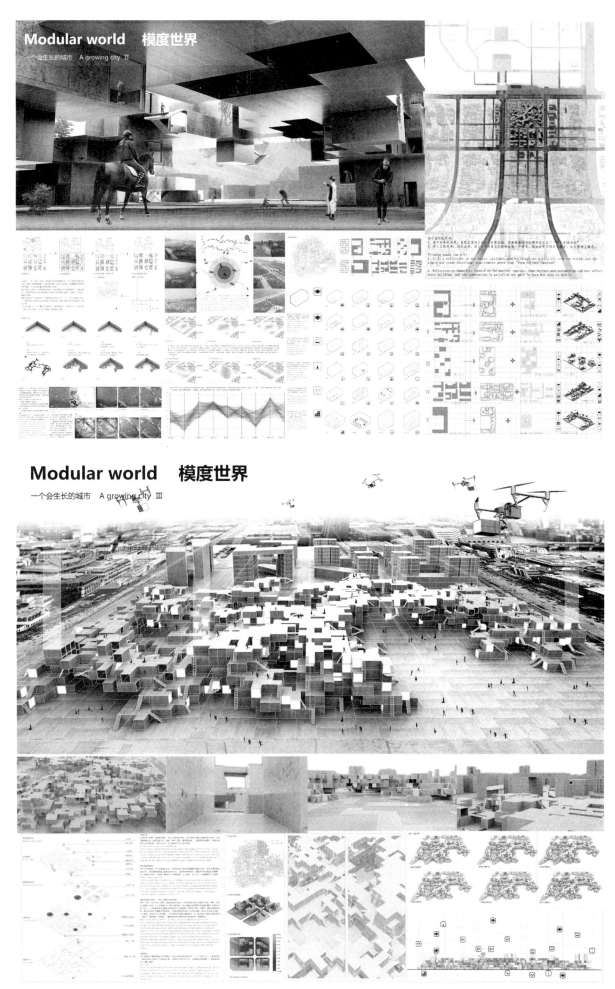

图 7 学生作品：模度世界

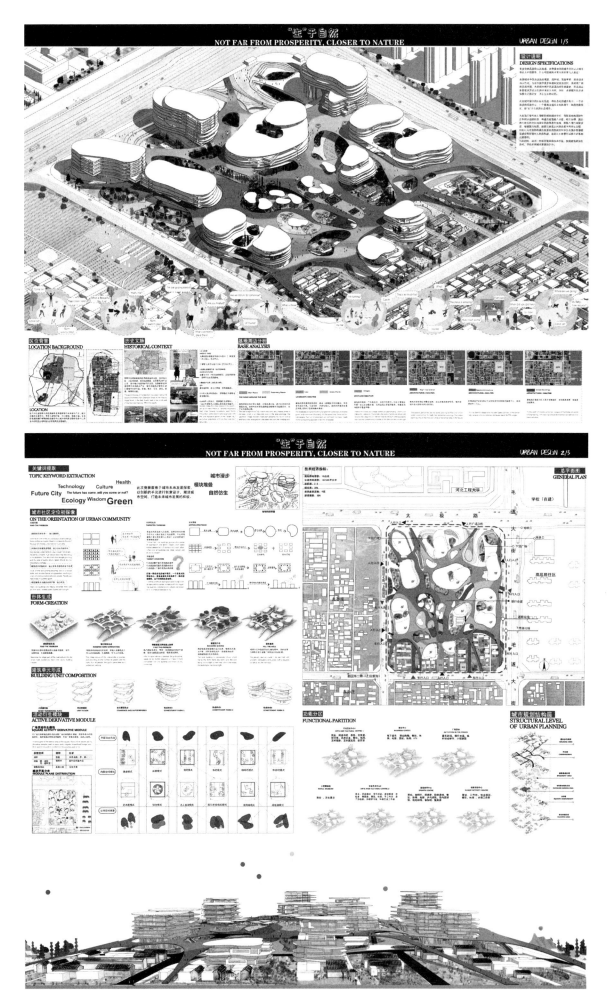

图 8　学生作品："生"于自然

图 9　学生作品：城蕴绿河

图9 学生作品：城蕴绿河（续一）

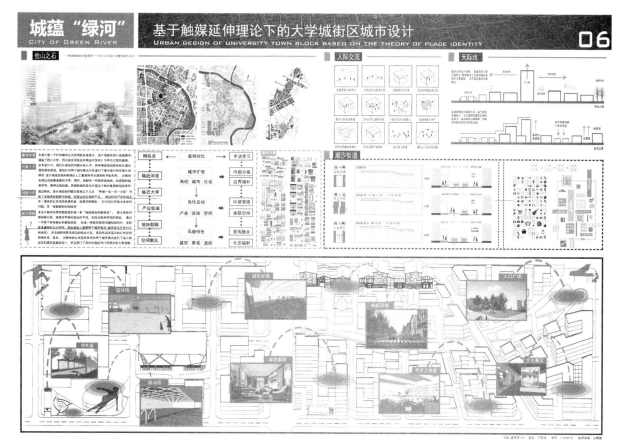

图 9 学生作品：城蕴绿河（续二）

有助于将象牙塔式的课堂教学应用到实际设计项目和生活中，加强了学生与使用人群的互动，有助于学生自主探索能力、创新能力和综合能力的全要素提升，进一步完善了学生对建筑设计全过程的理解，关注建筑项目的社会意义，提高城市设计相关课程的教学效果。该模式已经取得初步的实践成果，其中相应的具体教学细节和方法仍有待下一阶段进一步探索。

参考文献

[1] 董伟，陈德鹏，郑先友，程车智.CDIO 模式下城市设计课程教学探究 [J]. 安徽工业大学学报（社会科学版），2020，37（5）：64-65.

[2] 潘双利，郑贵军.OBE 理念导向下"赛教融合"创新人才培养模式 [J]. 科教导刊（中旬刊），2020（23）：28-29+85.

[3] 张男星，张炼，王新凤，孙继红.理解 OBE：起源，核心与实践边界——兼议专业教育的范式转变 [J]. 高等工程教育研究，2020（3）：109-115.

[4] （卢旺达）莱昂·克里尔. 社会建筑 [M]. 北京：中国建筑工业出版社，2011.

图表来源

图 1：作者自绘
图 2~ 图 6：作者自摄
图 7~ 图 9：参赛作者
表 1~ 表 2：作者自绘

作者：章慧洁，河北工程大学在读研究生，研究方向为建筑设计及其理论；王晓健（通讯作者），河北工程大学建筑与艺术学院教授，研究方向为建筑设计及其理论

基于数字技术的《环境行为学》教学改革研究

李　渊　黄竞雄　杨盟盛　梁嘉祺　李芝也

Research on Teaching Reform of "Environmental Behavior" Based on Digital Technology

■ 摘要：新工科背景下，数字技术全方位融入建筑学课程体系中，并与主干课程联动发展。《环境行为学》作为建筑学专业本科（五年制）教育评估指标体系中的课程，具有相当程度的发展空间。本文探索了厦门大学基于数字技术的《环境行为学》教学改革研究，进行总体教学框架和MOOC教程的设计。引入OPIRTAS翻转课堂教学模式，依托"遗产环境与行为分析"实验室、虚拟仿真实验项目和虚拟教研室，促进数字技术与教学资源融合共享，旨在融合环境行为课程与设计课程，锻炼学生的实践创新与应用能力。

■ 关键词：建筑新工科；数字技术；环境行为学；教学改革；虚拟教研室

Abstract：Under the background of new engineering, digital technology is fully integrated into and developed in conjunction with curriculum system in architecture. Environmental behavior as a course in the education evaluation system of the undergraduate (five-year) major of architecture, has considerable room for development. This paper explores teaching reform of Environmental Behavior based on digital technology in Xiamen University, and designs framework and MOOC. Moreover, introduced OPIRTAS flipped classroom teaching model, relying on "Heritage Environment and Behavior Analysis" laboratory, virtual simulation experiment project and virtual teaching lab to promote the integration and sharing of digital technology and teaching resources. It aims to integrate environmental behavior and design courses to train students' practical innovation and application ability.

Keywords：Architectural Emerging Engineering, Digital Technology, Environmental Behavior, Teaching Reform, Virtual Teaching Lab

伴随"以人为本"理念的深入发展，建筑类专业的学生需要熟悉环境心理学的基本知识，能够分析人们的需求和行为，并体现在建筑设计中。《环境行为学》课程以"物质—行为—设计"构架逻辑，从不同尺度的物质空间开展客观的环境分析，借助实验设备技术认识人的主观感知与认知，基于其内在联系与逻辑使学生在设计空间中聚焦场所营造，关注流线、景观、形态等空间设计内容，为学生的理性设计思维提供坚实保障。

在新工科发展的背景下，对《环境行为学》的现有研究进行综述和归纳，有助于为课程改革设计方案提供参考，将人文理论、分析技术和实践基地作为支撑基础，打造面向建筑新工科的环境行为学课程体系，为建筑学人本设计的理论与技术提供支持。

一、 现有研究进展

本文选择广为学界认可的环境行为学研究著作进行了归纳研究，从研究内容与研究方法两个方面综述现有研究进展。依据现有研究内容提出存在的可发展空间，进行教学研究的未来展望。

1．研究内容

环境行为学作为近现代跨学科理论，在地理、人文、心理、建筑、规划等领域发挥着举足轻重的作用。自学科理论提出以来，不同学者从自身科研背景出发，对环境行为学的空间进行深度解读，主要研究内容可归纳如图1。环境行为学中空间的观察视角主要可以分为四个方面，即尺度、认识、专业和概念。其中，尺度具有具象化特性，在环境空间认知中被各学科背景研究成果所普及，也是环境行为学从起源到现在最受广泛理解的概念。学科的发展会伴随哲学的思辨呈稳态进阶，我国民族血脉中流淌的独特浪漫主义气息也使环境行为学的空间理解上升至认识的层面，空间不再是实体的物质观察结果，越来越多的学术成果

开始从现象环境和文脉环境去解读行为空间，实现学科向"人本"思想的转变。学科理论的发展与教育体系的成熟密不可分，从分门别类的专业视角观察，环境行为学脱胎于建筑学，随着研究的深入，现阶段在地理学、城乡规划学和风景园林学等专业中成为探讨人与环境关系的重要切入点，空间概念依各自专业有机生成，形成"百家争鸣"的格局。

近年来，随着学科融合，跨学科研究已成为当代学术研究的主流意识，越来越多的学者不再仅仅局限于专业水平的提升，开始关注人居环境高质量发展、建成环境可持续发展、个人环境高品质发展、潜在环境前瞻性发展，空间的概念逐渐上升至"三元空间融合"，发展成为环境行为学具有集成包容性的空间环境概念。在多种空间理解下，环境行为学要面临和解决的问题大体分为四类，即健康、交流、认知、生活相关的个人问题，记忆、价值、舒适、决策相关的小群生态问题，领域、私密、效能、公共等城乡问题，以及气候、用地、污染、环境等全球性问题。学科的进步是学界不断积累的结果，学科前沿领域的学者们正通过自身的努力，从多重视角解读"人本环境"的突出矛盾，不断推进环境行为学的有机发展，形成当下百花齐放的学术景观。

2．研究方法

环境行为学作为一种融合性较强的理论科学，技术方法的应用与发展是该学科重要内容之一。在环境中，人的行为作为一种客体主观意识的显性表达，与环境心理学相互联系，其研究方法归纳如图2。初期的研究方法基本采用问卷、计数、日志、跟踪等手段实现对人的记录与分析。伴随科学技术的不断攀升演化，数据获取与分析手段也发生了质的飞跃。学者们不再仅仅使用单一的数据或文字描述人（群）的行为特征，而是更加倾向使用"空间＋信息"的模式去分析展示研究

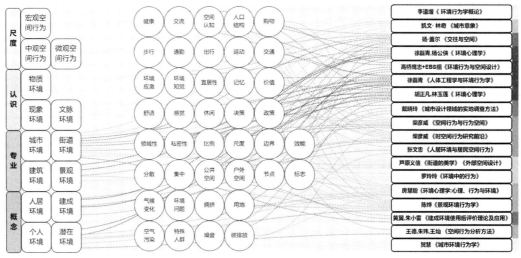

图1 《环境行为学》的研究内容

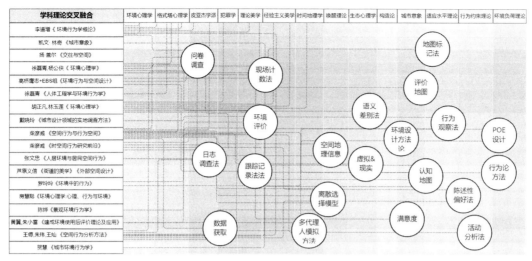

图 2 《环境行为学》的研究方法

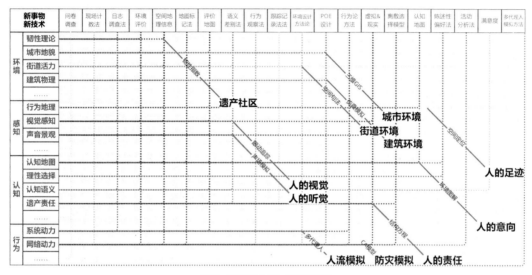

图 3 《环境行为学》的未来展望

成果。而对于人的主观认知评价也不再局限于简单的统计结果,采用系统的问卷方式和科学的数学模型衍生出语义差别法、陈述性偏好法、满意度评价等多种方法。同时,环境行为学所用的计量模型也逐渐具有针对性,多代理人模型(Agent)、离散选择模型(Logistic)等数理统计信息可以系统地量化总结行为的观察结果和活动的分析结果。

近年来,空间信息系统(GIS)的发展也为环境行为学大尺度的研究带来了新的契机。在经典心理、行为学的基础上,地理信息科学技术方法的辐射为环境的具象化表达提供了可靠的可视化平台,为环境行为的发展推波助澜。基于环境行为学理论的完善和技术方法的革新,环境行为学的定量、定性研究成果逐步落实于城乡规划、建筑设计和风景园林等专业学科的前策划和后评估中,为人类宜居环境可持续发展做出卓越的贡献。

3.研究趋势

学科的发展与时俱进,环境行为学也要延续前人理论方法,吸取热点研究方向,推行新兴技术方法,在当前的科研背景下解释更多当下的现实问题,对未来的发展方向展望如图 3。抱着跨学科求知的科研态度,本研究将当前环境行为的重点研究内容划分为环境、感知、认知三个部分。

从学科本源出发,环境行为学以韧性理论、城市地貌、街道活力和城市物理等理论为环境的基础内容,研究遗产社区、城市环境、街道环境和建筑环境等实体物质空间,并辅以韧性指数、三维 GIS、空间句法和仿真模拟等技术方法,实现"人本"环境的客观描述。基于"人本"的客观环境描述,环境行为学能够进一步运用空间定位、眼动追踪和声场模拟等技术方法,研究人们的足迹、视觉和声音等显性感知特征,从而深化行为地理、视觉感知、声音景观等理论。除显性特征外,采用认知地图、理性选择、认知语义和遗产责任等理论视角观察并解释人的认知。在未来,可以预见学科的发展能够基于多代理人模型、CA 模型等技术方法实现人流、防灾体系的预测模拟,实际应用前景将更加宽广。

China Architectural Education
2022
40

二、教学改革

厦门大学的《环境行为学》课程教学改革开始于2019年，是面向建筑类四年级本科生开设的专业进阶课程，是学院"一轴两翼"教学体系中人文翼的主干课程之一（图4）。课程立足于"以人为本"观念对建筑设计及其相关专业学生的要求，培养学生收集并分析人们的需求和行为的资料，对建筑环境与人的行为关联度具备一定的辨识和判断能力，并体现在建筑设计中。

综合前述对现有关于环境行为学的教学与研究的梳理，不难发现，在新工科对交叉人才需求的背景下，数字技术为传统环境行为学的研究与面向交叉学科的教学改革提供了良好的辅助条件。基于上述认知提出的教学改革方案，为相关专业学生的理性设计思维培养和面向未来的研究思维培养提供坚实保障。

1．总体框架设计

由环境到行为，涉及场所空间到行为空间的转变，本质上是环境对人的五感产生刺激，由感知形成认知，再由大脑根据先验知识做出相应的行为决策。其中，环境对人产生的感知刺激可通过人因设备进行识别，根据数据解读的结果探索人的感官变化，进一步了解其潜在感知机理。

进一步地，《环境行为学》教学设计强调通过对行为（包括显性和隐性）的解读了解其内在逻辑，从人的行为变化获取设计逻辑，在人本理论的指导下进行符合相关规范的场所营建设计，这也是《环境行为学》教学改革总体框架的内容（图5）。

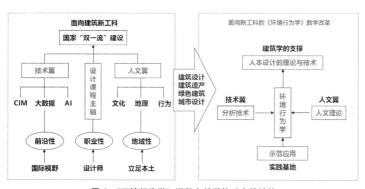

图4　《环境行为学》课程在教学体系中的地位

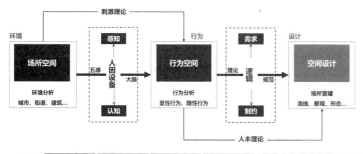

图5　基于数字技术的《环境行为学》教学改革总体设计图

2．MOOC内容建设

课程以视频为载体进行主要内容呈现，每个视频时间短、内容独立，对应的知识点自成一体，便于突出教学重点与难点，提高学生的注意力。根据学科研究逻辑，课程总体分为4个部分，每个部分由宏观至微观、由显性至隐形讲解学科主要内容，可分为10讲。具体到每一讲的视频组织过程，依据"理论—技术—案例"融会贯通各知识点制作成时长10分钟左右的视频，力求学生在短时间内掌握每个知识点。

另外，每讲的内容均通过课程介绍等方式进行系统化、模块化的组织，形成知识结构图，帮助学生建构系统化的知识体系。结合课后的教学视频、参考资料等模块化的MOOC教学组织活动，保障学习活动有序进行。

3．翻转课堂教学模式

结合MOOC在线教学资源，引入OPIRTAS模式开展翻转课堂教学，包括目标（Objective）、准备（Preparation）、教学视频（Instructional Video）、回顾（Review）、测试（Test）、活动（Activity）、总结（Summary）七个部分。通过该模式，完成学生对显性知识的学习和部分知识的自我内化。翻转课堂是开展知识的应用、建构与创新的过程，在MOOC基础上对知识和能力进一步升华。

课堂教学中，任课教师针对学生课前观看MOOC的反馈情况，有针对性地讲解知识点和软件操作要点，设计富有挑战性、创造性的实操训练。引导学生以小组或个人形式完成任务，及时跟踪各学习小组的训练情况。在项目训练过程中，学生体验、感悟新知识，可以采用相互学习研讨的方式解决问题，也可以与教师交流，对于学生存在的共性问题，教师进行统一示范。

4．教学内容组织

基于数字技术的《环境行为学》教学内容分为三篇十讲，其中每讲包括三个部分，一共30个教学单元（表1）。三篇包括绪论篇、环境分析篇和行为分析篇。

围绕课程培养目标，设置的课程学习资料包括：推荐读物、在线MOOC资料、软件学习、工程应用和学术论文。该课程希望《环境行为学》能够搭建"物质空间—行为空间—设计空间"三者的桥梁，搭建人本需求与创意设计的桥梁。

5．虚拟教研室建设

服务于新工科的发展战略，构建新技术、新视角、新实践和新赋能的环境心理学教学体系，层层递进，实现技术方法与设计课程的深度融合。建设虚拟教研室，推进基于数字技术的环境心理学教学改革体系构建，实现教学资源与教学过程融合，明确学生的核心技能，引导建设教学资源。

基于数字技术的《环境行为学》教学内容组织 表1

篇	课程内容	第一部分	第二部分	第三部分
一	课程背景	理论背景	教学内容	鼓浪屿案例
二	城市环境与三维分析	理论：城市环境	技术：三维 GIS	超图应用
二	街道环境与句法分析	理论：街道活力	技术：空间句法	街道句法
二	建筑环境与性能分析	理论：建筑物理	技术：仿真模拟	环境评价
三	人的足迹与定位分析	理论：行为地理	技术：空间定位	时空足迹
三	人的视觉与眼动分析	理论：视觉感知	技术：眼动追踪	视觉关注
三	人的听觉与声音分析	理论：声音景观	技术：声场模拟	声景分布
三	人的意向与认知分析	理论：认知地图	技术：环境图解	记忆场所
三	人的选择与偏好分析	理论：理性选择	技术：SP 模型	景点偏好
三	人的感受与语义分析	理论：认知语义	技术：SD 模型	街道提升

三、结论与展望

总体上，本文基于《环境行为学》现有研究中存在的不足，探索了厦门大学基于数字技术的《环境行为学》教学改革研究，具体内容包括：(1) 总体框架设计，构建了"场所—行为—设计"三元空间理论，以跨学科和多元交叉的视角创新环境行为教学过程，进行教学知识点设计；(2) 建立"面向数字技术"的《环境行为学》MOOC 教程，利用数字技术搭接理论和实践的鸿沟；(3) 引入 OPIRTAS 翻转课堂教学模式，利用雨课堂数字化教学手段开展线上线下混合式教学，改善学生对于授课内容的接受度、理解度和交互性；(4) 依托"遗产环境与行为分析"实验室和建筑遗产虚拟仿真实验项目，锻炼学生的实践创新与应用能力；(5) 依托虚拟教研室建设契机，促进教学资源共享，促进跨校教师间的教学研讨，促进环境行为课程与设计课程的融合。

参考文献

[1] 李道增 . 环境行为学概论 [M]. 北京：清华大学出版社，1999.
[2] Lynch K. *The image of the city*[M]. London：MIT press，1964.
[3] 扬·盖尔 . 交往与空间 [M]. 何人可译 . 北京：中国建筑工业出版社，2002.
[4] 徐磊青，杨公侠 . 环境心理学：环境、知觉和行为 [M]. 上海：同济大学出版社，2002.
[5] 高桥鹰志 +Ebs 组 . 环境行为与空间设计 [M]. 北京：中国建筑工业出版社，2006.
[6] 胡正凡，林玉莲 . 环境心理学（第三版）[M]. 北京：中国建筑工业出版社，2012.
[7] 戴晓玲 . 城市设计领域的实地调查方法 [M]. 北京：中国建筑工业出版社，2013.
[8] 柴彦威 . 空间行为与行为空间 [M]. 南京：东南大学出版社，2014.
[9] 柴彦威 . 时空间行为研究前沿 [M]. 南京：东南大学出版社，2015.
[10] 张文忠 . 人居环境与居民空间行为 [M]. 北京：科学出版社，2015.
[11] 芦原义信 . 街道的美学 [M]. 天津：百花文艺出版社，1989.
[12] 芦原义信 . 外部空间设计 [M]. 北京：中国建筑工业出版社，1985.
[13] 罗玲玲 . 环境中的行为 [M]. 沈阳：东北大学出版社，2018.
[14] 房慧聪 . 环境心理学：心理、行为与环境 [M]. 上海：上海教育出版社，2019.
[15] 陈烨 . 景观环境行为学 [M]. 北京：中国建筑工业出版社，2019.
[16] 黄翼，朱小雷 . 建成环境使用后评价理论及应用 [M]. 北京：中国建筑工业出版社，2019.
[17] 王德，朱玮，王灿 . 空间行为分析方法 [M]. 科学出版社，2021.
[18] 贺慧 . 城市环境行为学 [M]. 北京：中国建筑工业出版社，2020.
[19] J Guo. *The use of an extended flipped classroom model in improving students' learning in an undergraduate course*[J]. 2019，31（8）：362-390.

图表来源

作者自绘、自制

作者：李渊（通讯作者），厦门大学建筑与土木工程学院建筑系系主任，教授，博士，博士生导师；黄竞雄，清华大学建筑学院博士研究生；杨盟盛，厦门大学建筑与土木工程学院博士研究生；梁嘉祺，厦门大学建筑与土木工程学院博士研究生；李芝也，厦门大学建筑与土木工程学院副教授，博士，硕士生导师

建筑学专业领域中的虚拟仿真实验平台建设与应用研究

陈牧川　曾梁光　尹洪妍

Virtual Reality Experiment Platform in the Field of Architecture Majors Construction and Application Research

■ 摘要：虚拟仿真实验是运用信息技术将学科专业知识进行可视化模拟，达到沉浸式体验。目前建筑类专业的虚拟仿真实验研究处在快速发展的阶段。由于建筑学的专业特性，需要将理论和实践相结合进行教学，受时间与空间的局限，实践环节存在困难。本实验平台对传统村落运用虚拟仿真技术，进行虚实结合，并结合实际案例和虚拟仿真实验室平台的建设，推动虚拟仿真技术在建筑学专业领域中的应用研究。

■ 关键词：建筑学；虚拟仿真；传统村落；实验平台；在线教育

Abstract：Virtual reality experiment is to use information technology to carry out visual simulation of subject expertise to achieve immersive experience. At present，the research of reality simulation experiment of architecture major is in the rapid development stage. Due to the professional characteristics of architecture，it is necessary to combine theory and practice for teaching. Due to the limitations of time and space，there are difficulties in practice. This experimental platform applies virtual reality technology to traditional villages to realize the combination of virtual and reality. Combined with the actual case and the construction of virtual simulation laboratory platform，the application research of virtual simulation technology in the professional field of architecture is promoted.

Keywords：Architecture，Virtual Reality，Traditional Village，Experimental Platform，on-line Education

一、引言

2016 年 3 月，我国"十三五"规划中提出要"强化教育信息化对教学改革，尤其是课程改革的服务与支撑"。在"十四五"规划中，提出要深化新时代教育评价改革，发挥在线教育优势，完善终身学习体系，建设学习型社会。推进高水平大学开放教育资源，完善注册

基金项目：江西省教育厅科学技术研究项目：庐陵传统村落人居环境及绿色宜居技术研究（GJJ210625）

学习和弹性学习制度，畅通不同类型学习成果的互认和转换渠道，也突显了教育信息化的重要性。在 2020 年新型冠状病毒肺炎疫情的影响下，传统教育的方式发生了巨大的改变，教育信息化的意义更加突显。对比传统的线下教学，线上教学体现了跨时空、反馈及时、高效低成本的优势。虚拟仿真平台的建设可以提供开放性、创新性的实验场所，可以针对不同人群提供不同的实验环境，可以解决操作危险、时间限制、成本高昂、场地限制、操作不可逆等问题。

二、研究课题的背景

1. 虚拟仿真实验

随着计算机科学技术的提升，虚拟仿真（Virtual Reality，又称为虚拟现实）已经不再是新鲜概念，VR 设备从早期的"概念设备"逐渐发展成了面向大众的"消费级产品"，VR 技术可以应用的领域远不止游戏、影视等方面，事实上，自这项技术诞生以来，它能够发挥的作用及实现的功能可以涉及多个领域。

虚拟仿真的概念最早于 1965 年由计算机图形学的重要奠基人伊凡·苏泽兰特（Ivan Sutherland）博士提出。从 1989 年美国弗吉尼亚大学的威廉·沃尔夫教授提出"虚拟实验"的概念以来，虚拟实验系统的开发与应用就得到了迅速发展，国外很多高校、研究机构均投入大量的人力、物力和财力去设计并开发虚拟实验系统，虚拟实验的相关研究不断深入，应用不断普及。

过去由于技术和硬件的限制，虚拟仿真并不能真正运用到实际当中。随着计算机科学、计算机软硬件、互联网技术的高速发展以及国家政策的大力支持，虚拟仿真技术在高校的教学当中逐渐受到重视并进行实践。虚拟实验教学在我国的应用起步较晚，但发展速度较快，目前国内部分高校建立了虚拟实验系统，我国已经建立 300 家虚拟仿真实验教学示范中心，覆盖 27 个省（市、自治区）。

2. 建筑学虚拟仿真实验平台的必要性及可行性

（1）必要性

建筑学是一门关于建筑及其环境的认知与创造的学科，其核心目标是使学生获得设计建筑及其环境的能力，从而通过设计达到诗意的栖居。建筑学是一门结合了工程技术和人文艺术的学科，与一般工科相比，建筑学与文、理、艺术等学科有交集；与人文艺术学科相比，建筑学又具有专业的严谨性和操作性。建筑学是具有技术与艺术双重属性的复杂学科，其专业教育需要涉及多层次、多维度的知识。现有的教学方式存在一定的局限性，如将二维知识理论如何进行三维具象化、

教育资源的分配均衡问题等，这些局限性在疫情等特殊情况下尤其明显。

建筑学的教学以建筑设计为核心，建筑艺术、建筑历史和建筑技术为辅助，建筑设计的前期分析涉及场地的实地考察，建筑技艺、历史、艺术方面的知识大多以书本的二维信息为主，附加少量的实践，难以培养相对全面的有素养、有知识和有能力的学生。虚拟仿真实验平台的建设，可以生成一个模仿现实世界的虚拟环境，运用交互的模式，反证真实世界的实验，它可以建立多元化的教学模式，运用实验思路，弥补由于时间和空间的局限性造成的实践缺乏。以学生为主体的虚拟实践探索，可以增强学生对理论知识的运用和工程实践能力。随着近几年建筑信息化的快速发展，多元化虚拟实验可以让学生切身体验线上模拟与线下教学的一体化教学环境。

（2）可行性

我们生活的每一个部分都在数字化：工作、学习、朋友、游戏、身份甚至资产，大脑的思维已逐渐向数字化的思维进行转变，过去我们大部分都在关注现实的物理世界，电视、电脑、智能手机的出现和普及，促使我们的关注从物理世界被吸引至虚拟世界。建筑行业也从以往的手工绘制图纸到如今更加高效的数字化制图，这种趋势是不可逆转的。随着科学技术的提升，我们通过便携设备就可在互联网平台中获取优质的教育资源，现代社会的快节奏，大部分人会更容易接收碎片化的信息，虚拟仿真实验教学的普及，随时随地可获取学习资源，使得学习者更加高效地学习。

三、建筑虚拟仿真实验平台建设总体规划——以江西传统村落为例

在住房和城乡建设部、文化部、国家文物局、财政部印发的开展传统村落调查的通知中明确提出："传统村落是指村落形成较早，拥有较丰富的传统资源，具有一定历史、文化、科学、艺术、社会、经济价值，应予以保护的村落。"传统村落蕴藏着丰富的物质形态和非物质形态的文化遗产，有较高的历史、文化、科学、艺术、社会和经济价值。本实验平台选取江西传统村落，以江西省吉安市青原区文陂乡渼陂古村为实验对象（渼陂村为第一批列入传统村落名录）。

1. 建设目的

该平台建设主要研究江西传统古建筑的建筑空间以及营造技艺。由于特定的自然环境和历史文化传统，江西传统建筑具有多元化的地域特征，是中国南方建筑遗产的重要组成部分，需要更多的空间体验参与其中。借助虚拟仿真技术，结合参数化建模，高仿真还原传统村落的空间布局、

地形地貌、古建筑等，顺应国家政策、行业发展的趋势及学校教学的需求，建设传统村落认知虚拟仿真实验平台，一方面促进传统村落的保护意识和科学发展意识，同时引发全社会对传统村落的保护发展的关注，提升保护发展效力，另一方面培养学生既能懂理论，也能够进行实践的能力，实现多专业、跨时空、多维度的资源共享。本实验平台以江西传统村落为主，致力于保护这些传统村落并进行数字化模型的保存，为传统村落的保护与研究提供技术支持。

2．建设思路

整个虚拟仿真实验平台的中心以建设具有交互功能的在线虚拟实验教学系统为主，将传统教学中PPT演示和实践课程相结合，做到虚实互补。运用成熟的互联网技术和计算机软硬件，结合传统村落的信息化模型展示传统建筑二维信息，利用虚拟仿真教学串联课堂教学和实践教学，最大效率地使学生从虚拟体验中获取对传统建筑的感知，提高学生掌握传统建筑理论及实践操作的能力。

3．建设理念

本实验平台打破了时间与空间的局限性，使用一台普通电脑即可以开展本实验，可以在高度仿真虚拟环境中完成各种实验过程，最终对整村环境和空间肌理有深刻的认知和理解，为传统村落的保护与研究提供技术支持，补充了由于空间限制而缺乏的环境体验。

四、实验平台建设

传统村落认知虚拟仿真实验平台采用Unity3D引擎进行平台的开发，选取AutoCAD进行传统村落的图形绘制，采用SketchUp建模软件对村落进行建模。作为一款实时渲染交互软件，Unity3D目前广泛应用于游戏、VR/AR、影视、动漫、建筑、工业等行业领域。特别是在游戏行业中，Unity3D是使用最广泛的游戏引擎之一。

1．实验平台框架

本平台采用三层框架体系，分别为操作层、仿真层、应用层（图1）。操作层主要为整个平台系统的界面展示、交互反馈等。仿真层为场景的搭建，对传统村落的空间格局和建筑进行建模，引入天气系统，达到高仿真效果。应用层为整个系统的核心功能，通过Unity3D制作出整个村落空间漫游、木构建筑认知、建构搭建等相关功能。

2．实验设计流程

首先对整个村落进行场景的还原，对整个传统村落的范围进行范围确定，再进行地形地貌的建模，包括高山、湖泊、平原、丘陵、耕地等，完成后进行建筑物、构筑物的导入，以及绿化、植被、铺地、花草树木的添加，依照现实场景进

行高仿真还原。在整个虚拟场景搭建后再进行细化处理，优化模型的面数，处理之后导入Unity3D软件，进行实验平台的系统功能搭建，设计基于HTC VIVE设备的人机交互的功能模块，村落场景的空间漫游和空间转换。最后将设计完毕的程序打包发布为移动平台的可执行程序。整个设计流程如图2所示。

3．高仿真虚拟场景搭建

（1）传统村落布局建模

首先对村落的经纬度进行大致范围的定位，下载定位范围内的卫星地图，再通过卫星软件下载所选范围内的高程图（等高线）、建筑轮廓、矢量路网，以上数据作为gis数据，将获得的高程图导入global mapper中，数据处理后得到该范围的dem位图。最后导入arcgis，使用该软件进行渲染，建立传统村落的地形地貌，调节建筑轮廓高度可得村内建筑的大致分布及高度。结合实地测绘，完成整个场景的绿化、植被、铺地、花草树木等的布置，村落效果大致如图3。

（2）传统建筑构建

建模过程首先基于AutoCAD制图软件对建筑的平面进行绘制，以SketchUp建模软件为主，Rhino软件为辅助搭建，进行传统村落建筑的模型构建，如图4。整个体块模型的大体搭建完成后，最后对建筑的细部进行精细化处理，构建沉浸式实验环境。高仿真度的建模确保了实验平台的顺利建设。

4．Unity3D虚拟平台搭建

依托于我校的设备仪器，以Unity3D为开发技术平台进行交互设计，将完整的场景和建筑模型导入进行实验的交互设计，高仿真度还原传统村落的空间格局，构建浸入式教学场景。在此模型构建的基础下，把二维的ppt演示或者2D内容（图片、文字、音视频等）与自然交互技术的沉浸式素材相结合，借助二维信息系统快速编排课程课件的知识点，把二维与三维的沉浸式素材关联，实现沉浸式环境下的交互教学。

设计之初该平台主要面向高校师生及传统村

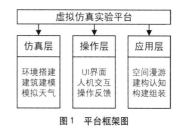

图1 平台框架图

图2 平台设计流程图

落的相关工作机构及人员，为使用者提供真实的环境感官和古建筑认知。将初期所建设模型进行细化之后，在保证模型精度的条件下，优化模型的面数，减少对 CPU、GPU 的负担，提升平台性能和系统流畅度，再导入 Unity3D 进行虚拟仿真系统搭建，以知识点为核心，问题为导向，设计系统三个模块。使用 playmaker 插件进行交互设计，减少了对代码的编写，方便进行可视化交互。

为了增加该平台的高仿真效果，在平台中基于 Enviro 插件，模拟实时天气的变化，实现村落的天气环境的实时变化和昼夜交替。可通过 UI 面板自行切换天气系统。

模块设计：平台包括 3 个模块（认知模块、实验模块、考核模块）和 7 个知识点

认知模块中包含 3 个知识点：传统村落建筑的构成，古建筑的规制及村庄的历史脉络和传统文化。

实验模块中包含 4 个知识点：传统木作技艺的认知，建筑结构、构造、装饰、材料的认识和理解，古建筑中木构件的搭建过程，整个村落的空间形成及演变。

考核模块是对古建筑记忆营造进行加强，进行建筑构件认知的考核，学生通过虚拟仿真平台自行操作古建筑的搭建或者构建的组装。同时还有答题考核，加深理论知识，操作流程如图 5。

五、虚拟仿真实验建设案例

渼陂古村传统祠堂建筑空间及营造技艺认知实验平台由我校老师和学生共同搭建，目前模块搭建大致完成两个。

1. 永慕堂建构实验

渼陂古村被誉为"庐陵文化第一村"，2005 年被国家建设部和国家文物局公布为第二批中国历史文化名村。梁氏总祠为永慕堂。永慕堂始建于南宋初年，明朝重建，清朝加建，最终成为明清结合式风格。祠堂飞檐高挑，由下厅、享堂、寝堂三部分组成，是二层三进的砖木结构。永慕堂距今已逾百年历史，经历了多次战乱和浩劫仍保存完好，是江西省宝贵的建筑物质文化遗产之一。

通过虚拟仿真平台的建设，学生可以在有限的教室空间内体验到传统古建筑的艺术魅力。在计算机中搭建 1 : 1 高仿真模型还原建筑，学生可以通过佩戴 VR 头盔、电脑或者手机进行建筑空间体验，更加有效地进行自主学习并掌握江西传统祠堂建筑的历史文化传统和建筑特点，对永慕堂的结构体系及其构成进行大致的理解，学习古建筑彩画雕饰艺术以及门窗装修方式等。平台提供的学习功能包括：传统古建及历史文化认知的自主学习功能、古建筑及其结构搭建考核和理论知识趣味答题考核。

图 3　村落模型

图 4　祠堂模型

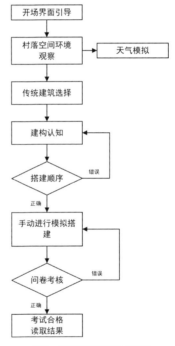

图 5　虚拟仿真实验操作流程

目前永慕堂建构实验平台可流畅操作，后续将更加完善场景和模型及剩余模块的搭建。建立搜索功能和互动机制，让学生准确地找到知识点，师生可以在线互动，答疑解惑。该平台的运行界面和功能应用如图 6～图 9 所示。

2. 实验过程

（1）观看 2D 视频了解江西传统古建筑。

（2）通过虚拟现实 VR 情景教学法带领学生开展古建筑场景漫游学习；利用虚拟现实 VR 技术，通过江西传统建筑认知及木构架营造两个教学环节，带领学生开展古建筑场景漫游学习。

（3）通过 3D 空间中的数学方法处理数据，并进行对比。

图 6 建筑空间漫游

图 7 实验操作

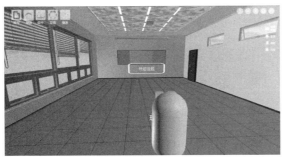

图 8 考试环节

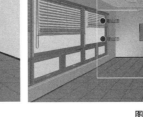

图 9 答题界面

（4）通过不断地提出问题和解决问题的互动，了解江西传统古建的相关知识。

（5）学生通过组队完成自己的古建 VR 课件，并通过对各种数值的查询与收集，加深对该课时所学知识的理解程度。

通过虚拟现实 VR 对知识点有了一定的了解之后，进行小测验，对知识进行梳理，学生通过交互式、参与式的方法开展，在模块二中对传统建筑技艺进行了解，完成相关拓展训练。通过学习体验，激发学生的学习兴致，挖掘学生的创新能力，培养学生的科研思路，成为"教、学"过程的中心和主体。

六、结语

虚拟仿真实验是一种混合式的教学模式设计，可以增强学生的自主学习能力，提升学习的兴趣和积极性。通过此平台的搭建，可以更好地实现学习资源共享、知识的自由和开放，有利于促进学生专业素质及思维能力的提升，共同提高了建筑类专业人才的质量培养。同时，也为传统村落的保护与研究提供技术支持，不断提升虚拟仿真实验对社会的积极影响和示范性作用。

参考文献

[1] 中华人民共和国教育部.关于印发《教育信息化"十三五"规划》的通知（教技〔2016〕2 号）[EB/OL]. http：//www.moe.gov.cn/srcsite/A16/s3342/201606/t20160622_269367.html，2016-06-07.

[2] 王运武、李炎鑫、李丹、陈祎雯."十四五"教育信息化战略规划态势分析与前瞻 [J]. 现代教育技术，2021，31（6）：5-13.

[3] 王振、陈芷昱.疫情时代建筑学专业线上教育开展研究——以华中地区为例 [J]. 中国建筑教育，2020（2）：129-134.

[4] 赵沁平.虚拟现实综述 [J]. 中国科学（信息科学），2009（1）：2-46.

[5] 王济军、魏雪峰.虚拟实验的"热"现状与"冷"思考 [J]. 中国电化教育，2011（4）：126-129.

[6] 田夏、孟佳.基于 CiteSpace 的我国虚拟实验研究现状与趋势 [J]. 实验室研究与探索，2017，36（9）：97-101+106.

[7] 韩冬青.建筑学本科人才培养中的通识教育浅识 [J]. 时代建筑，2020（2）：6-9.

[8] 胡映东、康杰、姚佩凡.VR 在建筑设计教学中的影响机制与思考 [J]. 中国建筑教育，2019（2）：91-97.

[9] 住房和城乡建设部、文化部、国家文物局、财政部关于开展传统村落调查的通知 [EB/OL].http://www.mohurd.gov.cn/zcfg/jsbwj_0/jsbwjczghyjs/201204/t20120423_209619.html. 2012-04-16.

[10] 郭海新.Unity3D 与 HTML 交互机理的研究 [J]. 煤炭技术，2011，30（9）：228-229.

[11] 林彬、郭美丽.江西传统民居木雕艺术研究 [J]. 美术教育研究，2015（19）：33-34.

[12] 朱平华、陈春红、徐守坤、李忠玉、刘少峰、刘惠.民用建筑围护结构节能技术虚拟仿真平台建设 [J]. 实验技术与管理，2021，38（4）：240-243、253.

图片来源

本文图片均为作者自绘

作者：陈牧川，华东交通大学土木建筑学院副教授；曾梁光（通讯作者），华东交通大学土木建筑学院硕士研究生；尹洪妍，华东交通大学土木建筑学院讲师

基于知识特征的《环境—行为研究》开放教学实验建设探索

沈伊瓦

The Open Teaching Experiment Construction Exploration of Environment-Behavior Research Based on Knowledge Characteristics

■ 摘要：本文以空间认知与寻址实验为例，阐述基于知识特征的《环境—行为研究》开放教学实验探索。针对不同类型的知识，首先进行实验架构研究来确定实验设计的策略，包括多重评价体系建构、分阶实验设计和开放式场景库建设。在此基础上展开场景设计研究，确定技术平台和教学组织。经过两轮教学试验后，对该课程中的一般性实验建设及虚拟仿真技术应用要点进行思考。

■ 关键词：环境—行为研究；知识特征；分阶实验；开放式探索；空间认知与寻址

Abstract：Taking spatial cognition and addressing experiment as an example, this paper expounds the exploration of open teaching experiment based on knowledge characteristics in the course of Environment-Behavior Research. In view of different types of knowledge, the experimental architecture research is carried out first to determine the strategy of experimental design, including multi-evaluation system construction, step-by-step experimental design and open scene library construction. On this basis, the scene design research is carried out, the technical platform and teaching organization are determined. After two rounds of teaching experiments, the general experimental construction and virtual simulation technology application points in the course are considered.

Keywords：Environment-Behavior Research, Knowledge Characteristics, Step-by-step Experiments, Open Exploration, Spatial Cognition and Addressing

一、从知识特征到实验建设

《环境—行为研究》是现代建筑学教育中一门特殊的跨学科课程，其理论建立在设计学科与心理学、社会学、人类学、地理学的交叉地带，关注人的心理、行为及其与建筑、城市、园林等具体空间环境的互动，帮助将传统设计学科经验性的空间操作拓展为基于必要研

项目资助：教育部产学合作协同育人项目201901095007；湖北省高等学校教学研究项目2017056

究的操作。从一般抽象的环境—行为理论及概念、知识学习，到具体个别的空间环境分析，乃至设计应用，需要跨越多重认知壁垒。《环境—行为研究》课程的实验教学组织需要适应这样的跨越目标，才能达成实验乃至课程设置的初衷，配合主干设计课程，促进学科发展。

多因素是环境—行为现象的普遍特征，需要逐一辨析并在复杂关联中研究发掘其共同作用方式，才有可能有效地认知，并进行知识迁移而应用到空间设计中。涉及知识迁移，程序性知识和策略性知识起到重要作用。即，本课程以跨学科的陈述性知识为基础，但需要程序性和策略性知识才能推进在建筑学领域尤其是建筑设计中的有效应用。

此外，环境—行为问题最具特色的是人的因素（即人因，Human—factor[①]）。这意味着"体验"操作在环境—行为实验中具有特殊的意义。《环境—行为研究》实验中的体验操作，与建筑设计、构造或物理的教学目标并不相同。后者旨在获取感知本身，即陈述性知识；前者则试图获取策略性知识，即人是如何感知环境的。

我们以空间认知与寻址教学实验建设为例，阐述针对多维的陈述性知识到策略性知识，进行有效建设《环境—行为研究》教学实验的探索。

二、实验架构研究

1. 知识点及其特征

空间认知及寻址行为是环境—行为研究领域具有一定系统性的研究之一，在理论和实践应用上都取得了丰富的成果。大型综合建筑体在城市中日益常见，也成为建筑学高年级设计教学的重要类型。建筑学本科高年级阶段，学生开始训练处理复杂大型建筑空间的能力，利用人的空间认知及寻址特性进行空间组织优化是设计能力的重要组成部分。较为成熟的理论、研究型实验的经验和设计应用需求都支撑其转化为本课程的重要教学实验之一。

该实验应对的知识点包括：影响空间认知及寻址行为的个体因素（即人因）、空间因素和环境因素及其表征；三类因素对空间认知及寻址行为的影响方式。前者以陈述性知识为主，后者以策略性知识为主体。掌握策略性知识，辅助的程序性知识也必不可少。作为研究型大学的建筑学系，我们还希望教学能鼓励学生自由地探索各类因素更多的作用。

2. 实验设计策略与架构

经过对相关因素的比较斟酌，我们通过以下四步确定实验方式、评价系统、分析方法、教学组织和具体技术方案的策略，以优化的实验架构达成教学目标。

首先，设计分阶实验应对不同知识类型。

在知识点的学习中，学习者需要通过对相关因素的个体体验，经历因素识别与分析抽象两个阶段。由此确定了本实验的重要架构特征：分阶实验方式。分阶实验对应分项教学目标如下：

一阶、二阶实验的目标是对相关因素的了解。通过自身作为被试的感知和反思，了解识别人的因素、空间因素、环境因素及其表征。一阶纯化空间因素，排除建筑类型的环境因素干扰，使学生的感知和反思具备未来演绎思考的潜力。实验的类型为基于体验的验证性实验，用可重复的"体验"去验证陈述性知识。二阶实验在一阶的基础上增加了环境因素，与之相应需要用具体的建筑类型取代抽象空间模型。学生基于具体个案体验进行变量识别及归纳，实验为基于体验的观察式实验。

三阶实验旨在验证作为知识结构基础的陈述性知识之后，进一步探索相关因素的具体作用特征，即探索性实验。三阶实验要求学生进行实验角色转换，从体验为主的"被试"，转化为设计并实施实验的研究者。因此，要求在给定范围内自定变量，并对不同被试数据进行简单统计。

实验的分阶既有利于学生跨越知识类型与能力阶梯，也便于未来线上不同需求的教学选择性应用。

其次，确立多重评价系统和分析方法，应对多种因素类型。

在同一阶实验中，仍存在某一因素维度上的多种因素。多维因素需要匹配多种评价方式，包括感知评价、行为评价、主观评价和生理评价。四种评价方式构成个体认知的基础，也为策略性知识的学习提供了基础数据。学习者的沉浸式感知和反思结论将成为空间感知和寻址的一般性规律的组成部分，并转化为实验设计操作的知识基础。从个体感知到一般性规律的知识转化，需要调动不同的分析方法，从描述到定性。评价系统和分析方法转化为实验问卷及要求，低阶实验的问卷或要求给高阶实验提供程序性或策略性知识迁移的基础。

再次，区分教学组织方式，应对分阶实验目标。

分阶的教学目标需要不同的教学组织帮助更好地实施。

一阶、二阶实验中，学生以被试者的身份介入空间场景，实验数据即各种评价具有鲜明的个体属性。用课堂集体教学方式同步快速完成，便于即时课堂讨论，强化对知识点的感性认知。此外，实验变量需要明确设定，实验流程设置则对三阶有示范作用。

三阶实验旨在寻求认知规律，学生初步尝试应用实验设计与过程控制。学生在实验中扮演的角色，需要从被试者、空间使用者向实验研究者和设计者转换，一阶、二阶实验获取的陈述性知识和程序性知识都成为重要的支撑。自定变量需要在掌握前述知识的基础上充分讨论，课下以小组为单位自主实验，完成度更有保障。除此之外，因为课程学时的限制，三阶实验的场景设计需要方便实验者选择或自行确定变量。（图1）

最后，兼容技术方案，应对分阶实验目标。

作为教学实验，实验技术方案在控制变量和教学组织之外，还特别要求控制实验时间和建设成本。考虑到分阶实验的逐级示范效应及课堂教学组织需要，实验有必要线上线下结合实施，至少部分数据要便于同步提供和回收。技术方案和实验材料的结合，既要满足基础教学需求，又要具备支持开放探索的可能性。

整体而言，实验教学架构（表1）明确了两方面的目标：其一，多种教学方法相结合，分阶实验，以应对多种评价方式；其二，结合各种技术平台的优势，建立开放式VR模型库，支持开放式探索。

三、实验细化设计

人因中的性别、年龄、专业、认知能力具有独立性，在实验实施中主要由组织行为控制。空间因素和环境因素与实验场景建设关联紧密，成为教学实验建设的最大工作量，需要重点研究。实验问卷及实验成果要求与之配合生成。

1. 实验场景研究

实验场景设计主要针对空间因素与环境因素。因为具体实验目标及涉及因素的差异，一阶实验与二、三阶实验场景采用不同的设计原则。共同的原则是优先保障空间尺度的真实性，兼顾环境

还原度、互动性和上手操作的难易程度，使实验场景库的使用价值最大化。同时，确保三阶实验场景库具有足够的开放性。因此，技术平台的比较和选择也同步展开。

（1）一阶场景设计

一阶实验以学习者自身为被试，明确设定的空间因素——距离和可见性为因素，具有很强的通用性。场景设计不确定具体的建筑空间类型而尽量抽象，排除可能引起干扰的其他所有空间因素和环境因素等。

通过对典型大型建筑空间及相关资料进行的归纳整合，提取柱网跨度高频值，最小、最大标准平面尺寸，基本涵盖常见大型建筑平面规模。设置椭圆形的可见中庭或不可见的中央环路，减弱方形边角对视觉的影响。为减少空间尺度参照物的干扰，实验场景的设计刻意抽象或简化建筑材料、色彩、采光、标识实验预设四组拓扑同型的空间场景，按照对分法区分为不同距离尺度的四种水平（表2）。

采用Unity3D技术平台建模线上运行，可以多人次同步实验并返回准确的寻址数据（图2）。经预实验确认，感性分析即可得到较明确的结论。因此，一阶实验及后期讨论可以在一个学时内用线上线下结合的方式高效完成全部教学过程。学生在手机或笔记本电脑上都可以同步测试并截图共享数据。

（2）二阶、三阶场景设计

二阶实验增加了环境因素，实验场景需要切入具体的建筑类型；三阶实验需要开放的模型库提供给小组，供其自行选择研究的因素及其场景

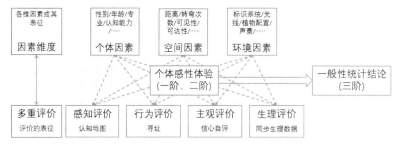

图1　分阶实验中的多维因素与多重评价

空间认知与寻址的实验架构　　表1

| 实验分阶 | 知识类型 | 学生角色 | | 因素 | 评价类型 | 分析方法 | 教学组织 | 实验类型 | 技术方案需求 | 空间场景需求 |
		对位设计角色	实验角色							
一阶/二阶	陈述性	使用者	被试	明确	感知；行为；主观；生理	体验；讨论；描述	课堂，班级-个体同步实验	验证型、观察型	线上，同步实验与回收数据	限定场景
三阶	策略性	设计者	实验者	不明确		描述、定性统计	课后，小组实验	探索型	线上或线下，高沉浸感场景	提供开放场库，高沉浸感

一阶场景模型设置　　表2

空间因素	中庭		平面规模			
水平	有	无	49×100	98×100	196×100	392×100

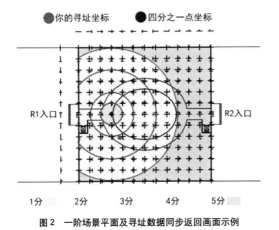

● 你的寻址坐标　　● 四分之一点坐标

R1入口　　　　　　　　　　　　　　　　R2入口

1分　　2分　　3分　　4分　　5分

图2　一阶场景平面及寻址数据同步返回画面示例

模型。空间场景面对外部普通被试，对虚拟空间的沉浸感和真实性要求更高。因此，二阶、三阶实验可以共享部分场景模型。我们选定具有显著空间认知与寻址需求的建筑类型——大型医院综合体进行开放的变量设定和场景设计。筛选100多所近10年来建成的大型综合医院门诊建筑实例进行图解和聚类分析后，增加布局类型组合因素，

最终设计出共7组38个空间场景原型。开放模型库足以支持学生在三阶实验中探讨空间认知及寻址的多种因素和水平，二阶实验场景在每次教学实践中可以任意选取，都具有相当的自由度。

环境因素中，标识系统、光线、室内植物配景、声景等相对独立。为了顺利引入环境因素，我们比较了Unity3D和Mars平台，发现后者预设的多维环境因素非常方便实验设计者自主调用，如标识系统和声环境背景等。因此，二阶、三阶实验最终确定采用Mars平台。它在返回数据上的缺陷，则用实验操作的调整进行优化。在光辉城市协同育人项目的技术支持下，课外学生小组搭建了所有备选场景。

一阶、二阶实验通过网页整合为线上主导的实验方式，可以方便地在手机端或PC端登录实验（图3）。三阶实验的场景选择及下载由线上系统控制。小组正确匹配希望探讨的因素（空间因素和环境因素）和场景图例后，可以下载相关场景模型文件展开实验（图4）。

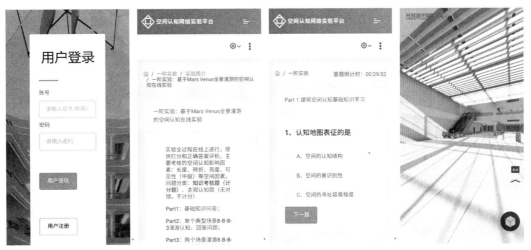

图3　手机端一阶、二阶实验界面示意

图4　电脑端的三阶实验场景示意

2. 技术平台选择

在目前的几种虚拟仿真引擎中，基于 Unity3D 的曼恒系统和基于 Unreal Engine 4 的 Mars 系统对于空间认知和寻址的虚拟场景建造，有各自的优势。我们经过试用最终将其分别用在不同的分阶实验中（表3）。应对正常校园课堂教学线下主导和疫情全线上教学两种不同的客观条件，操作需求可调节：线下场景内的操作可以选择 VR 头盔，对普通被试提供更好的沉浸感；线上场景外的认知地图操作采用选择识别方式，用网页问卷方式完成。

分阶实验目标、场景特征、操作需求与平台选择　　表3

实验分阶	变量设定	建筑空间	场景内操作	场景外操作	技术平台	实验组织
一阶	距离、中庭	极简抽象空间	漫游、寻找定位点	绘制认知地图	Unity3D，线上线下均可	个体
二阶		大型综合医院	漫游	选择认知地图	Mars，线上线下均可	
三阶	路线类型、空间布局、自定变量	大型综合医院	漫游、寻找标识地点	地图上标注标识地点	Mars，线上线下结合实验（线下眼动仪、多导生理仪可选）	小组

3. 教学组织控制

就此，一阶、二阶和三阶实验采用了不同的教学组织，进而区分了各自的节点控制方式。一阶、二阶实验不要求专业设备，就直接衔接课堂理论教学进行，线上线下皆可。学生自行测试后当堂讨论，不计入考评，重在过程体验。三阶实验需要专业设备，过程较复杂，时间较长，安排在课后由学生小组自行组织及实施，并提交分析成果，计入成绩。低阶实验为高阶实验提供程序性及策略性知识，即针对操作方法和实验设计的知识迁移（表4）。

分阶实验教学组织控制特征　　表4

实验分阶	节点控制	分析要求	设备条件	备注
一阶	实验原理，线上问卷控制	体验、观察、经验分析	智能手机，或 Mars 学生版	独立实验；独立分析并提交体验及分析报告
二阶	实验报告（口头或文字），线下或线上控制			
三阶	生理数据测试系统操作，线下控制被试变量设计确定，线下控制实验报告，线下控制	体验、经验分析简单描述（相关性）分析	Mars 企业版可选：VR 头盔、眼动仪、多导生理仪	3-4 人分组实验；自行组织被试 $10 \times n$ 人，按小组分析并提交报告

知识点教学、考核与实验整合成一个教学模块，不便用原有的教学过程进行划分。生理评价对一阶、二阶实验任务的价值不大，而且受设备限制不便同时进行，因此可以放弃，仅在需要达成三阶实验目标时实施。知识点讲授—考核与虚拟现场操作都提供线上线下两种执行途径，为更多样化的教学组织提供了便利。如认知地图和寻址环节，既可以用虚拟场景中的识别和定位数据输出模式（Unity 3D 平台），也可以使用线下纸质的绘制认知地图和标注定位操作模式（Mars 平台）。虚拟场景的操作输出可以直接完成一阶、二阶实验任务。选择本项目作为课程最终研究课题的小组进行参照性实验设计，实施并对数据进行收集、编码和分析，完成三阶实验的任务（表5）。

知识点教学及实验教学组织　　表5

		教学流程	
		知识点讲授 / 考核	虚拟现场操作 / 考核
线上		班级教学 / 个别教学	（识别 / 定位）
线下			漫游→认知地图→寻址→自评
			（绘制 / 标注）
一阶、二阶实验任务（个体学习）		——	感知 - 行为评价　　　　主观评价
二阶实验任务（团队学习）			生理评价　　　　——
			综合分析：数据收集 / 编码 / 分析

四、教学反馈与思考

经过两轮教学尝试，空间认知与寻址实验教学的设计和组织得到了较好的反馈。学生高度接受具有互动的虚拟实验操作方式，线上、线下各自的优势也在教学组织中得到了很好的验证。线上的一阶实验使得基本知识点可以在课堂内快速个体实验完成并追加讨论；线下的二阶实验则给有兴趣深入研究的同学提供开放探索的条件。

经过空间认知与寻址实验的建设，我们进一步明确如下几点，可能在未来的更多课程实验建设中推广：

第一，针对空间认知与寻址知识点的多阶、多维因素的开放教学实验策略与架构，是应对《环境—行为研究》课程知识特性的产物。知识类型决定教学组织，教学组织需求引导技术方案选择。对建筑学应用而言，《环境—行为研究》课程中的人因实验具有两个独立层级及其目标，实验建设只有明确区分才能到教学效果，即对认知活动的认知。多重评价体系和多重分析是本课程成果最终能转化为设计研究及其操作的关键。本实验的建设中，《环境—行为研究》对建筑学的意义得到了充分的展现，对更多知识点或设计问题的教学研究有一定示范作用。

第二，虚拟仿真实验材料的建设要点。近年来，虚拟仿真技术在实验教学中应用如火如荼，得到了国家的大力支持。但毋庸置疑，它也导致教学实验材料制作的工作量和难度大幅提升，这意味着必须考虑实验建设的适应性与回报问题。作为教学实验，在实验材料制备上需要更强的可持续性，将建设与运营的难度控制在适当的限度内。实验材料制作技术选择需要考虑建模技术的难度和还原度、互动能力及输出模式。

对《环境—行为研究》课程而言，虚拟实验材料可以较好地控制变量，但还原度和沉浸的需求比一般课程要求更高。因此，实验设计和场景设计尤其需要结合理论仔细斟酌，以达到预期目标。建筑学独特的优势是学生都具有一定虚拟建模能力，实验设计中可以考虑使用上手方便的技术平台，制定模型原则，让学生自行建模实验，这样能让学生有更强的自主学习意识。同时，实验建设和实施的重点聚焦到知识点的教学，既保证了学生对基础知识的掌握，也促进了学生的探索精神。

（本研究模型库由建筑学系 Mars 小组完成，成员包括：王欣、龚琪、赫高明、曾令通、孙沛杰、陈理睿、蒋雨宏、戴赟尧、吕佳艺、王文龙、刘昱）

注释

① 传统的人因工程研究强调工作环境中人的因素对生产效率、安全性等的作用。建筑设计中的人因不一定关联生产效率，但与对空间环境的感受、行为选择乃至安全、工作效率都可能存在密切关联。

参考文献

[1] 何华.认知心理学理论和研究 [M].上海：上海交通大学出版社，2017.
[2] 钱琬燕，侯志娇，邹嘉媛.实验课的教学设计范型及其认识论剖析 [J].教育研究与实验.2020（1）：82-85.
[3] 赵建华.本科教学实验的分类研究 [J].中国大学教学.2012（1）：71-73.

图表来源

本文所有图表均为作者自绘或自制

作者：沈伊瓦，华中科技大学建筑与城市规划学院副教授，湖北省新型城镇化工程技术研究中心

高等教育中的无障碍设计意识与素质培养体系

贾巍杨　冯天仪　赵　伟　周　卫

Accessible design consciousness and Quality Training System in Higher Education

■ **摘要**："新工科"和课程思政建设对高等教育提出新的要求。高等建筑教育需适应社会发展需要，结合学科国际思潮，构建培养体系。以天津大学建筑学院无障碍设计意识与素质培养体系为例，基于体系建设背景论述高等教育中无障碍设计意识与素质培养的意义，从建设目标、内容构成、实施途径、建设成效等方面阐述体系特点，以期为无障碍设计教育的未来发展提供参考。

■ **关键词**：无障碍设计；意识；素质；培养体系；高等教育

Abstract："New engineering" and curriculum ideological and political construction put forward new requirements for higher education. Higher architectural education needs to adapt to the needs of social development and build a training system in combination with the international trend of thought in the discipline. Taking the accessible design awareness and quality training system of Tianjin University School of Architecture as an example, this paper discusses the significance of accessible design awareness and quality training in higher education based on the background of system construction, and expounds the system from the aspects of construction goals, content composition, implementation methods, and construction results. In order to provide a reference for the future development of accessible design education.

Keywords：accessible design; awareness; quality; training system; higher education

　　"新工科"和课程思政建设[1]的内涵要求高等教育立足新时代，注重培养学生将科学与人文交织的创新能力，引导学生把所学知识和技能转化为内在德行和素养，将学生个人发展和社会发展、国家发展结合起来，提高学生服务国家、服务人民的社会责任感。

　　当前，我国社会主要矛盾已经转化为人民日益增长的对美好生活的需要和不平衡不充

1.国家自然科学基金项目资助（编号：52078323）
2.天津市自然科学基金：养老设施无障碍通用标识色彩设计方法研究（编号：20jcqnjc01930）

分的发展之间的矛盾。我国建筑环境建设水平距离有需要的群体的实际需求和期望尚有较大差距。无障碍设计是优化弱势群体与有需要人群所用环境和产品的设计方法。建筑环境设计师可以成为无障碍设计的倡导者，推动建筑环境的变化[2]。基于教学实践结果，学者们指出了建筑教育中无障碍设计教学对增进学生无障碍设计意识和理解的积极作用[3, 4]。Ergenoglu，Burak，Tauke B等认为高等教育是塑造从业人员"无障碍意识"的合适环境，无障碍设计教育能为未来设计师建设无障碍环境奠定基础，是实现社会正义架构的基础与关键[3, 5, 6]。在教育实践方面，美国安德鲁大学、密歇根大学、雪城大学、加州大学伯克利分校等高等院校中均纳入了面向老年人或残疾人的设计教育课程，通用设计教育项目(UDEP)支持高校教师在建筑、工业设计、室内设计和景观建筑学科进行通用设计教学[7]。英国Morrow，R教授等共同构建了包容性设计教学的框架，促进包容性设计教育融入建筑环境课程[8]。

天津大学建筑学院贯彻新时代工科建设要求，结合学校"坚持正确方向，坚持立德树人，坚持服务大局，坚持改革创新，坚守天大品格"的办学定位，以培养具备无障碍意识和专业素质的一流人才，向大学生和社会大众普及无障碍意识为目标，形成了独特的无障碍设计意识与素质培养体系。

一、无障碍设计意识与素质培养体系建设背景

1. 无障碍设计是建筑学发展重要成果与方向

无障碍设计起源于建筑和交通领域，萌芽于20世纪30年代，诞生已近百年。发展至今，"通用设计""全容设计"和"包容性设计"已成为无障碍设计的更新理念。国际无障碍诸多新理念可凝练统一成"广义无障碍"，它是建筑学发展的最新重要成果与方向之一。近年来，随着我国经济社会的发展，特别是北京冬残奥会的成功举办及其推动作用，关注残障人士和各类人群需求的"广义无障碍"在建筑学科逐渐变得热门也有目共睹。

2. 无障碍设计能力是建筑师必备的职业素养

我国无障碍设计事业的起点是20世纪80年代，却具有起点高、进步快的特点。1996年，执行无障碍设计规范被纳入我国基本建设审批程序。在建筑学开始实施专业评估和职业学位制度后，无障碍设计作为建筑类设计师的必备职业技能，成为建筑教育知识培养体系中不可或缺的环节。随着2021年"无障碍环境认证"工作在我国开始推动[9]，无障碍设计在建筑类设计师业务中的地位愈发重要。

2016年，住建部开始推行建筑师负责制试点[10]，建筑师具有更多的权力与责任。广义无障碍强调交叉研究与跨专业合作，这对培养建筑师宽厚知识结构，积淀团队协调能力具有独特贡献。此外，广义无障碍还注重设计方法论和全流程管理，帮助建筑师夯实专业积淀、锤炼设计信仰、提升执业能力。

3. 高等院校中无障碍设计教育处于薄弱环节

国际上无障碍设计教学策略多元，除了传统说教式教学外，还引入了角色模拟[11]、以案例为基础的教学[12]、基于项目的学习和反思[13]、"共情化"教育[14]等以学习者为中心的体验式教学模式，促进专业学生对无障碍设计的积极的态度和全面理解。我国高校建筑学等设计类专业教育体系中无障碍教学仍处于缺失或落后的状态。无障碍专题一般只作为规范性条文照本宣读，设计技能培养模式陈旧，相关专业学生缺乏系统性学习无障碍知识的经历，对无障碍的感受和体验不足，多数学生对无障碍设计理念和内涵的认知存在一定的局限与偏差。由此可见，无障碍设计教育亟待结合时代需求创新升级。

4. "新工科"课程思政对工程教育提出新要求

2020年，教育部印发的《高等学校课程思政建设指导纲要》(2020)（以下简称"《纲要》"）提出"新工科"背景下课程思政建设方向。《纲要》对工学类专业提出以"立德树人"为根本任务，深挖专业知识体系中蕴含的思想价值和精神内涵，注重强化学生工程伦理教育，培养学生精益求精的大国工匠精神，激发学生科技报国的家国情怀和使命担当。

无障碍设计重点关注弱势群体与有需要人群的便捷生活出行，相较于防火设计等其他设计规范更多地体现了建筑师的社会责任与人文关怀。无障碍设计理念是建筑环境类学科中蕴含的重要德育思政资源。在高等教育中贯穿无障碍设计教学是引导新时代工科后备人才正确世界观、人生观、价值观和职业品格的有效手段。在建筑专业教育中，无障碍设计课程能够为培养新一代建筑师的职业使命感和社会责任感奠定基础，推动形成价值引领、知识教育和能力培养有机统一的培养体系。

二、无障碍设计意识与素质培养体系概述

天津大学无障碍设计与素质培养体系由天津大学无障碍通用设计研究中心（以下简称"无障碍中心"）推动建设。体系以无障碍设计科研和无障碍设计教材建设为教学支撑，从通识教育和专业教育两条路径进行课程设计，开设无障碍理论课、设计课、实验课和实践课4类课程，从奠定理论基础着手，结合无障碍感受，逐步融入、拓

展、深入无障碍意识，引导无障碍研究，层层递进，贯通建筑环境类专业本科和硕士阶段教学，并同时兼容校外和专业以外学生和公众的无障碍普及教育（图1）。

1. 教学课程系统串联，纵向贯通

无障碍系列课程以问题导向和可能性导向两大维度支撑设计（图2），形成层次递进、全面覆盖的课程系统。

首先，以问题为导向，聚焦无障碍设计基本知识与核心能力培养，开设原理课程和技术课程，教授设计方法和设计技术。原理课程包括2013年开设的全国第一个"无障碍设计"本科理论课《无障碍设计》，2016年开设的全国第一个"无障碍设计"研究生理论课《无障碍设计理念与实践研究》，以及2017年开设的全国第一个"无障碍"高校通识课《无障碍——生活中的人性化设计》。其次，以可能性为导向，通过设计主干课和服务设计的综合技术课程中开展的建筑、室内、景观无障碍设计专题训练，鼓励学生对无障碍基本问题解决方案的创新性、

系统性进行探讨。在开放式、引导式教学模式中激发学生设计感知、艺术创造和设计探索潜能。以建筑学院环境设计系核心设计课程为例，该专业一年级建筑设计基础课程中人体工程学教学增加了无障碍人体尺度空间知识，二年级、三年级室内设计训练中分别设置了特殊人群居室、卫生间设计训练和无障碍交通流线设计训练，四年级景观设计课题则特别提出了须考虑障碍人群需求。此外，教学组还设计了无障碍主题的综合设计题目，作为毕业设计选题方向，用于强化整合广义无障碍设计素质（表1）。

2. 教学模式虚实互补，知行合一

根据课程思政建设要求[①]，无障碍理论课程中引入虚实互补的教学手段。通过线下理论教学、实例分析、模拟障碍体验、社会调查研究、实验计划书撰写和线上虚拟仿真实验操作、在线课程学习的相互支撑，综合提升无障碍知识掌握、实践与自主探索技能，以及思想情感，实现学思结合、知行合一的教学效果（图3、图4）。

理论课程《无障碍设计》自身边生活环境细

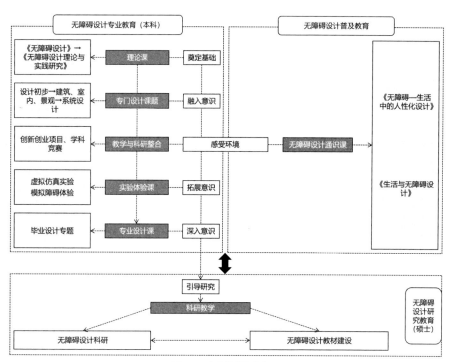

图1 无障碍教学培养体系

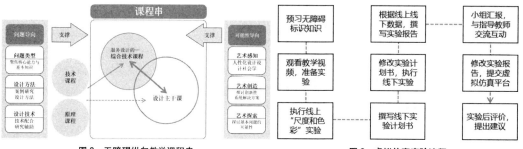

图2 无障碍纵向教学课程串　　　　**图3 虚拟仿真实验流程**

核心课程中的无障碍设计专题训练　　表1

年级	核心课程中的无障碍设计专题训练				
本科一年级	人体工程学基本知识增加无障碍人体尺度空间				
	课程类别	春季学期专题训练内容			秋季学期专题训练内容
	建筑设计	尺度行为	街道印象	建筑制图与表达	空间设计　　实体建造
本科二年级	设置特殊人群居室、卫生间设计课题				
	课程类别	春季学期专题训练内容			秋季学期专题训练内容
	建筑设计	材料与空间表现	功能、尺度与行为		极限空间探讨　　建筑与室内空间整合
	室内设计				
本科三年级	《无障碍设计原理》《无障碍设计实践》；室内设计课题增加无障碍交通流线设计训练				
	课程类别	春季学期专题训练内容			秋季学期专题训练内容
	室内设计	展示空间	餐饮空间	酒店空间	生态景观　　居住景观
	景观设计				
本科四年级	景观设计课题特别提出须考虑障碍人群的需求				
	课程类别	春季学期专题训练内容			秋季学期专题训练内容
	系统设计	综合设计	毕业设计		毕业设计

图4　虚拟仿真实验场景

节和专业设计课中的问题引入"无障碍"，结合课堂无障碍人体空间实验、辅具体验等障碍模拟体验(图5)，让学生理解社会上每个人都需要无障碍，无障碍是为所有人的便利生活而存在发展。基础知识部分教学采用系统讲授知识要点，分析典型案例的方法进行，帮助学生全面了解无障碍设计的内涵外延、具体操作方法和工作内容。设计实验教学部分，教学组选择"无障碍标识设计"主题，引入"虚拟仿真实验"平台，指导学生在线上完成实验操作，模拟测试标识单体设计和环境中规划布置的各个参数，验证学生通用标识部分学习成果。平台的应用克服了传统实验环节中容易出现的无法满足所有学生并发完成实验、难于开展综合性设计实践学习的问题，将循证设计方式引入标识设计实验教学，实现以实验教学塑造学生科学化的设计理念的教学方法。

3. 教学组织以研促教，教研结合

无障碍设计教学以无障碍教材建设与无障碍系列研究成果作为课程内容资源，以科研的持续探索创新促进课堂教学，并以教学中师生的互动和共同成长反哺科研。

2011年"无障碍中心"编写的全国第一部专门介绍无障碍设计相关知识的大学教材《无障碍设计》(第一版)出版，成为开设无障碍设计理论课的基石。2019年由中国残联推进指导的《无障碍设计》(第二版)出版，且两版教材均荣获"住建部规划教材"立项。

同时，"无障碍中心"将承担的一系列无障碍科研项目研究成果作为创新资源支撑教学设计，不断将无障碍领域的最新成果呈现于课堂，不断打破既有的教学范式。例如，天津市艺术科学重点项目"天津市无障碍标识调研与设计策略

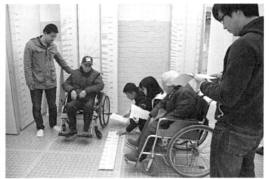

图5　课堂障碍模拟体验

分析"、国家自然科学基金项目"建筑无障碍标识色彩与尺度量化设计策略研究"、"养老设施无障碍环境的色彩设计理论与方法研究"系列成果用于"无障碍标识"教学，并基于此研发出"无障碍通用标识环境设计虚拟仿真实验"课程，入选国家首批虚拟仿真实验课程。又如，国家自然科学基金项目"基于无障碍理念的建筑地面通行安全性能关键指标研究"为研究生提供了实验课程资源，也吸引了部分本科生主动申请参与。

三、无障碍设计意识与素质培养体系建设成效

我校目前已形成产教研融合的无障碍培养模式。在教学设计中，建设并成功立项了国家和省部级一流课程，课程走向社会，获得业界认可。从授课反馈结果来看，专业学生无障碍意识与设计综合素质均得到激励提升，成为无障碍环境建设的后备人才。教学实践中积累的教学理念与经验整理成多篇教学改革论文，发表于国外期刊，为无障碍设计教育建设提供示范与借鉴。

1. 学生学习成果

理论课《无障碍设计》开设之初，教学组对两届选修本课程的本科学生（包括建筑学、城乡规划和环境设计三个专业三年级学生）分别进行了无障碍设计认知的小调查，数据统计并非特别乐观。一方面，大部分学生之前没有系统学习过无障碍相关知识；另一方面，部分学生对无障碍设计相关概念的认识仍然存在一定局限性，例如少数学生（<10%）认为"无障碍设计"仅针对于残疾人、"不能自理的人"、"搬货的人"，认为"自动扶梯"、"自动旋转门"是无障碍设施。

在无障碍设计意识与素质培养体系下,学生能够以无障碍设计为主题展开综合设计。以"盲人植物园""适老社区"等为主题的毕业设计作品获得了"艾景奖"金奖、中国人居环境设计学年奖金奖、TEAM20 国际设计竞赛一等奖的成绩。在教学中，也发现了一些无障碍设计和学术型人才，分别推荐至设计单位或在研究生阶段继续从事无障碍研究。

2. 课程研究成果

"无障碍中心"研发项目"无障碍通用标识环境设计虚拟仿真实验"2020 年获得首批"国家级一流本科课程"认定荣誉。项目基于信息化、数字化的操作环境支持探究式实验在教学中的有序开展，与线下理论教学虚实互补，实现教学方法与评价体系的创新。同时，平台还拓展了无障碍教育的适用范围，校外高校师生、科研院所、相关政府决策部门、残疾人社会团体等均可突破空间和实践限制进行体验，并反馈建设意见，促进无障碍科研成果资源在社会中的公平供给与共建共享。

此外，无障碍课程系列中面向建筑环境类专业学生开设的理论课程《无障碍设计》名列首批天津市一流课程。在 2019 年全国无障碍机构第二次圆桌会议中，课程走向社会，向中国残联等全国无障碍相关机构进行了 1 个课时的展示，获得业内专家的广泛好评。

四、结论

无障碍教育帮助人们理解差异，建立同理心，为建设无障碍社会环境奠定基础。从当前我国国情和国际学术思潮来看，在高等教育中构建无障碍设计意识与素质培养体系是促进专业教育在时代发展中发挥积极作用，提高教育质量，塑造新时代工科人才的必然选择。经由多年探索与实践，天津大学融合价值塑造、知识传授和能力培养目标，构建了"教研结合、课程串联、虚实互补、通专融合"的无障碍设计意识与素质培养体系，形成和丰富了高等建筑教育教学特色，为无障碍设计教育的推广与探索奠定了基础。

注释：

① 《高等学校课程思政建设指导纲要》要求专业实验实践课程要注重学思结合、知行统一，增强学生勇于探索的创新精神、善于解决问题的实践能力。

参考文献：

[1] 中华人民共和国教育部. 教育部关于印发《高等学校课程思政建设 指导纲要》的通知 [EB/OL]. 2020[2022-6-24]. http：//www.moe.gov.cn/srcsite/A08/s7056/202006/t20200603_462437.html.

[2] Mulligan, Calder K, Mulligan A, etal. *Inclusive design in architectural practice：Experiential learning of disability in architectural education*[J]. *DISABILITY AND HEALTH JOURNAL*, 2018, 11 (2)：237-242.

[3] Ergenoglu, Sungur A. *Accessibility Awareness among Architecture Students：Design Thinking Evaluations in Yildiz Technical University*[J]. *Procedia - Social and Behavioral Sciences*, 2013, 89 (1)：312-317.

[4] Gronostajska B E, Berbesz A M. *Universal Design in the education of architecture students*[J]. *World Transactions on Engineering and Technology Education*, 2020, 18 (3)：345-349.

[5] Burak, Altay. *Multisensory Inclusive Design Education：A 3D Experience*[J]. *The Design Journal*, 2017, 20 (6)：821-846.

[6] Tauke B, Steinfeld E, Basnak M. *Challenges and Opportunities for Inclusive Design in Graduate Architecture*[C]// *The 2014 International Conference on Universal Design*. 2014.

[7] Fletcher V, Bonome-Sims G, Knecht B, et al. *The challenge of inclusive design in the US context*[J]. *Applied Ergonomics*, 2015, 46：267-273.

[8] Morrow R. *Building and Sustaining a Learning Environment for Inclusive Design：A Framework for teaching inclusive design within built environment courses in the UK*[R]. *online：Centre for Education in the Built Environment*, 2002.

[9] 市场监管总局. 市场监管总局关于公开征求《市场监管总局 中国残联关于推进无障碍环境认证工作的指导意见（征求意见稿）》意见的公告 [EB/OL].[2022-6-16]. https：//www.samr.gov.cn/hd/zjdc/202108/t20210820_333897.html.

[10] 住建部. 关于印发住房城乡建设部建筑市场监管司 2016 年工作要点的通知建市综函 [2016]12 号 [EB/OL].[2022-6-16]. https：//www.mohurd.gov.cn/gongkai/fdzdgknr/tzgg/201603/20160304_226824.html.

[11] Watchorn V, Larkin H, Ang S, et al. Strategies and effectiveness of teaching universal design in a cross-faculty setting[J]. Teaching in Higher Education, 2013, 89 (5)：1-20.

[12] Dong, Hua. Strategies for teaching inclusive design[J]. Journal of Engineering Design, 2010, 21 (2)：237-251.

[13] Burak, Altay. User-centered design through learner-centered instruction[J]. Teaching in Higher Education, 2013, 19 (2)：138-155.

[14] Ylmaz N, Enyiit Z. An Awareness Experience by Empathic Design Method in Architectural Design Education[J]. ICONARP INTERNATIONAL JOURNAL OF ARCHITECTURE AND PLANNING, 2021, 9 (1)：242-260.

图片来源：

图 1- 图 5 均为作者自绘

表 1 为作者自绘

作者：贾巍杨，天津大学建筑学院副教授，天津大学无障碍通用设计研究中心副主任；冯天仪，天津大学建筑学院硕士研究生；赵伟，天津大学建筑学院副教授，环境设计系副主任；周卫（通讯作者），天津大学城市规划设计研究院副院长

四步关联的空间类型教学
——深圳大学建筑设计基础教学初探

张轶伟　顾蓓蓓　钟波涛

The Four-phase Correlated Design Pedagogy on Space Typology: Architecture Foundation Course at Shenzhen University

■ 摘要：本文概述了深圳大学建筑设计基础教学（一年级第二学期）的基本方法，以抽象空间向场所环境的递推来展开进行分阶段的教学。课程强调授课、先例、训练、反馈四种模式的相互配合。从教案的组织而言，"空间叠加""空间组织""空间建构""空间组合"四个环节分别对应了不同的教学侧重点，包含抽象概念、功能组织、建造深化以及团队协作。在建筑入门训练环节，上述"四步关联"的矩阵教学法形成了一套具有逻辑性和可控性的执行方案。

■ 关键词：建筑基础教学；设计教学法；空间类型学；教案；模型操作

Abstract：This article gives a brief introduction to the design pedagogy of architecture foundation course at Shenzhen University (Year 1/Term 2). It carries out a phased design teaching with the pedagogical transformation from abstract space to environmental context. This course emphasizes the interaction of four patterns：teaching, precedent study, exercise and feedback. In terms of the organization of teaching program, four stages are implemented as "space and superimposition", "space and organization", "space and tectonics" and "space and building complex", with four pedagogical issues from abstract concept, organization, articulation and cooperation. The four-phase teaching process has formed a logical and controllable program for introductory architectural training.

Keywords：Architecture Foundation Course, Design Pedagogy, Space Typology, Teaching Program, Model Making

一、导言：分阶段教学法的基础

　　2000 年以来，以"空间建构"为主体的教学逐渐取代"三大构成"类的抽象造型训练，

国家自然科学基金青年科学基金资助项目（51908361），教育部产学合作协同育人项目

成为国内建筑学入门广泛采纳的教学模式。基础课程逐步确立了以"空间"为核心话语的原则，采取分阶段的组织方式，以操作和观察为切入点，培养学生对空间、形式、结构、材料等问题进行整合的能力。从教学组织来说，各所建筑院校大多采用了单项空间练习和完整设计教学配合进行的模式。这有助于解决低年级学生建筑认知能力相对薄弱、长设计周期两头紧、中间松的学习状态等问题。

首先，延续系统论的认识，建筑是由若干子系统构成的综合系统，并能够拆解成子系统来进行类型化的讨论；其次，建筑设计的学习过程也可以依据方案推进的顺序进行不同阶段的划分，以着重处理各阶段的主要矛盾。鉴于学生的认知规律，建筑设计基础教学往往采取分阶段、进阶式的组织模式。香港中文大学和东南大学的建筑设计基础教学都曾围绕着"空间建构"展开过诸多探索，并持续给予笔者教学方法论上的启发。在实际教学层面，分要素和分阶段的教学方法需要强调整体和局部的关系。在"分解动作"的专题训练中也应当保持对于整个系统的关注。笔者注意到，短周期、前后关联、设计练习化的训练模式能够高效地传授基本知识和技能，并集中贯彻教师的意图。但另一方面，如何在系统化的教学组织过程中体现学生的个性和差异，也成为教学效果可控之后应当强调的问题。

二、学理：步骤关联与空间类型

深圳大学建筑与城市规划学院于2015年开始推行"一横多纵"的本科教学体系，并强调在基础教学中以横向的组织方式打通建筑学、城乡规划与风景园林专业，以"泛设计"和"空间建构"为专题来组织一年级上、下两个学期的设计基础课程。在一年级第一学期，建规学院三个专业的新生首先从宽泛的空间认知开始，通过"人体仪器""校园Mapping""校园微更新""1∶1材料搭建"等具有"泛设计"特征的课题来熟悉空间与设计的基本法则。

第二学期，教学主要围绕建筑学展开，兼顾规划意识的培养和景观审美的塑造，并突出了从抽象的空间形式操作向具体的场所环境设计的转化。教案的编排也体现出分阶段、分要素推进、强调建筑物质性的特征。同时，教学也强调以实体模型推进的方式来培养学生的空间认知、组织和表达能力。学生需要全过程以手工模型和图纸推敲的方式来获得空间操作的直接经验。

我们把一年级下（11周课时）紧凑的教学环节分为四个阶段，"空间叠加"（1周）、"空间组织"（3周）、"空间建构"（3周）与"空间组合"（4周），并围绕着6m×6m×9m的单体和建筑组团进行分阶段、分要素的专题训练。四个阶段分别对应了"概念""组织""深化""协作"的教学环节。整个设计环节始于纯粹的概念空间生成，此时主要考查学生形式操作和表达的能力。教学最后的环节则需要学生进行团队合作，通过协调和竞争来完成场地的规划设计，并熟悉建筑与环境资源的共生关系。

从知识传播和教学交互的角度，本课程试图加强师生联系，建立"授课""先例""训练"和"反馈"四个环节的互动，并形成循环上升的学习过程。"四步关联"的矩阵结构（图1）在于保证各个教

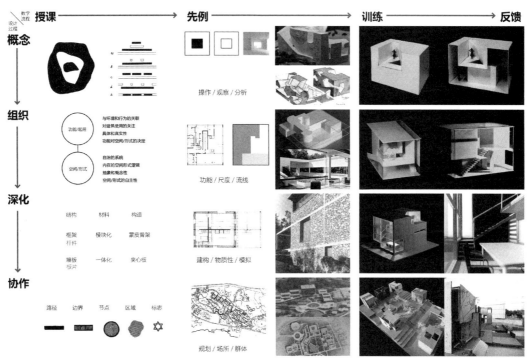

图1 "四步关联"的教学体系与分阶段示意图（11周）

学环节之间的衔接。各阶段的任务书在建筑体量、结构类型和材料表现上设置一定限制以强调练习的针对性。教学采用了收敛而非发散的建筑形式主张，并引导学生在空间操作和表达上都追求一定的纯粹性。同时，设计课程平行安排了一门"空间建构原理"的基础理论课来讲授基本的设计方法，并侧重以先例分析（precedent study）的方式来推进。"授课"和"先例"环节的组合，在于帮助新生扫除初识建筑的认知障碍，并按照教学的四个环节来由浅入深地体验建筑。"练习"和"反馈"的环节类似于传统设计教学中的"教"与"评"，并强调教师评价和学生自我反馈的互动。

三、教案：从抽象空间到场所环境

1. 操作与观察

教学第一阶段"空间叠加：形式与操作"的核心问题是空间正负形的转换，并从形式操作来接触建筑设计。实际上，自美国"德州骑警"（Texas Rangers）和库伯联盟学院（The Cooper Union）的教学实验以来，空间形式研究一直是建筑学历久弥新的基本问题。在本教案中，学生需通过叠加的体块正形（3m×4.5m×6m）、空间反转的负形（6m×6m×9m的体量为边界）、可开启模型空间反转的记录来认识简单操作与空间丰富性（richness）的辩证关系（图2）。在推敲叠加正形的模型中，学生可以用多方案比较来观察相切、

相离和嵌套的空间关系。作为成果表达，新生要继续练习平、立、剖面图的绘制，尤其是以剖轴测图的方式来记录空间观察的结果。本阶段的教学时长仅为一周，类似于设计前的准备训练，但却包含了最为核心的空间概念。本阶段设计仅表达人体尺度，属于纯粹的空间形式认知。

2. 功能与尺度

"空间组织：功能与尺度"属于抽象空间到建筑空间的具体化过程，是教学的第二阶段。在三周的时间中，学生要在第一阶段图底反转的模型（6m×6m×9m，二层或三层）内部布置工作室、卧室、小院、交通等功能模块，并满足功能、流线、尺度的要求。在进行功能分区研究的基础上，教学的重点在于如何重新认识第一阶段的概念模型，并分析不同的空间关系和空间属性。正形、负形的体量差往往被学生发展为建筑的室外（或半室外）院落与功能性空间，并利用叠加的空间来营造剖面上的变化，如半层交错和上下贯通的关系。第一阶段的操作固然具有偶发性，学生可以在坚持空间概念的基础上，对体量进行微调。

在内部空间组织上，学生将重点考虑板片界定空间的作用，并以分隔、洞口和透明三种关系来研究空间分隔的属性。分割意味着两组空间的隔绝；洞口可以进一步向门、窗深化并且意味着空间中知觉和体验的贯通；透明则表达分隔虚实关系的选择，同时需要学生进一步思考气候边界

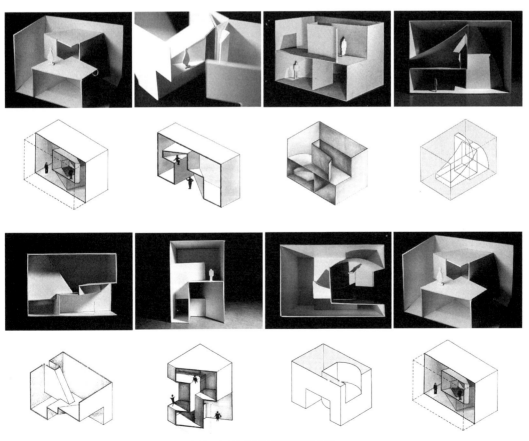

图2 空间正负形转换的模型和图解

与内部空间组织的问题。卫生间、大件固定家具或通高中庭可以被视为固定的模块，并以三维空间"体积法"的方式来进行操作，而不再是简单"排平面"的设计方法。建筑的立面设计被弱化，并转化为空间操作和人体功能需求的自然结果（图3）。教案统一要求以单一材料的模型来辅助设计思维和进行成果表达。

3. 结构、材料与构造

教学第三阶段"空间建构：结构、材料与构造"则聚焦于建筑的本体问题，是对原有空间概念的深化。在建筑实践中，结构、材料、构造并非相互孤立的要素，而是代表了从不同视角和尺度来理解建筑的物质构成。在教学中，教学团队也试图整合三者，着重培养和发展"构件思维"。这就要求学生把常规的建筑材料和部件进行分解，提炼出不可拆分的基本构件，并以体块、板片和杆件这类形式要素来分类。构件本身体现材料属性，其组合关系包含了结构和构造的基本原理。同时，

教案还要求学生尽可能模拟真实材料和材料组合的逻辑来制作模型。

为提高教学的指向性，任务书对设计深化的方向进行了划分，并通过案例分析来进行引导。在结构层面，学生可以选用墙／板片（Wall／Slab）和框架／杆件（Frame/Stick）两种基本的结构逻辑来深化先前的空间组织；在材料层面，学生要选用模块（component）和整体（monolithic）两种材料构成方式进行模型表达，并体现构件组合的思维和逻辑，而避免材料沦为一种表面的装饰化处理；在构造层面，学生需要选择墙身或楼梯进行局部模型的研究（图4）。

在此阶段，先例分析被视为辅助设计推进的有效手段。例如，选择墙板结构类型和材料整体表达的方向可以参照克雷兹（Christian Kerez）的"墙之宅"案例来研究混凝土板限定空间的原理。选择框架结构和材料模块化表达的方向可以参照赫尔佐格·德梅隆（Herzog & de Meuron）在意大

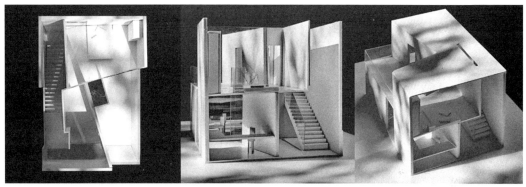

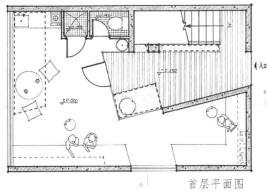

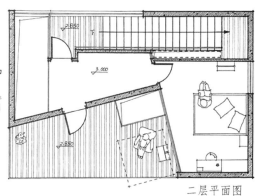

首层平面图

二层平面图

图3 空间组织的模型和图纸
2021年东大建筑新人赛百强作品（学生：黄隽羽）

结构模型　　　　　　　　　　　　　　　　　节点构造模型

图 4　结构、材料、构造一体化的研究
（学生：陈述）

图 5、图 6　空间组合：场地和环境设计的模型成果

利塔夫雷（Tavole）设计的石头住宅。在实体模型的表达中，制作流程也要强化这种建构的逻辑。1：30 的整体模型和 1：10 的局部模型成为深化方案的主要途径。尽管模型无法直接再现真实材料，但学生要理解建造的基本原理，并以模型来模拟真实的建筑材料和构造关系，并尽可能地逼近现实中的空间氛围（图 6）。

4．规划与协作

占据四周的"空间组合：规划与协作"是教学的第四阶段。学生要从建筑内部空间转向建筑群的研究，并重点从规划和景观的角度来切入设计。小组内 6—7 名同学进行协作，在长方形的场地中放入每个组员单体建筑的方案，并完成场地的规划和设计（图 5、图 6）。场地拟设于校内，包含 5% 的单向坡度，同时每个小组要选取水体、休息亭、广场等规定的场地设计要素来完成环境设计。小组各成员要通过方案竞争来完成总图设计，并协调场地内的建筑布置和景观资源分配。同时，组员还要相对独立地完成建筑周边的外部空间设计。当抽象的盒子置入场地时，不仅需要考虑出入口和朝向等问题，还要把建筑内部的空间关系延续到场地中。场地协调的机制拓宽了空间与建构训练的维度，并促进了建筑、规划、景观各专业的融合。

在建筑大类培养的模式中，阶段四"空间组合"逐步成为教学的重点。在授课与先例阶段，规划和风景园林方向的教师主动介入，讲解规划原理、竖向设计及植物选型等基本知识。建筑学教师则强调建筑群和外部空间组合的设计原理。在实际教学中，模型和图纸表达的平衡成为成果评价的核心标准。例如，组长具有一定的打分权以提高全体学生制作场地模型的参与度和效率。学生也具有更大的自由度，能在规划概念和图面表达上体现个人特色，以避免设计成果的趋同（图 7）。

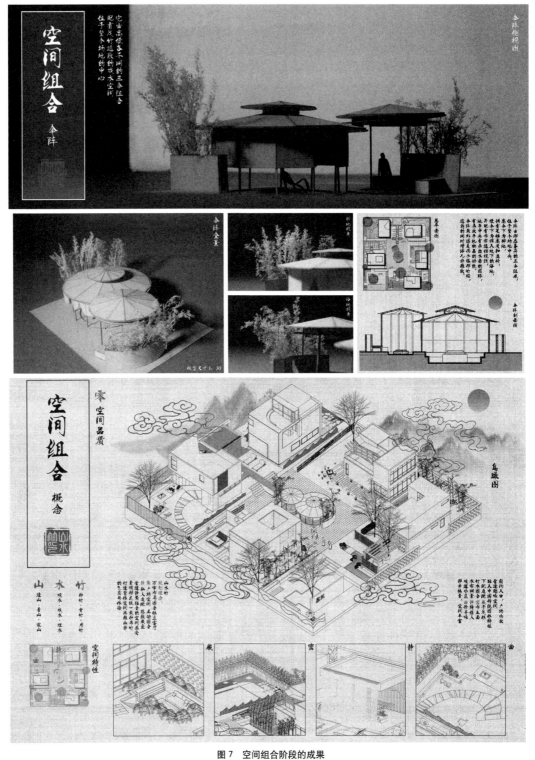

图7 空间组合阶段的成果
2020年东大建筑新人赛百强作品（学生：王唯伊）

相对于前三阶段的聚焦特性和类型化教学，最后阶段的环节属于设计能力的综合与应用，尤其强调学生参与性和讨论式的设计。

四、反思：抽象空间与环境应对

以系统论的观点来认识建筑、建成环境和其构成要素通常是建筑基础教学的基本视角。在这种理解下，设计教学的进程往往被划分为相互关联的不同环节，并聚焦于空间、功能、场地等不同要素。舍弃实际项目中复杂关系的讨论，聚焦于某一特定环节，循序渐进地推进，这类教学法适用于没有太多设计经验的入门学生。通过任务书中尺度、功能、材料等因素的制约，学生能够排除一些外在因素而集中讨论抽象的空间形式和空间品质。然而，在实际教学中，也会有同学试图在教学设立的框架之外进行探索，并尝试用"违规"的空间形式操作来追求个性。如何平衡"规定动作"和"自选动作"，并体现差异，将是本课程持续关注的问题。在教学推进的具体过程中，教师应当充分考虑学生自我表达的诉求，并帮助设计小组内部形成多样化和具有合作特征的教学氛围。

　　围绕材料和建造教学一个无法回避的问题是如何模拟复杂的真实建筑，并依据其建造逻辑和实现效果来组织教学。在模型表现和摄影技法的推动下，大比例模型所营造的空间氛围已经逼近真实的空间效果，并能够体现建构的逻辑。但另一方面，无论技术上如何改进，建造教学都无法还原出真实建造活动的复杂性。正是由于这种差异，我们可以适当简化具体的建筑技术性要求，从"构件"这类直观和可操作的要素出发，进行建造逻辑的训练，同时更多加入对于空间使用主体"人"的考虑。而类型学的思维有助于学生在有限的时间内快速熟悉结构、材料、构造的基本原理，并思考形式要素、结构类型和构造方式之间的相互关系。

　　从建筑教育的历史演变来回溯，"空间的教育"一直是理解现代建筑和其教学法的原点。空间的认知、表达和建造仍是针对建筑本体训练的基本途径，并且体现建筑学科的自主性与核心价值。在国内设计基础教学大类招生、通识教育改革的趋势下，"宽口径"的入门训练需要去接纳更多的学生，并提升教学法的适应性和针对性。在这种趋势之下，我们试图在教学组织上建立一种从抽象的空间形式研究向具体场所环境营造的递推过程，以此培养学生健全和完整的建筑空间观念。

参考文献

[1] 顾大庆.空间、建构和设计——建构作为一种设计的工作方法 [J].建筑师，2006（1）：13-21.

[2] 朱雷.空间操作——现代建筑空间设计及教学研究的基础及反思 [M].南京：东南大学出版社，2010.

[3] 王方戟.评《空间、建构与设计》[J].时代建筑，2012（1）：182.

[4] 彭小松，袁磊，仲德崑，饶小军，黄大田.设计规划主干课程"纵+横"教学体系——深圳大学的构想与探索 [J].城市建筑，2015（16）：117-119.

[5] Ulrich Franzen and Alberto Pérez Gómez. *Education of an Architect：A Point of View*, *the Cooper Union School of Art & Architecture*[M]. New York：Monacelli Press，1999.

[6] 菲利普·乌尔施布隆，张峰.赫尔佐格和德梅隆：石屋——在人文与非人文之间 [J].建筑师，2021（2）：8-12.

[7] 陈瑾羲.借鉴"具身认知"理论的大类一年级建筑设计教学探索 [J].建筑学报，2020（7）：80-84.

[8] 顾大庆.一石二鸟——"教学即研究"及当今研究型大学中设计教师的角色转变 [J].建筑学报，2021（4）：2-6.

图片来源

图1、图2：作者自绘
图3、图4、图7：作者整理
图5、图6：作者自摄

作者：张轶伟，深圳大学建筑与城市规划学院助理教授；顾蓓蓓，深圳大学建筑与城市规划学院讲师；钟波涛，深圳大学建筑与城市规划学院高级工程师

以思想性和逻辑性为导向的庇护所设计教学

刘 翠 陈 翔

Sanctuary Design Studio Oriented towards Thoughts and Logics

■ 摘要：浙江大学三年级建筑设计课程结合疫情时期的社会现状，以"庇护所"为题，采用"概念设计＋策略提案"的形式，强调开放的思想性与严密的逻辑性，以期增强学生设计思考的深度以及设计过程的逻辑思维能力，并以此衔接课程体系中的复合系统整体建构和复杂条件评估决策。

■ 关键词：庇护所；思想性；逻辑性；概念设计；策略

Abstract：Setting in the social background of pandemic, the Architecture Design Course of Grade Three in Zhejiang University is themed on sanctuary and focuses on conceptual design and strategies, accentuating both open thoughts and precise logics, to enhance design thinking and improve the thinking mode in the design process, and also to bridge the stages of systematic combination and decision-making in the whole teaching program.

Keywords：Sanctuary，Design Thinking，Logics，Conceptual Design，Design Strategy

一、疫情时期的建筑设计教学：入世与出世

长久以来，关于建筑学教育的批判主要表现在两个方面：一是逻辑性欠缺。学校教育与实践环境脱节，再加上教学体系内各科知识点分隔，使得设计作业往往由天马行空的概念驱使，忽视不同设计要素之间的协调与关联，缺乏对设计可行性与逻辑性的关注。二是思想性不足。学科边界的模糊和交叉导致建筑学本体模糊，再加上自身理论体系不足，使得学生作业往往过于注重图面效果或技术问题，而忽视或无法达到一定的思想深度。

突如其来的疫情，为建筑设计教学探索提供了独特契机。此次疫情的广泛性和严肃性，为每个人提供了置身其中且无法逃避的现实环境；而其前所未有的不确定性和未知因素，又为建筑设计提供了包容和开放的思想框架。如此既"入世"又"出世"的状态，有助于课程教学的"收"与"放"。

基金项目：浙江大学平衡建筑研究中心配套资金资助

浙江大学建筑学系三年级建筑设计课程以"庇护所"为题，引导学生结合当前社会现状，深入思考建筑学在疫情时期的应对策略。在教学过程中，采用了"先扬后抑"的教学思路，要求同学们以"概念设计＋策略提案"的形式递交成果，概念设计鼓励开放的思想创新，而策略提案则强调严谨的逻辑建构。本次课程共持续四周。设计成果要求为两张 A0，其中一张为充分展现作品主题、浓缩设计主旨的海报，具有强烈的识别性；另一张为充分表达作品创作意图的相关设计图纸以及相应的文字说明（图 1、图 2）。

二、以思想性为导向的概念设计

现代城市的发展与公共卫生有着深厚的渊源，如花园城市理论、功能理性主义、健康城市运动等。新型冠状病毒肺炎的传播，在一定程度上改变了

图 1 Quaran-Heaven
（学生：应婕，虞凡；指导老师：刘翠）

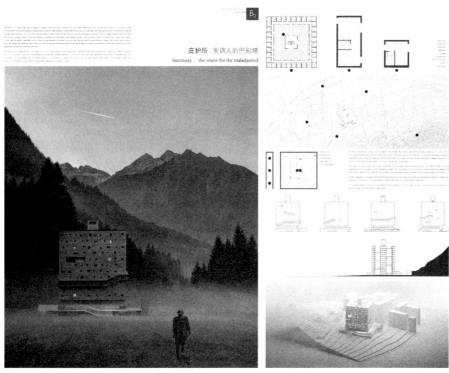

图 2 失调人的巴别塔
（学生：江钧，李宜；指导老师：陈翔）

人们的生活方式，重新定义了建筑与城市的空间需求。

建筑与城市空间并不是孤立存在的，它产生于有目的的社会实践，是社会关系的产物。极限隔离、封闭社区、方舱医院等均为疫情时期的特定空间表现形式。与此同时，空间并不只是社会生产的结果和媒介，它同时也是一种工具，通过空间操作影响社会关系，进而重塑社会结构。城市、区域、全球等不同空间层面对于人口、物资、信息的调配与干预，改变了疫情传播的途径、速度和范围，影响了世界格局。

本阶段要求同学们通过文献及案例研读，对健康、隔离、收容等概念进行思辨，理解"庇护所"的社会意义。鼓励同学们挖掘空间的多义性，以社会空间为切入点，通过对社会治理模式与社会组织结构的探讨，从建筑学角度做出回应。如何快速有效地应对防疫隔离？如何满足平战时期的不同需求？如何提升城市韧性？如何理解空间公平？

同学们的概念构思充分体现了对于空间多义性的理解。既有从身体疾病角度出发对新冠肺炎患者的收容，也有从心理、精神、人道、生态等层面对于庇护概念的探讨（图3、图4）。在同学们的设计方案中，"庇护所"既是复杂社会的一个组成部分，又是相对独立的一个小社会；甚至可以自行定义一种社会组织模式，制定社会运行规则，并提供与之相适应的建筑与空间形式（图5）。

三、以逻辑性为导向的策略提案

随着社会发展，城市与自然环境不断变化，新的建筑功能层出不穷，空间需求也越来越多样化。由于无法遵从既有建筑设计经验，设计师往往无所适从，面临前所未有的挑战和困惑。如何针对一个未知命题，以系统逻辑的方式建构起一个整体的建筑世界，也是本课题的训练要点。

建筑涉及自然、社会、文化、人的活动规律、审美、时间等诸多因素，由功能、空间、形态、结构、环境、行为等诸多系统复合而成。系统之间相互

联系、相互作用共同形成一个有机整体。此整体不是各部分的简单相加，而是各部分的有机复合。在特定的条件下，某些系统利用自身的优势可以优先获得发展机会，但当它发展到一定程度，与其他系统之间就会形成一定的张力，这就要求其他系统也适当地发展来与之相适应，达成一种系统性的平衡。

该阶段引导同学们将建筑视为一个由功能、空间、形态、结构、环境、行为等系统复合而成的整体对象，以各个系统之间的逻辑关系为主线，营建满足庇护要求的建筑系统，实现从无到有的整体性建构（图6、图7）。要求同学们重视使用

面对不同灾害，气膜均有良好的适应性
日常样貌

01 传染病等疫情发生
迅速释放隔离居住区，在城市各个角落生长

02 地质灾害发生
气膜抗挤压，可提供临时的安全住所，缓解灾后重建压力

03 气象灾害发生
底层释放多层气囊增加浮力，气膜间用构件连接提供稳定的水上临时住所

04 地球资源匮乏
开发新能源，寻求气膜组成的空中住所

图3 不同类型的灾害及应对策略
（学生：徐晔，丁任琪；指导老师：金方）

图4 不同类型的情绪及空间应对
（学生：岑扬，李欣，马孟喆；指导老师：王雷）

图 5 可变的乐高城市
（学生：韩侑家，潘若茗；指导老师：陈翔）

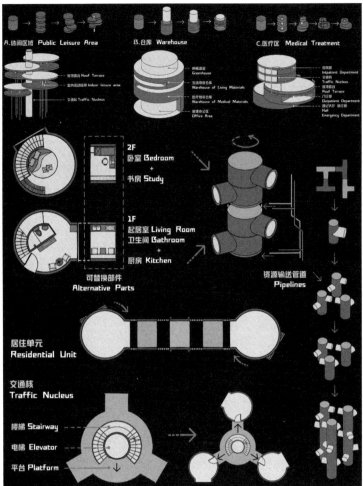

图 7 体块生成与居住组团组织
（学生：徐茜，陈柔安；指导老师：刘翠）

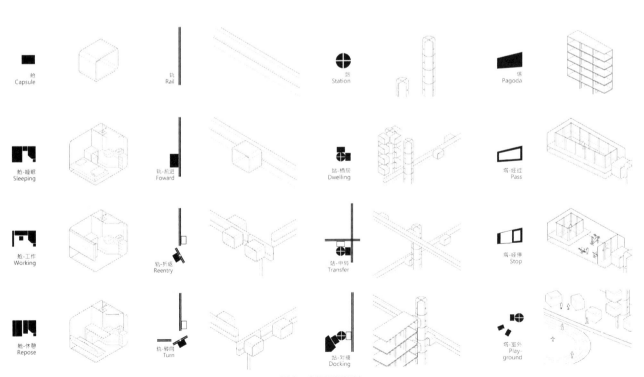

图 6 建筑运行机制
（学生：高存希，朱怡江；指导老师：裘知）

者行为与空间形态之间的相关性，重视建筑功能设置与空间组织之间的相关性，重视建筑形态、语言与结构的统一，综合考虑各系统对建筑整体的影响，注意各个系统的协调发展。

该课题基地选址于杭州市老和山北侧山脚，三面临城一面背山，且其中临城一面为城市公园。基地仅为设计项目提供基本的环境参照，对停车、绿化等场地设计和技术指标未做具体要求。

四、承前启后的课程衔接

本次课程持续时间较短，仅为四周。它不仅是疫情时期特殊教学方式的探索，也是对于整个课程体系承前启后的衔接。

疫情之前，浙江大学建筑学系三年级建筑设计课程原定四个设计课题。第一个课题与第二个课题均为约束性设计，分别探讨内向约束与外向约束条件下的建筑改造。第三个课题为系统性设计，以动物收容所为主题，关注复合系统的整体建构。第四个课题为综合性设计，以城中村为研究对象，关注复杂条件下的决策与设计。

本次课程以"庇护所"为题，着重于开放性设计。一方面，承接此前的"动物收容所"课题脉络，将"收容"的概念延伸到人类，强调复合系统的整体建构；另一方面，又为此后的"城中村"课题从空间多义性的角度提供了思想储备，有助于下一个课题在环境认知、策划评估等环节的顺利开展。

五、教学思考

设计作业的思想性和逻辑性，很大程度上取决于设计教学中的"放"与"收"。哪些该放开？哪些该收紧？什么方面、什么环节、什么程度？对于设计教学都至关重要。一般来说，设计作业的思想深度并不完全由教学过程决定，设计主体的知识面和理解力都是非常重要的影响因素，但是教学中对于设计切入点的定位和引领将直接影响学生作业设计概念的层次和深度。另一方面，设计作业的逻辑建构并非聚焦于技术细节的可行性，而是帮助学生采用科学的逻辑方法，用图示语言准确而有条理地表达自己的思维过程，从而培养学生在设计过程中的逻辑思维能力。

参考文献

[1] 孟建民. 我们需要什么样的毕业生？我国建筑教育问题谈 [J]. 时代建筑，2001 (S1)：36-37.
[2] 张波. 建筑学科的学术化和理论积累的三种范式 [J]. 建筑师，2019 (1)：88-93.
[3] 杨瑞，欧阳伟，田莉. 城市规划与公共卫生的渊源、发展与演进 [J]. 上海城市规划，2018 (3)：79-85.
[4] Lefebvre, H. *The production of space*[M]. Oxford and Cambridge：Blackwell Publishers，1991.
[5] Gottdiener, M. & R. Hutchison. *The new urban sociology. 4 ed*[M]. Boulder：Westview Press，2010.

图片来源
本文所有图片均为教师指导的学生作业

作者：刘翠，浙江大学建筑工程学院副教授，系主任助理，浙江大学平衡建筑研究中心；陈翔，浙江大学建筑工程学院副教授，执行系主任，浙江大学建筑设计研究院有限公司

基于学科协同的跨专业联合毕业设计教学模式研究

姚 刚 袁亭亭 陈 宁 肖 昕 丁 昶

The Exploration of Interdisciplinary Joint Graduation Project Teaching Based on Subject Cooperation

■ 摘要：“创意工科”建设背景下，传统毕业设计模式在学科协同方面存在诸多不足与瓶颈。构建基于学科协同的跨专业联合毕业设计模式，有利于建立跨学科协作的“建筑能源与环境”概念，培养学生建筑、能源、环境、景观的“创意工科”整合意识，对本科教学、实验教学以及科技成果转化也具有重大意义。本文以中国矿业大学的“新农村零能耗住宅”跨专业联合毕业设计为例，梳理了学科协同型的跨专业联合毕业设计教学组织模式，并对教学体会进行了总结。

■ 关键词：学科协同；跨专业；毕业设计

Abstract：Under the background of "Creative Engineering" construction, it has many deficiencies and bottlenecks in discipline coordination using the traditional graduation design mode. Building an interdisciplinary joint graduation design model based on discipline collaboration has many advantages: it is conducive to establishing the concept of "building energy and environment" of interdisciplinary collaboration; it can cultivate students' awareness of "Creative Engineering" to integrate disciplines such as architecture, energy, environment and landscape; it is also of great significance to undergraduate teaching, experimental teaching and the transformation of scientific and technological achievements. Taking the interdisciplinary joint graduation project of CUMT— "new rural zero energy consumption housing" as an example, the interdisciplinary joint graduation project teaching organization mode of discipline collaboration and the teaching experience are summarized in this paper.

Keywords：Discipline Collaboration，Interdisciplinary Teaching，Graduation Project

基金项目：国家社科基金艺术学一般项目（项目编号：20BG131）；教育部人文社会科学研究青年基金项目（项目编号：18YJC760116）；2019年中国矿业大学教学研究一般项目（项目编号：2019YB47）

一、"创意工科"对学科协同提出的挑战

为应对第四次工业革命浪潮带来的新一轮科技产业革命，服务国家重大发展战略的实施，教育部积极探讨推进新工科建设。"新工科"自2016年提出后，先后奏响了"复旦共识""天大行动""北京指南"建设的三部曲。新工科建设的指导意见和主要目标是创新教育理念，构建工程人才培养的新模式，实现学科导向到产业需求导向转变，打破专业分割，加强学科交叉、跨界融合，强化工程实践能力，培养能够胜任行业发展的具有充足的科学知识和工程实践能力的应用型人才。

"新工科"建设反映在设计学科层面，面临的比如建筑设计、环境设计以及生态景观设计等问题，已经不仅仅是某一传统单一学科范畴可以解决的，而是涉及建筑、经济、生态等多学科领域。哈佛大学、斯坦福大学、麻省理工学院等世界知名大学都高度重视多学科交叉人才培养，设计学科与传统工科交叉融合教学和研究已经是世界一流大学的共识，"创意"工科（面向工程的设计学科的整合）的建设势在必行。"创意工科"与传统工科之间的交叉融合，既是学科发展的必然趋势，也是新工科建设的一项必然举措。因此，探索跨学科协同培养人才的模式，具有非常重要的现实意义。

二、基于学科协同的跨专业联合毕业设计的必要性

1. 传统毕业设计在学科协同方面的不足与瓶颈

毕业设计是设计学科和传统工科专业学生本科阶段最系统的教学环节，也是最能够体现学生对于本科阶段所学理论知识的综合性运用的环节。但是目前绝大多数专业的毕业设计，对学生的综合素质检验不足，极少涉及，也较少体现不同学科之间的交叉与协同。目前国内高校的毕业设计基本上采用单一专业的"一人一题"的模式，过分强调学生完成毕业设计的独立性，同时缺少专业间的横向联系，只重视本专业的理论知识的练习，学生缺乏整体意识。这种培养模式忽视了对学生团队协作能力以及实际工程的整体把握的培养，在学科协同方面存在以下2点不足：

（1）学科间缺乏交叉

在实际工程中，各专业间的高效交流配合可以推进项目的设计。目前的设计学科和工科毕业设计现状，大部分的专业都忽视学科之间的协同能力，学科分割造成专业之间横向联系很少，容易脱离实际工程环境，存在局限性，不利于即将毕业的学生将理论知识应用到实际操作中。

（2）跨专业未跨学科

据笔者调研，有部分土建类高校，已经开展了跨专业联合毕业设计的教学探索，但这种教学改革仅局限在土建类专业内部或土建类学部内部之间，几乎没有土建类学科之外的学科参与其中，与设计学科之间的联系也不密切。以建筑内部的智能家居为例，就需要电气工程及自动化专业配合，才能实现智能家居系统的有效控制。

2. 基于学科协同的跨专业联合毕业设计模式构建

针对以上问题，中国矿业大学在跨专业联合毕业设计的教学改革中，特别强调不仅要跨专业，更要跨学科，跨学院，真正实现学科协同的建设目的。以笔者参与的《基于数字化技术的零能耗社区跨专业联合毕业设计》系列为例，每个毕设团队均集合了建筑与设计学院、土木工程学院、电气与动力工程学院和环境与测绘学院4个学院的力量，涉及建筑学、环境设计、能源与动力工程、电气工程及自动化、环境工程、土木工程和工程管理7个专业。这种跨学科跨专业毕业设计团队的建设，改变了目前已有的跨专业联合毕业设计的单一线性模式，努力打破不同学科之间的隔阂，使各个学科参与者都能在同一个题目上协同工作，全面分析问题和解决问题，打破学科之间的壁垒，拓宽学生的知识面，提高学生的综合能力和毕业去向的多种可能性。

基于学科协同的跨专业联合毕业设计模式，融合了不同学科的不同专业进行协同设计，学科融合和交叉特色明显，具有较强的前瞻性和独创性。而且通过这种跨学科毕业团队的搭建，也能够促进校内不同学科之间的融合。因此，基于学科协同的跨专业联合毕业设计模式的构建，具备以下必要性：

在本科教学层面：毕业设计最终成果可支持各类新能源技术、环境治理技术在建筑中应用的展示与示范，有助于培养兼具整体环境意识的跨学科高层次人才。

在实践教学层面：毕设团队可作为大学生科研创新训练的平台与载体，成为本科生跨专业科研创新的基石；以毕设课题为基础，还能够通过校企合作，在项目课题来源、企业参观实习、企业导师参与等环节，强调全方位的实践性教学。

在科研层面：有利于考取研究生的同学提早进入科研训练状态，扩展其科研视野，学习不同学科的研究方法。

在学科层面：毕设团队的建设能够促进跨学科（建筑、环设、能源、环境等学科）研究的协同，有利于培育重大科学技术奖项。

这种基于学科协同的跨专业联合毕业设计模式的教学改革，有利于建立跨学科协作的"建筑能源与环境"概念，培养的学生可以具备建筑、能源、环境、景观的"创意工科"和传统工科的整合意识，对本科教学、实验教学以及科技成果转化也具有重大意义。

三、中国矿业大学跨专业联合毕业设计的教学背景

在基于学科协同的跨专业联合毕业设计模式的理念指导下，笔者所在的毕设团队参与《基于数字化技术的零能耗社区跨专业联合毕业设计》系列，由建筑学专业牵头，联合环境设计专业、工程管理专业、能源与动力工程、电气工程及自动化和环境工程专业共14名不同专业学生，由各专业11名老师指导，组成了跨专业跨学科的联合毕业设计团队。

通过组内毕业设计教师团体集体商议、论证，共同确定了本组选题为"新农村零能耗住宅设计"，并且参照"国际太阳能十项全能"竞赛的真实要求制定了功能内容和指标要求，将被动式策略、主动式技术、可再生能源的利用和环境工程等方面的技术方法与建筑设计、能源利用、环境设计和智能家居紧密结合，设计、建造并且运行一座功能完善的零能耗住宅。毕业设计的选址在徐州贾汪潘安湖马庄村，面向外出务工家庭，以服务于留守的老人和儿童日常生活为主，因为紧邻风景宜人的潘安湖，设计要兼顾民宿可能性，因此空间要求还具有一定的可变性。

四、学科协同型的跨专业联合毕业设计教学组织模式

研究建筑如何实现零能耗，是当前最具挑战性的能效策略，一年内建筑所需的所有能耗均由其自身场地内生成的能源供应。随着能效系统、建造技术和可再生能源系统的不断发展，在跨专业毕业设计中选择面向建筑被动式技术、主动式技术和可再生能源利用的综合应对，成为直面建筑性能的教学和学科挑战，这对学科协同型的跨专业联合毕业设计教学组织模式提出了新要求。

1. 基于学科协同的选题与协作

需要特别强调的是，以建筑能源与环境为导向的跨学科课题，实际操作过程中会面临诸多要素的影响，例如气候条件、建筑朝向、建筑维护结构、建筑使用性质、设备效率等都会对建筑能耗、建筑能源利用、建成环境产生不同程度的影响，以往单一专业或学科的指导老师很难满足这方面的系统化需求。对于建筑被动式技术、主动式技术、可再生能源综合利用、环境工程的研究必须综合考虑各种因素以及相互关系，将建筑能耗降到最低限度，运行建筑过程中有效地将学科的协同管理融入，才能高效地实现能耗节约的设计、建设和运行目标。因此，"新农村零能耗住宅设计"是一个系统化的工作，符合学科协同的要求。

2. 以建筑性能为核心的学科协同

本次毕业设计成果命名为"T-HOUSE"（图1—图3），其中"T"源于物理学名词中的Tension，意为"张力"，代表着建筑采用了模块化的设计，在横向上具有无限拓展的"张力"。同时，"T"也是技术（Technology）一词的英文首字母缩写，象征着本次毕业设计中的多学科技术融合，表示的是每个参与专业在完成本学科的基本任务的同时，

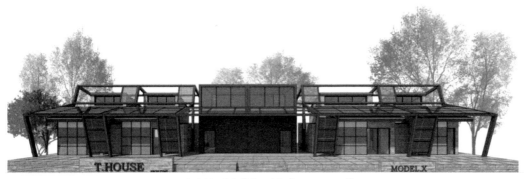

图1 "新农村零能耗住宅设计"成果 T-HOUSE 效果图

图2 "新农村零能耗住宅设计"成果 T-HOUSE 剖视图 I

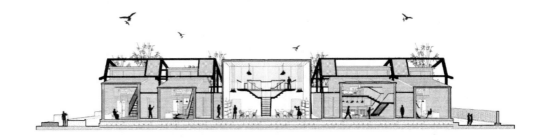

图 3 "新农村零能耗住宅设计"成果 T-HOUSE 剖视图 II

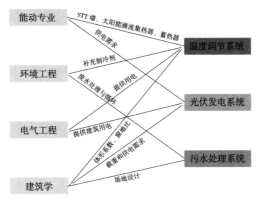

图 4 节能设计层面的学科协同

围绕着"零能耗"这个建筑性能核心目标,主要实现了以下设计环节的学科协同。

(1) 节能设计 (图 4)

①被动式与主动式集热技术的应用 (图 5)

在结构体系上,房屋主体结构选择了木结构。由于木材的导热系数小,所以房屋本身的保温隔

热性能好。建筑在外轮廓上增加了一圈钢结构,则主要作为主动式技术的结构支撑。

建筑朝向选择上,南向采光受益,建筑则东西向展开。建筑学的学生接受本专业以及能动专业老师的指导,采用了利于建筑节能的建筑体型系数和窗地比,南向围护结构采用 SST 墙实现保温与隔热,控制室内温度,实现被动式保温隔热技术。同时能动专业采用主动式太阳能技术,利用太阳能滴流集热器放置在南向坡屋顶进行效率集热,水源热泵系统进行换热,电气工程专业提供用电确保温度调节系统的更佳运行,代替了日常生活中所用的空调系统,使居住者舒适度更佳。

SST 墙

在建筑的维护结构中,能动专业向建筑学专业提出了南向墙体安装 SST 墙的建议 (图 6),在冬季时,位于 SST 墙上的开孔关闭,只开启或者关闭南墙上的通风口。白天,开启南墙上的通风口,SST 墙的吸收板吸收太阳辐射热后,与夹层内的

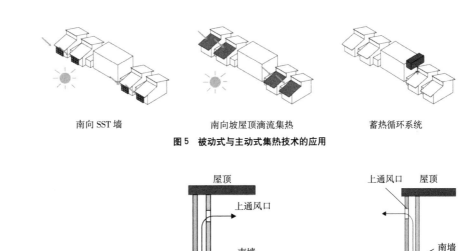

南向 SST 墙　　　　　南向坡屋顶滴流集热　　　　　蓄热循环系统

图 5 被动式与主动式集热技术的应用

图 6 SST 墙的技术原理

空气发生对流换热，热空气由上通风口进入室内，而室内冷空气则由下通风孔进入夹层内，继续与SST墙的吸收板完成对流换热，如此进行着冷热空气的循环。夜晚关闭上下通风口，相当于增加了一层SST墙，以及一层空气夹层，阻止热量向外传递，实现保温功能。在夏季时，与冬季正好相反，将位于南墙上的通风口关闭，而仅仅开启或者关闭SST墙上的开孔。白天时，开启SST墙上的通风孔，避免因阳光暴晒而使夹层内空气过热，增加室内所需冷负荷。夜晚，关闭SST墙上的开孔，相当于增加了一层SST墙和一层空气夹层保温，可以减少夜间室内的制冷所需耗电量，达到室内的保冷效果。

太阳能滴流集热技术

建筑的南向坡屋顶上还放置着集热系统。在集热方面提出了一套新型的、与建筑一体化冷、热、电复合生产系统，实现了两个方面的技术提升：(1) 在传统滴流式集热器的基础上更进一步，实现了集热器夏季被动制冷；(2) 改进了传统太阳房集热与光伏发电分立设置的问题，实现了光伏与集热／被动制冷装置的联动，提高了系统效能。冬季白天，具有滑轮的屋顶集热系统面板下滑将室内通过透明玻璃暴露在阳光下，使其自然采光充分吸收太阳辐射，冬季晚上具有保温能力的楼板储存热量，维持建筑的内部热量。夏季白天，具有滑轨的集热系统面板具有遮阳的功能，遮挡太阳辐射能量，防止夏季建筑过热。夏季晚上，下滑面板，开启局部二层的窗户，形成热压通风，获得良好的被动式降温效果。

蓄热循环系统

T—HOUSE建筑温度调节系统以可再生能源太阳能利用技术为主，但太阳能是间歇的、不稳定的，要克服这个问题，一种方法是解决热量储存的问题，另一种方法是要与辅助热源相结合。因此，系统中设计了蓄能水箱，并且辅以热泵技术，组成太阳能热泵空调系统，来满足建筑短期内的空调及供暖需要。太阳能和水源热泵结合，将水源热泵作为辅助热源。在冬季时，可利用的水体温度的大概范围是12~22℃，流经太阳能集热器后的水体温度高于环境温度，从而提高了热泵循环的蒸发温度，使制热的性能系数提高。为了提高节能效率，环境工程净化雨水之后的蓄水池纳入蓄热循环系统，并由电力工程提供蓄热压缩机的电能使用。

②光伏发电系统

电力工程作为光伏发电系统的核心，承担着整个建筑的电力供应。采用并网型太阳能光伏发电系统，"发电自用，余电上网"，不需要蓄电池等储能环节，节约成本，具有一定的经济效益，能满足整个建筑的用电。因此，需要了解建筑中不同系统的具体用电需求，最后结合常用家用电器的使用情况，进行日最大用电负荷的估算，确定光伏电池的容量以及逆变器的型号。

同时，为了将光伏面板加入整体的建筑中，在建筑设计上，房屋的木结构模块中加入钢结构的外框，光伏面板作为整个零能耗建筑运行的一个主要的能量来源，四块光伏面板再通过放置在一层的外框架上进行热量吸收，并通过热量转化作为建筑运行的电力来源。(图7)

③污水处理系统

污水处理系统经过场地设计，布置在房屋东北侧。污水处理系统主要是以环境工程的住宅污水处理利用以及雨水收集利用技术为核心，营造环境系统。为了美观考虑，环境设计专业在地上式处理系统外布置了竹林绿化屏障。处理单元主要为方形池，为节约造价，接触氧化渠、水平潜流人工湿地、潮汐流湿地、紫外消毒渠合建。污水处理中，生物过滤系统采用活性污泥造粒技术，滤料更易挂膜，对污染物的去除效率明显提高；

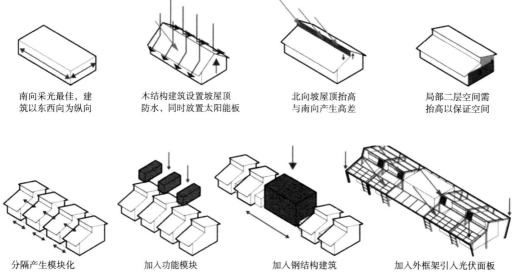

南向采光最佳，建筑以东西向为纵向　　木结构建筑设置坡屋顶防水，同时放置太阳能板　　北向坡屋顶抬高与南向产生高差　　局部二层空间需抬高以保证空间

分隔产生模块化　　加入功能模块　　加入钢结构建筑　　加入外框架引入光伏面板

图7　光伏系统的生成过程

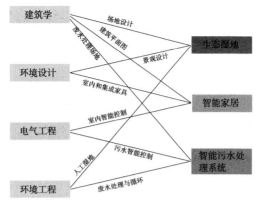

图8 智能控制层面的学科协同

通过景观薄层流复氧达到好氧生物处理要求，无须主动曝气，兼具生态、节能效果；结合多种生态水处理方式，达到不同水利用功能，实现生物多样性表达和污水、雨水零排放的双重目标。

（2）智能控制（图8）

①智能家居

为了让使用者有更好的使用体验，环境设计专业进行室内人性化空间以及家具设计（图9）。首先，为了适应民宿客人不同数量的需求，增加空间的可变性，对民宿区的家具进行了单独设计。例如民宿建筑一层的客厅空间可变化为卧室空间，增加空间使用的灵活性。与之对应的是集成家具中的可变电视柜，通过拉伸可以变化为一个单人床供临时使用。又如为了增加建筑的实际使用面积，客厅的茶几设计成可变的升降餐桌。此外，在主人区的部分，青年人作为家中的流动人口，对青年人的卧室也使用了集成家具处理。当青年人归家后，把隐藏在楼梯中的双人床通过滑轨拉伸出来，此时空间作为卧室使用；当青年人外出务工时，再将床隐藏进楼梯，作为孩子的活动室使用。

其次，老人和孩子作为房屋的主要使用者，在设计中还要注意许多细节。例如，老年人行动不便，卧室布置在一层，同时因为老人在夜间起夜频繁，为了方便老年人使用，尽可能地将卫生间设计在最靠近老人卧室的位置。为了孩子的安

全考虑，在家具设计上要对尖角多进行光滑打磨。

电气工程及自动化专业安装智能控制系统，需结合室内家具设计增加建筑的高品质，因此智能控制系统全方面贯穿整个建筑体系（图10）：（1）室内可变设计模块与智能控制结合，实现空间可变，有效提高空间利用率；（2）房主可以通过APP随时随地进行控制管理，实现照明、家电和窗帘等日常控制；（3）结合无线通信和云技术，进行监控系统的设置，实现监控的智能化。

②智能污水处理系统

电气工程及自动化专业在环境工程设计的污水处理系统的基础上增加了智能控制系统，利用科技的手段对污水处理系统的进出水水质水量以及污水处理每个节点的水阀进行实时监控，并且可以通过电脑终端智能调节水阀的开关。同时在电脑终端可以对每个水池的水位进行实时监控以及控制，保证整个建筑的用水量，也确保净化后的水质达到要求，最终保证污水处理能力满足节能建筑的需求。

3. 基于学科协同的教学进度控制

（1）教学进度的有效控制

跨专业联合毕业设计的教学时间紧凑，一共涉及7个专业，过程相较于一般的毕业设计更加繁杂，任何一个环节的问题都会影响到整个毕业设计的进度，因此，对于联合毕业设计的每一个环节的计划制定、实施对于此次毕业设计都很重要。

联合毕业设计开始之前，需要制定详细可行的教学进度表。指导教师团队通过学校制定的毕业设计时间（预答辩与最终答辩时间）结合设计工作流程安排，商定每一个环节，确定主要的时间节点，做好各环节的衔接计划。

联合毕业设计中期阶段，按照计划定期组织联合毕业设计团队开会，讨论进一步的工作计划，分析并解决问题，确保每一个环节按时、有效地完成。

联合毕业设计末期，检查学生按时且保证质量完成毕业设计，组织学生进行团队整体答辩工作。

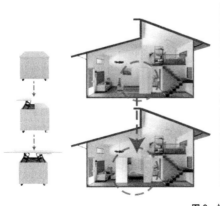

图9 植入智能家居的室内空间设计

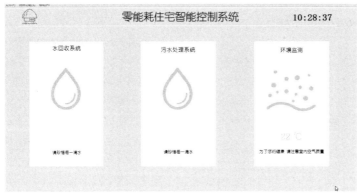

图 10　T—HOUSE 的智能控制系统

（2）设计环节的统筹兼顾

联合毕业设计团队涉及专业众多，参与联合毕业设计的学生从进入课题团队的时候就捆绑在一起，建筑方案的设计不再只是建筑学专业学生独自的决定，而是各专业学生共同认可的结果。每一个重要环节的进展，均是各毕设团队综合考虑各专业要求的结果。以建筑学专业各环节的方案推进为核心，每一步重要进展均通过定期专业交流会议，向环境设计专业、工程管理专业、能源与动力工程、电气工程及自动化和环境工程专业进行汇报，同时向其他专业提出要求，共同商讨技术解决方案。

指导教师团队则采用灵活多样的教学方式，各个专业单独的设计内容指导以及不定期专业间技术碰撞讨论相结合，分专业的独立性指导与多阶段配合性指导相结合，保证在学科协同时，教师能协助学生对方案做出准确判断，及时调整和设计优化。

4. 基于学科协同的交流与协作

制定合理的进度计划表并严格执行。每周均有固定的集体例会，进行专业间的交流，解决不同学科之间的碰撞问题，使得每个专业的优势发挥到最大。专业教师在每周学生例会的基础上，进行专业方案的深化指导，提高专业方案的完善性。

搭建协同交流平台，建立微信、QQ 群，指导教师将收集整理好的设计案例、参考文献、图片等资料上传到网络平台，供学生下载参考。相关设计进展、会议要求等，也可以及时通过群消息及时发送与反馈。

部分集体会议，通过网络视频的方式进行。因为团队成员众多，这种方式可以很好地解决时间不一致、无法聚集到固定的地点开会的问题；各个专业的学生也可以更加方便和频繁地进行交流，提高协作性。

组织面向全校的跨专业联合毕业设计答辩，邀请校领导、教务部、各学科教授、校外专家、企业专家作为答辩评委，并将答辩地点设在项目实际建造场地，将学科之间的融合进行充分展示（图 11）。

五、教学体会

在基于学科协同的跨专业联合毕业设计的教学改革中，对当前的毕业设计教学模式和方法进行了改进和突破。这有利于打破专业之间的壁垒，实现了多学科、多专业之间的相互交叉，促进了各学科实践教学的协同发展。教师团队联合指导有利于整合校内外的教学资源，整体提高了教师的教学水平。跨专业联合毕业设计的协同设计有利于学生培养学生的团队精神以及对于工程的全局意识，拓宽了学生的学科知识，提高了毕业生去向的多样可能性。

设计学科和传统工科专业的毕业设计教学改革反映在新工科建设中，就是要建立跨学科协作的"创意工科"概念，从"单一知识"传授向"复合知识"教育转变，从"单一维度"设计向"多维度"拓展，提高学生发现问题、分析问题、解决问题的综合能力。

图 11 联合毕业设计团队的集体活动

参考文献

[1] 林健，郑丽娜 . 从大国迈向强国：改革开放 40 年中国工程教育 [J]. 清华大学教育研究 .2018，（2）：1-17.

[2] "新工科"建设复旦共识 [J]. 高等工程教育研究 .2017，（1）：10-11.

[3] 黄海静,邓蜀阳,陈纲 . 面向复合应用型人才培养的建筑教学——跨学科联合毕业设计实践 [J]. 西部人居环境学刊,2015,30(6)：38-42.

[4] 刘欢欢 . 美国高校人文社会学科建设研究 [D]. 河北大学，2018.

[5] 陈子辉，董肇君 . 高校多专业联合毕业设计教学实践 [J]. 上海教育评估研究，2012，1（4）：59-62.

[6] 张玉龙 . 基于 BIM-CDIO 的土建类高校跨专业联合毕业设计模式研究 [D]. 河北建筑工程学院，2019.

[7] 赵秀玲，刘少瑜，王轩轩 . 基于气候适应与舒适性的零能耗建筑被动式设计——以新加坡国立大学零能耗教学楼为例 [J]. 时代建筑，2019（4）：112-119.

图片来源

本文图片均来自学生作业和作者自摄

作者：姚刚，中国矿业大学建筑与设计学院建筑系副主任，副教授，博士；袁亭亭，中国矿业大学建筑与设计学院硕士生；陈宁，中国矿业大学低碳能源与动力工程学院教授，博士；肖昕，中国矿业大学环境与测绘学院副教授，博士；丁昶，中国矿业大学建筑与设计学院教授，环境设计系主任，博士

基金资助: 2022年武汉大学本科教育质量建设综合改革项目, 2020武汉大学港澳台学生培养与交流合作专项课题

设计战略视角下关于高校乡建设计竞赛的思考

任亚鹏 张 点 李 欣 熊 燕

Thoughts on University Rural Construction Design Competitions: A Design Strategy Perspective

■ 摘要: 随着国家"乡村振兴"战略的颁布和实施, 乡村建设业已成为社会焦点。诸多项目主导者已不满足于指定建筑师完成具体的建筑作品, 而是希望利用热点事件激发建筑以外的效益。高校设计竞赛作为建筑界培养新人、选拔优秀作品的惯常性教学活动, 也逐渐被作为一种营销策略而展开。本文从设计战略学的视角, 思考如何使高校乡建设计竞赛在成为可持续的教学实践的同时, 也带来积极的社会效应和经济价值, 真正做到在结合教学的过程中实现服务乡村建设的目标。

■ 关键词: 乡村振兴; 设计竞赛; 设计战略; 事件营销

Abstract: With the promulgation and implementation of the national "rural revitalization" strategy, rural construction has become a focus of society. Many project leaders are no longer satisfied with buildings completed by appointed architects, but also hope to use hot events to stimulate benefits beyond the buildings per se. As a habitual teaching activity for cultivating new talents and selecting excellent works in the architectural field, university design competition has also been gradually launched as a marketing strategy. From the perspective of design strategy, this paper considers how to make the rural construction university design competition a sustainable teaching practice, while also bringing positive social effects and economic value, so as to truly serve the goal of rural construction in the process of teaching practice.

Keywords: Rural Revitalization, Design Competition, Design Strategy, Event Marketing

　　中华人民共和国成立以来, 党和国家一贯重视三农问题的解决和建设成效, 乡村基础设施的完善与乡村风貌的塑造是其中重要的一环。回顾七十多年间我国的乡建历程, 可发现三次"设计下乡"的主体、形式、手段和成效均有较大的不同及各自特征。进入新时期, 随

着社会经济与文化的进步，不同领域的发展促进了各行业的升级与交叉，如何综合、有效地利用社会资源实现乡村大环境的整体振兴，成为需要着重思考，且需多方位思考的课题。

一、高校设计教学实践进入乡村建设

2017年党的十九大提出实施"乡村振兴"的国家战略，2018年9月住房和城乡建设部下发了《关于开展引导和支持设计下乡工作的通知》等指导性文件。社会各界紧跟指引，因而在当前的乡村建设中，除各地方组织的基础更新外，也会有大量的外地设计人员将目光投向乡村。

但乡村社会不同于城市，因此亟须设计从业者在早期即具备认识、了解乡村的业务能力。随着现代乡村内部社会结构的转变，以及新时期城乡关系的转化，乡村经济也面临着市场化的多重选择，其中人口、资源、产业等结构因素在多数情况下决定了一个乡村或区域今后的走向。特别是在资讯高度发达的当前，乡村风貌的建设形式也产生了从传统的村民自建到指定委托、群体策定的变迁，而建设内容与形态则更是日益多元。因此，这也要求设计者从多学科的角度重新审视乡村群体的价值诉求，并借此规划本专业的实施路径。

作为培养建筑师的摇篮，高校不仅是各专业研究领域的重镇，同时兼具指导实践的坚实力量，故而依据2019年1月由教育部颁布的《高等学校乡村振兴科技创新行动计划（2018-2022年）》为指导，以高校师生为主体的建设团队，在集合多学科优势资源的前提下进行设计下乡教学实践，将可能兼具整合社会资源、贯通社会信息、提高社会公信等多重效能以促进乡村振兴。

二、贯通设计的战略思维

1. 设计与设计战略学

原本包含了建筑、城乡规划、风景园林的建筑学，作为不仅限于前述三项内容的诸多设计专业门类中极为前端的领域，要求其毕业生具备多方面的知识与技能。除从事具体设计工作外，也应是兼具多种职业适应能力的复合型技术人才。同时，在知识多样性、关联动态性、综合创造性三个建筑学所具有的突出特点中，也暗含了要求从业者应具备以战略的眼光看待设计的思维能力。

以日本为例，其"大地艺术节——越后妻有艺术三年展"与"濑户内海艺术节"作为涵盖从规划、建筑、景观到室内、产品、视觉等全领域设计的民众参与型乡村振兴典范，其中即贯穿着组织者对于设计战略的应用。两者继而实现了以设计作为柔性介入的方式，整合多元的社会资源，在整体的社会层面进行双向结合，建起具有统合作用的时间轴、空间轴。它们通过政府推广扶持、学界研究引导、企业开发产出、民众参与体验等步骤，较大程度地使广域的民众参与到具体的乡村建设中，从而起到有效协调乡村环境保护与经济发展之间矛盾的积极作用。

事实上，设计战略学作为培养高阶设计人员的理论体系，在日本已应用于高校教学之中。其通过一系列的"设计商务""战略架构""策略科学"等课程实践，使学生在重视设计专业本身的同时，也着眼于国际竞争力和可持续发展观的建立，从而促使其设计内容以长期战略的态势进入市场。同时也通过对于"促进设计生产""支援流通销售""应对知识产权"等组织能力的学习，强化了设计者获得社会资源信息、协作人才信息的意识，进而能够综合利用政府、企业、社会团体以及大学等研究机构的各自优势建立恰当的合作模式，以提高其成果与项目推行实施的效率。

2. 设计战略与事件营销

从本质上来看，设计战略学这一门类是为了应对当代复杂多变的市场条件而产生，其目的既是争取设计方的成果有效推进和落地的复合路径，也更是从多方面满足出资方提高产品附加值的营销策略。作为其中的一项重要内容与方法，集新闻报道、广告传播、形象树立等效能于一体的事件营销，具有通过新闻价值提升社会影响进而吸引各界关注，促成良好形象建立的价值特征。

（1）全域旅游中的事件营销

以旅游目的地或计划成为旅游目的地的区域建设为例，为打响自身在全域旅游中的知名度，诸多地方均采用"采摘节""丰收节""赏花节"等传统的文化节作为事件营销的方式。但从总体情况来看，该种方式较多适用于产业规模较小、影响范围较低、服务层级较弱的"周边游"类型项目。特别是在近年，初级旅游产品涌喷式地进入市场，也使得前述模式显得极为普遍，导致其吸引力进一步降低，且弱化了区域性的地方特色。

如果将采摘、丰收、赏花等视作乡村旅游的同业资源整合，那么以建筑为首的设计类行业于乡村旅游而言则可作为异业资源整合的重中之重。纵观成功的乡村旅游目的地案例，如浙江的湖州德清莫干山与丽水松阳四都乡等，可发现其中的多数地方之所以能够成为热门景点，除自身的规模、知名度、资源环境外，其完善的基础配套服务设施以及信息传播推广均起到了至关重要的作用。同时，在上述诸种设施的建设方面也均具有较为显著的地域特色，以彰显其文化特性。由此可以看出，设计类行业对于景区的成熟发展扮演着不可忽视的角色，而极为著名的"毕尔巴鄂效应"

则从另一个高度证实了现代设计与特色建筑于区域振兴中所扮演角色的重要性。

(2) 针对建设问题的事件营销

随着社会的进步与发展，虽然人们对于设计的认识与重视逐渐提升，但仍需从专业层面以柔和且具普适性的方式进行引导，因此有必要将高校中的专业课程教育通过适当的方式展现给社会大众，并且同时从专业的角度解决设计需求者的诉求。

然而，当前的欠发达地区乡村建设多数面临着以下几种普遍性问题：①资金紧。国家虽然投入大量专项投资，但每个村镇在完成道路铺设、绿化栽植、污染整治后能用于具体设施建设的经费捉襟见肘，故无充足的实力委托或雇佣专业建筑师实施大型设计。若在成本过低强行介入的情况下，则会出现差强人意的结果。②任务多。由于乡镇级的行政架构体系有别于县市级，因此在面对诸多门类的建设项目时难以应对多方上级的要求以及来自基层的诉求，且对于建设细节要求的意识较弱。③特色少。出于前两项基础性问题，导致在乡村建设中容易出现照搬模式、模仿风格、简化形式等均质化做法，从而使其地域性日渐消失，客观上也误导了基层群众对于审美的认知。因此，设计者需要在避免设计产业市场化带来的大院程式化粗放模式，亦或精英建筑师实验性尝试的同时，从更多维度思考，以战略性的思维构架介入乡村的方式，做到有效控制成本、提供多种思路、深入了解当地。

相对于传统的设计院与个人设计师模式，高校中的设计力量具有得天独厚的优势。第一，在校师生基于课程教学有着较高的专业素养，并且出于对实践项目的珍惜亦能够在设计的前中后期做到深入调查、细致构思、完善成果；第二，高校有着丰富的学科门类，多领域的交叉在提供多视角的同时也可确保其构思的缜密性；第三，高校素与各行业学会、协会关联紧密，且因较高的社会公信度易与地方政府、机构团体达成产学研的共识；第四，多高校联合的团体性活动向来是媒体新闻的热点，且易与多重事件嫁接；第五，高校师生以非营利者身份利于获取民众真实诉求，且兼顾文化知识的普宣作用。

综合而言，结合基础教学的高校实践活动，通过系统的梳理整合以具有规模的设计竞赛形式介入乡村，无论就个体事件而言还是从系列推广来看，均可在一定程度上解决前述乡村建设所面临的问题，并且也能够起到以设计作为载体，强化区域特色，育成新亮点，促进可持续发展的作用。同时这种广域的民众参与形式，也契合了2019年3月由住房和城乡建设部下发的"城乡人居环共同缔造"的精神纲要。

三、乡建中的设计竞赛

随着专创融合教育理念与新工科建设的推广深入，高校师生日益重视综合技能的训练与培养，并以多途径、多形式将真实项目引入课堂，有效连接科研、教学、实践，保障学生创新能力的培养。而设计竞赛作为建筑类专业强化技能、提升竞争力的公众参与性建设活动，因兼具广泛性、热点性、实战性、创新性而被业内与业外共同关注。特别是在乡村振兴的大背景下，能够良好应对经济成本、社会舆论、价值导向，且具多方共赢特点的乡建竞赛成了乡村建设中事件营销的亮点。通过对近5年具有代表性的33件建筑设计专业在乡村建设中举办竞赛的统计梳理（表1），可发现开展地区以经济发达的东部沿海最盛，其次是自然资源丰富的西部地区，而中部地区相对较少。同时也可看出这些设计竞赛具有以下特点：（图1）

1. 研究性

随着社会的发展以及资本的流动，不同性质的开发者对于乡村建设的目标与目的各有不同，但多数具有明确的建设指向性。如表1信息统计，其中70%以上确定有具体地点，85%以上指定有如乡村公厕、山水民宿、公共建筑等具体设施类型。面对复杂的环境及散点式建设，均需进行深入的场地研究，进而以针灸式设计解决所选地区急需。

2. 多元性

从组织规模来看，可分为国际、全国、区域三个层级，能够满足不同出资方的承受能力。从竞赛类型来看，45%以上设计内容涵盖建筑学周边专业，如景观、环艺等，从侧面显示出建筑学在设计门类中的主导作用。从招募对象来看，64%左右也将职业设计师纳入其中，从而起到实践互补的作用。同时，也有部分竞赛针对主办方要求采用指定材料，以促进新型或优质材料供应方的宣传推广。

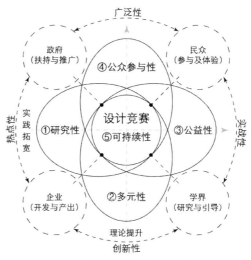

图1 建筑设计竞赛于乡建中的特征关系

近5年主要乡村建筑设计竞赛信息表　　　　表1

时间	名称	主题	主协承办单位	规模	类型	对象	地点	踏勘
2020	紫金奖·建筑及环境设计大赛	健康家园	中共江苏省委宣传部、江苏省住房和城乡建设厅、联合中国建筑学会、中国勘察设计协会、中国风景园林学会	全国	建筑/室内/景观/环境	设计师学生公众	不限	无
2020	新型农房设计作品大赛	爱我家乡美丽乡村	绿色装配式农房产业技术创新战略联盟、北京工业大学建筑与城市规划学院、住房和城乡建设部科技与产业化发展中心	全国	建筑	学生	不限	无
2020	中国梦·农文旅创意设计大赛	设计下乡文化兴村助乡共建宜居宜业美好生活	中国建筑装饰协会民营企业分会、中华全国工商业联合会家具装饰业商会、中国贸促会建筑分会、增城乡村振兴产业基金、唐山市遵化市人民政府、广州市增城区政府宣传部、华北理工大学、设计群网	全国	建筑	设计师学生	河北惠营房村/广东狮头岭社区	有
2020	新江南田园乡居(松江新浜)设计竞赛	新江南田园乡居	上海市建筑学会、松江区新浜人民政府、上海市建筑学会乡村建设专委会	全国	建筑	学生	上海松江区	有
2020	"客家杯"乡村设计大赛	探索发扬客家地域文化	江西省土木建筑学会、九三学社赣州市委会、定南县人民政府	全国	建筑	设计师学生	江西忠诚村	有
2020	长三角青年乡村振兴设计大赛	我为乡村种风景	国际设计科学学会、中国优质农产品开发服务协会、上海艺术专业学位研究生教育指导委员会、上海市供销合作总社、以及共青团上海市委员会、上海市农业农村委、东华大学、金山区乡村振兴工作领导小组	长三角地区	环艺/规划/建筑	设计师学生	上海金山区	无
2020	"钱江源·大花园"乡村与民居设计大赛	设计遇见乡村·创意美好生活	开化县人民政府、清华大学建筑学院、衢州市自然资源和规划局、开化县自然资源和规划局、北京清华同衡规划设计研究院有限公司	全国	建筑	设计师学生	浙江开化县	有
2019	UIA-CBC国际高校建造大赛	梨园小屋	国际建筑师协会、泗阳县人民政府、CBC建筑中心、天津大学建筑学院、CBC建筑学院、教育部高等学校建筑类专业教学指导委员会、中国矿业大学建筑与设计学院、《城市·环境·设计》(UED)杂志社	国际	建筑/环艺	学生	江苏爱园镇	有
2019	眉山·丹棱·幸福古村公共艺术装置与泛博物馆建筑设计国际竞赛	幸福，与原乡共生长	丹棱县幸福古村发展有限公司、四川一方文化旅游有限公司、云南艾思玛特旅游产业开发运营有限公司	国际	建筑/环艺	设计师学生	四川幸福古村	有
2019	AIM安宁金方乡村空间设计竞赛	点市成金，慧聚一方	金方街道办事处、云南乡理农旅发展有限公司、AIM国际设计竞赛、SMART度假产业智慧平台、思邑村委会、千户庄村委会、通仙村委会	全国	相关专业	设计师学生	云南甸苴村	有
2019	天作奖·国际大学生建筑设计竞赛	一家人的城乡	中国建筑工业出版社《建筑师》杂志社、广州市天作建筑规划设计有限公司、教育部高等学校建筑学专业教学指导委员会、香港中文大学建筑学院	国际	建筑	设计师学生	不限	无
2019	"珠海·大约杯"全国高校乡村住宅建筑设计大赛	乡村住宅设计	珠海市委农村工作办公室、珠海市住房和城乡规划建设局、珠海市斗门区人民政府、珠海(国家)高新技术产业开发区管理委员会、珠海万山海洋开发试验区管理委员会	全国	相关专业	学生	广东3区6村	有
2019	台达杯·国际太阳能建筑设计竞赛	阳光·文化之旅	国际太阳能学会、中国可再生能源学会、全国高等学校建筑学专业指导委员会、国家住宅与居住环境工程技术研究中心、中国可再生能源学会太阳能建筑专业委员会	国际	相关专业	学生	河北兴隆县/浙江桐庐县	有
2019	广东省"美丽乡村杯"创意设计大赛	美丽乡村	广东省人力资源和社会保障厅、广东省轻工业联合会	广东	相关专业	设计师学生	不限	无
2019	全国高校竹设计建造大赛	竹建构的无限创造	安吉县人民政府、国际竹藤组织、安吉县竹产业发展局、浙江竹境文旅发展股份公司、安吉县竹材应用相关行业协会	全国	建筑	学生	浙江安吉县	有
2018	紫金奖·建筑及环境设计大赛	宜居乡村·我们的家园	中共江苏省委宣传部、江苏省住房和城乡建设厅联合中国建筑学会、中国城市规划学会、中国风景园林学会共同举办	全国	建筑/室内/景观/环境	设计师学生公众	不限	无
2018	天元杯·中国(国际)乡村民宿设计大赛	民宿源于生活，设计创造未来	中国旅游协会休闲农业和乡村旅游分会、中国旅游协会民宿客栈与精品酒店分会、临沂市人民政府、临沂市旅游发展委员会、天元建设集团有限公司	全国	建筑/等	设计师学生	山东临沂市	无
2018	中国公益乡村设计大赛	乡村设计	中国扶贫基金会、娄苗公益、ikuku|在库言库	全国	相关专业	设计师学生	4省6市县8村	有
2018	ASA国际设计竞赛	乡土风格	The Association of Siamese Architects under Royal Patronage	国际	建筑/规划/室内	设计师学生	不限	无
2018	茹家湾乡建大赛	乡村老旧房屋改扩建	中国民族建筑研究会设计专业委员会、武汉大学城市设计学院、老河口市委宣传部、老河口市仙人渡镇人民政府、老河口市旅游局、腾讯大楚网	湖北	建筑/景观/环艺	学生	湖北茹家湾村	有
2018	国际高校建造大赛	趣村夏木塘	万安县人民政府、CBC建筑中心、《城市·环境·设计》(UED)杂志社	全国	建筑	学生	江西夏木塘村	有
2018	重庆永川乡村公厕国际设计竞赛	厕所革命	Young Bird Plan、东鹏集团、重庆市永川区人民政府、广东省绿盟公益基金会	国际	建筑	设计师学生	重庆1区2镇	有
2018	遂昌乡村新公厕国际设计竞赛	厕所革命	遂昌县人民政府、Young Bird Plan、乐领生活(LELIVING)	国际	建筑	设计师学生	浙江遂昌县	无
2017	谷雨杯·全国大学生可持续建筑设计竞赛	乡村客厅	全国高等学校建筑学学科专业指导委员会、南京大学建筑与城市规划学院、北京谷雨时代教育科技有限公司	全国	建筑	学生	不限	无
2017	"哈尔滨·通河"国际美丽乡村与民宿设计竞赛	民宿重拾乡土，情怀融于自然	黑龙江省住房和城乡建设厅、黑龙江省旅游发展委员会、黑龙江省美丽乡村建设领导小组办公室、中共通河县委、通河县人民政府	国家	规划/建筑/环艺	设计师学生	黑龙江通河县	有
2017	"中天杯"中国梦·美丽乡村公益设计大赛	乡村生活发生器	北京欧米尼图文技术有限公司、中国建筑设计咨询有限公司、绿色建筑设计研究院、河北工业大学	全国	建筑	设计师学生	不限	有
2017	衢州美丽乡村民宿设计大赛	南孔圣地休闲衢州	衢州市旅游委员会、浙江传媒	全国	相关专业	设计师学生	江苏9乡、村	有
2017	国际高校建造大赛	结合自然的设计	德阳市人民政府、天津大学建筑学院、CBC建筑中心、德阳锦绣天府国际健康谷产业园区管理委员会、德阳锦绣天府国际健康谷投资发展有限公司、西南交通大学建筑与设计学院、《城市·环境·设计》(UED)杂志社	国际	建筑	学生	四川龙洞村	有
2017	全国高校竹设计建造大赛	知竹·乐居——为美丽乡村而设计	安吉县人民政府、国际竹藤组织	全国	建筑	学生	浙江安吉县	有
2016	UA创作奖概念设计国际竞赛	UA城的乡村建筑	《城市建筑》杂志社、哈尔滨工业大学建筑设计研究院	国际	建筑	设计师学生	不限	无
2016	湖北省"美丽乡愁"乡村建筑设计创新大赛	美丽乡愁	湖北省土木协会、湖北省建筑设计院、中南建筑设计院股份有限公司、武汉联投置业有限公司、湖北联投传媒广告有限公司	湖北	建筑	设计师学生	不限	无
2016	AIM乡村创客落竹建筑设计竞赛	归城心乡，竹语山水	AIM国际设计竞赛组委会、SMART度假地产智慧平台、福隆公益、海峡SMART海月会	国际	建筑	设计师学生	福建长泰县	有
2016	国际高校建造大赛	结合自然的设计	贵州省黔西南州义龙试验区管委会、贵州省楼纳建筑师公社文化发展有限公司、CBC建筑中心、《城市·环境·设计》(UED)杂志社、竹境竹业科技有限公司	国际	建筑	学生	贵州纳楼村	有

3. 公益性

相对于市场化的高昂设计服务费而言，设计竞赛的奖项设置能够满足参赛师生对于荣誉及物质奖励的需求，并可激发其理论结合实践的创作热情，在不触及过于复杂的施工出图的情况下，绝大多数设计成果保有较高的专业水准。除大型企业特别赞助的竞赛之外，这一特点也从根本上缓解了绝大多数基层地方财力、人力、物力不足的问题。

4. 公众参与性

通过统计可知，不计单独的开闭幕活动，60% 以上的竞赛中设置有现场踏勘，即需要参与者深入实地进行调研，在此过程中认真听取对象地区民众或设计对象产权所有者的诉求。并且部分竞赛明确要求有与当地匠人或民众共同完成的事项，进而使得更多的力量融入活动中，客观上也扩大了事件的影响力与社会价值。

5. 可持续性

在被统计的竞赛中，95% 以上拥有各级政府、专业学会、知名高校的参与支持及背书，其中不乏大型公共媒体及专业媒体的协作，因此具有较高的社会公信度。同时由于成本相对较低、影响较为广泛、成果新颖丰富，故其具有可复制性与适应性强的特点。

四、武汉大学建筑学系乡建活动的探索

基于前述整体认知以及教学课程需要，武汉大学建筑学系尝试开展了一系列的乡建教学实践、工作营和竞赛活动，笔者亦主持和参与了从策划到实施的全过程。

2018 年初，以积累经验为目标，联合行业学会、相关设计单位，面向全国招募参与者，组织了"乡见尧山民宿改造工作营"，3 个月内收到来自 34 所高校共计 83 份（51 份有效）申请，最终选定 12 人，历时 10 天于河南省平顶山市鲁山县的现场完成方案设计，当年年底建成营业（图 2）。在获得初步成果的基础上，于 2018 年年底以老河口市仙人渡镇乡村振兴工作开展为契机，联合当地政府、行业学会、社会媒体联合主办了"老屋的新生——茹家湾乡建设计大赛"湖北省首届大学生乡村建筑设计竞赛（图 3），在单平台 25 天的招募期内收到 6 所高校 23 支队伍报名，最终以报名时间为序选定 12 支队伍共计 77 人参与踏勘、设计工作，并通过 5 位来自不同单位的专家评出 8 份获奖作品作为备建方案。2019 年初，为巩固效果，以一汽奥迪新车发布为契机，联合企业、媒体举办了"湖北乡村振兴战略高峰论坛"（图 4）。通过一系列活动的探索与积累，逐步理清了展开以高校为主导的广域民众参与型乡村建设活动，可有效地协调地方政府、企业、民众之间的

不同诉求，并达成一致；同时实现专业知识普适化教育的推进，即促使普通民众在一定程度上认识建筑设计的相关理论与价值。

基于前述实践，时值中国共产党建党 100 周年，2021 年武汉大学建筑学系联合湖南省泸溪县人民政府、中共泸溪县委宣传部、中石化帮扶泸溪县领导小组、中国扶贫基金会、腾讯网、原榀建筑事务所举办了"庆祝建党 100 周年·中石化

图 2　河南省平顶山市鲁山县素问吾乡民宿改造项目

图 3　老屋的新生——茹家湾乡建设计大赛调研现场

图 4　湖北乡村振兴战略高峰论坛会议现场

乡村振兴项目——2021乡见新寨坪·乡村建造大赛"。该活动以当地已建成的"百美村宿一栖迟谷"民宿为主要载体，结合"神秘湘西"文化背景，将进一步激发当地旅游产业、弥补景观配套设施不足，助力乡村振兴作为目标。通过设计的介入，结合少数民族地方特色，以"互动"（人与人的互动，城市与乡村的互动，现代与传统的互动，人工与自然的互动）为主题，招募全国高校相关专业师生团队在新寨坪村创作并建造了一批具有功能性、艺术性的乡村辅助设施装置。活动于2021年3月8日至6月14日共3个多月日程里，历经"报名申请""作品初选""入选深化""现场建造"4个主要环节，邀请了天津大学、华南理工大学、西安建筑科技大学、湖南大学、中央美术学院及武汉大学本校的建筑、规划、风景园林专业的六位专家担任评委，对来自全国30余所高校的作品（累计收到103份报名表，其中有效作品71份）进行论证，评选出12份作品入围，按照得分排序选择前六名进行现场建造。六支不同高校的团队于三天时间内，在既定的场所（图5），使用指定的材料，完成由建筑事务所配合深化的施工图方案搭建。多元化的艺术展现不仅提升了农村环境，更促进了当地民宿经济的延展，通过"场地＋情感＋材料"的综合展示，将趣味、乡土味、人情味融为一体，实现了建造者、观光者、

在地者共同参与"宿在民居、乐在田间、游在山水"的深度体验（图6）。经统计，该活动的相关信息在全国范围内浏览量达1500万人次以上，包括人民日报、新华网、人民政协网等主流媒体发稿50余篇进行直接报道。

建筑竞赛的内涵，即为以已出现的问题或历史的发展回顾为导向。竞赛的评价标准也由早期的设计手法、设计结果向设计概念等更为开放的多维评价体系转换。因此在前述活动中，虽然仍存有一定的纰漏与不足，但在参与方、参与者多数认可的前提下，可认为以乡建为平台、建筑设计为事件的教学实践活动，能够通过一系列的谋划搭建起合作架构，进而通过多方协商共赢的途径获得实施，而在该过程中则应以设计战略的视角统筹多领域、多行业的资源整合，从而在较大程度上实现自身专业的价值延展。

五、结语

如前所述，多数地区的乡村建设主要面临建设资金困难的问题，因此有必要导入设计战略的概念思考，利用高校设计竞赛之类的策略方法，在解决建设资金的同时求得优质的设计资源，以兼顾乡建效力与效果的问题。同时，丰富多样的乡建设计竞赛既能为众多青年设计师带来机遇，也能为乡村注入新活力。

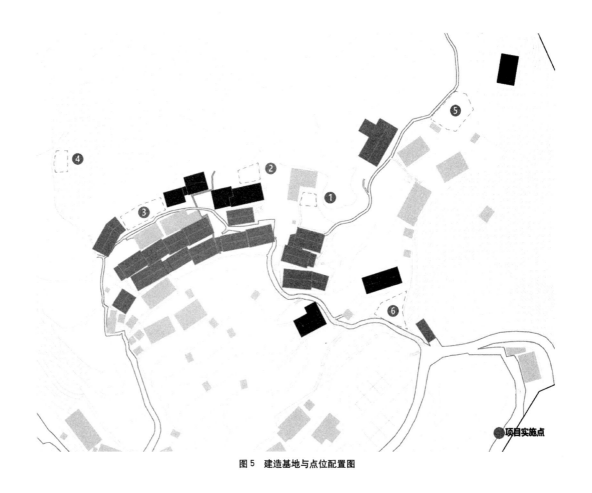

图5 建造基地与点位配置图

图 6　游客与第一名获奖作品

参考文献

[1] 黄华青，周凌. 21 世纪以来的中国"建筑设计下乡"基于主要建筑学期刊的文献综述 [J]. 世界建筑，2019，(12)：111-115+129.

[2] 任亚鹏，王江萍，镰田诚史. 日本当代住参社区的实践——以舞多闻项目为例 [J]. 华中建筑，2019，37（10）：22-26.

[3] 韩冬青. 建筑学本科人才培养中的通识教育浅识 [J]. 时代建筑，2020，（2）：6-9.

[4] 任亚鹏，崔仕锦，王江萍. 日本浅山区振兴策略调查研究：以越后妻有艺术节为例 [J]. 风景园林，2018，25（12）：41-46.

[5] 任亚鹏，王江萍，李欣. 海上丝路东海航线之濑户内海区域的景观振兴观察 [J]. 风景园林，2019，25（11）：38-44.

[6] 九州大学艺术工学府设计战略学概要 [EB/OL]. (2016-09-07)[2022-01-25] http://www.ds.design.kyushu-u.ac.jp/about/

[7] 王合壮. 全域旅游视域下旅游目的地城市营销方式解析 [J]. 管理观察，2019，17（6）：65-66.

[8] 许碧锋. 中国县域经济在线 [EB/OL]. (2013-09-23)[2020-07-30]. http://www.onlinece.com.cn/ShowArticle.asp？ArticleID=13271.

[9] 叶露，黄一如. 当代乡村营建中"设计下乡"行为的表征分析与场域解释 [J]. 新建筑，2019，201（5）：97-102.

[10] 吕静，公寒. 基于创新性能力培养的建筑学专业教学体系改革与实践研究——以吉林建筑大学为例 [J]. 高等建筑教育，2019，28（3）：55-62.

[11] 裴知，明焱. 也谈建筑设计竞赛——"前瞻性"思想的终极表现 [J]. 中国建筑教育，2014，（2）：104-105.

[12] 张昕楠，胡一可. 也说建筑设计竞赛的种种 [J]. 中国建筑教育，2014，（2）：100-102.

图表来源

图 1、图 5：作者自绘
图 2：作者自摄
图 3、图 4：腾讯网拍摄
图 6：当地民宿运营单位拍摄
表 1：作者自制

作者：任亚鹏，博士，武汉大学城市设计学院，实验中心副主任，湖北省人居环境工程技术研究中心副教授，硕士生导师；张点（通讯作者），硕士，武汉大学城市设计学院，讲师；李欣，博士，广西大学土木建筑工程学院，建筑规划系主任，教授，硕士生导师；熊燕，博士，武汉大学城市设计学院，讲师

强化空间建构训练的园林植物景观设计课程教学研究

潘剑彬　朱丹莉　翟　莹　王　娜

Research on the Teaching of Landscape Planting Design Course to Strengthen the Cognition and Design Training of 4D Spatial Attributes

■ 摘要：风景园林专业培养体系中设计理念、目标及实现路径的生态化一直备受关注，而基于空间建构的植物景观规划设计系列课程是建设重点之一。面对前期培养方案实施中师生普遍反映的问题，在分析专业培养方案和课程体系的基础上，根据各学期的教学进度及安排，对原课程内容和课时优化重组后将空间元素—二维空间—三维空间—四维空间认知与训练过程循序渐进引入。该教学方法实施取得了较理想的效果，希望为培养优秀的风景园林专门人才提供思路与借鉴。

■ 关键词：风景园林教育；教学改革；专业建设；空间认知

Abstract：The ecology of design concept, goal and realization path in the training system of landscape architecture specialty has always attracted much attention, and the series of courses of plant landscape planning and design based on space construction is one of the key points of construction. Facing the problems generally reflected by teachers and students in the implementation of the early training program, based on the analysis of the professional training program and curriculum system, according to the teaching progress and arrangement of each semester, the original curriculum content and class hours are optimized and reorganized, and the spatial element - two-dimensional space - three-dimensional space - four-dimensional space cognition and training process is introduced step by step. The implementation of this teaching method has achieved ideal results, hoping to provide ideas and reference for cultivating excellent landscape architecture professionals.

Keywords：Education of Landscape Architecture, Teaching Reform, Speciality Construction, Spatial cognition

基金项目：中国建设教育协会教育教学科研课题（2021026）、2022年北京市教育科学规划课题（3063−0001）和2022年研究生教育教学质量提升项目（J2022009）

风景园林学是人居环境学科群的组成部分，风景园林专业课程体系基于农林学、建筑学或艺术学的背景构建，自2011年经历了从无到有以及持续的建设过程[1]。园林植物景观设计课程是兼具理论特征的技术类课程，是国内外风景园林专业的核心骨干课程之一[2][3]。作为该课程重要前置课程内容之一的"空间认知与训练"源于原建筑学、园林（或景观设计）专业设计初步教学中的构成学系列课程（平面构成、色彩构成和立体构成，简称"三大构成"）[4][5]。空间构成的基本原理与风景园林规划设计相衔接，一方面将构成学中不具备生命和性格特征的抽象的点、线、面和体，具体物化到植物个体及群落（物质形态），并根据生态学基本原理，为不同（尺度）场地、不同人、不同需求、不同性质和不同形态的空间进行布局，巧妙处理欢愉亲切的、开敞明亮的、封闭幽暗的、庄严肃穆的空间感受；另一方面植物个体及群落的空间要素与物候、季节相结合，传达风景园林场所特有的气质、意境与精神[6]。

风景园林设计理念、目标及实现路径的生态化是风景园林学科区别于人居环境学科群中其他学科的最显著特色[7][8]。基于该认识，该课程群的总体框架构建、内容设置及运行中，始终强调和强化在园林植物个体、群落及其与动物组成的生命景观表达的基础上进行园林植物认知与应用教学。

该课程群涵盖的理论及实习课程包括园林植物学（32学时）、园林植物实习（20/40学时）；生态学原理（24/32学时）、生态技术实习（20学时）；园林植物景观设计（24学时）和园林植物景观设计实习（20学时），该课程群进度与安排如图1所示。

一、风景园林植物及其群落的尺度认知与设计训练

1. 植物及其群落景观尺度认知

（1）教学目标

风景园林植物及其群落景观尺度的认知，是一个从植物个体的生态特征识别出发，到了解与其生活在一起的植物群体同环境所发生相互作用的学习过程[9]。因此，在教学时应将理论课程与户外实践环节紧密结合，充分利用北京市的植物景观资源，如综合公园、专类公园、风景游憩绿地等，重点教导学生了解园林植物的功能应用、生态关系以及景观效果，掌握植物识别方法。在积累一定数量植物种类的基础上，引导学生识别自然或人工植物群落的结构、成分和特点，了解群落内各植物的种间关系以及它们与环境间的动态变化过程，通过布置不同尺度植物群落景观设计训练，达到学生熟练应用园林植物进行景观设计的教学目标。

（2）教学计划与内容

笔者根据风景园林植物学的教学目标和特点，计划主要通过园林植物学（32学时）基础植物知识讲授和园林植物实习（20/40学时）设计实践，帮助学生识别与应用北京常见园林植物。

（3）教学方法

课程的教学方法采用"理论知识讲授＋户外识别实践"的模式，教师通过课堂进行理论讲解，学生通过课后作业归纳复习，为达到充分调动学生学习积极性、保证教学信息有效传达的教学效果，课程设置三类作业：植物形态图记、植物识别及应用报告和植物群落景观调研报告。

2. 植物及其群落景观尺度设计训练

（1）植物及其群落景观尺度设计训练目标

设计训练在于培养学生对不同类型植物的组合运用以及对景观空间主题的设计表达，帮助学生掌握不同尺度下植物及其群落景观设计的图纸表达深度和图示语言应用要点，同时锻炼学生的动手营建能力。

（2）植物及其群落景观尺度设计训练方法

植物及其群落景观尺度设计训练以图纸设计结合落地营建的方法进行，设计训练划分为小、中、大三个尺度，其中"小花园"（是一种在4m²左

图1　课程进度与安排

右的场地内进行植物种植和花园营造的景观形式）营造作为小尺度植物群落的设计训练课题（图2）；中等尺度植物及其群落设计训练为花境设计，它是大尺度植物群落景观规划的缩影[10]，要求学生在对植物材料更加熟悉的基础上，考虑植物体量、季相特征、生态习性等特点，以提升对植物特性的了解与熟练应用能力，深入理解植物群落间的相互作用；大尺度的植物群落设计以公园植被规划为目标，通过分析公园的自然条件、设计理念和空间体系，引导学生确定植被的空间类型、种植设计主题和种植类型，让学生体验从规划到设计、从理念到形式的训练过程。

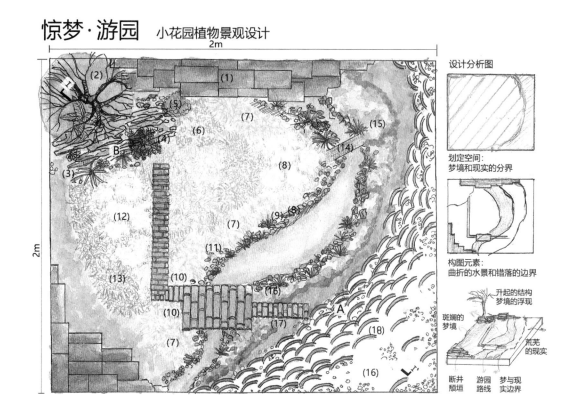

惊梦·游园　小花园植物景观设计

设计分析图

划定空间：梦境和现实的分界

构图元素：曲折的水景和错落的边界

升起的结构　梦境的浮现
斑斓的梦境
荒芜的现实
断井颓垣　游园路线　梦与现实边界

平面图　(1) 青砖 (2) 红梅枝 (3) 展叶鸟巢蕨 (4) 文竹 (5) 八宝景天 (6) 长寿花 (7) 少女石竹 (8) 美女樱 (9) 木茼蒿 (10) 蝴蝶兰 (11) 忍冬草 (12) 六月雪（紫） (13) 木槿 (14) 雅乐之舞 (15) 露薇花 (16) 竹板 (17) 白石 (18) 瓦片

　　《游园惊梦》是《牡丹亭》中最为精彩的一出，本设计选取惊梦之际朦胧与现实交际的意境，在场地中体现梦中场景的五彩斑斓与现实场景中的破碎空虚。梦境部分引鉴戏曲中折红梅相赠的情节，以一株主景红梅配合片石、小花来营造红紫色调的绮丽花镜，烘托出少女对于美好的向往。而现实部分则采用白石铺底，结合如潮水般起伏退却的瓦片，强调梦境破碎已无法挽回。

节点A效果图　　　　　节点B效果图

I-I'剖面图

现场营建照片

图2　学生小花园设计作业

二、风景园林植物及其群落景观的三维空间属性认知与设计训练

1. 植物及其群落景观的三维空间属性认知

（1）教学目标

在日常生活中，三维空间通常指由长、宽、高三个维度所构成的空间，而植物景观的三维空间则是以植物为主体，通过科学性、艺术性的布局，在地面、垂直面及天空间创造具有某种园林功能要求的空间[11]。通过教学引导学生认知、理解、运用植物这类自然要素，掌握植物建构特定三维空间的方法。

（2）教学计划与内容

根据多年的教学经验，笔者提出"理论学习＋案例解读＋户外实践"的教学模式，主要通过园林植物景观设计（24学时）和园林植物景观设计实习（24学时）课程教学，重点讲解植物空间的设计手法，建立学生对植物及其群落三维空间的认知与设计体系。

从课程内容上看，课堂教学为理论学习和案例解读，户外实践为园林空间考察。在课堂教学阶段，学生需理解组成植物三维空间的实体要素、形态要素（图3），学会从植物构成的空间类型角度（图4）研究国内外经典种植设计案例，研究内容包括解读植物种植设计理念，分析和列举不同空间类型植物的布局方式和植物种类等。户外实践主要通过现场图记的方式感知园林空间的构成，认识植物要素在满足园林空间构图要求、丰富园林空间光影变化和协调园林空间色调中发挥的关键性作用。

（3）教学方法

课程采用课堂教学结合户外实践的教学方法，课堂教学以教师引导为主、学生思考为辅；户外实践教学以学生观察与思考为主、教师引导为辅，在户外实践教学中设置植物空间现场图记的任务，帮助学生更深入地理解植物空间构成及其环境效益。

2. 植物及其群落景观的三维空间设计训练

（1）设计训练目标

植物及其群落三维空间课程设计训练的主要内容为"植物及其群落的空间建构及生境营造"实践。设计训练目标是探索植物及其生境关系，

训练教学依托于北京市公园开展，学生自主选取公园中1处具有典型性、代表性的场地进行调研，应用"海绵城市"设计理念，通过场地分析和设计目标建构空间，完成该公园调研场地的植物群落三维空间建构与生境设计。

（2）设计训练方法

针对植物及其群落建构空间设计训练，学生根据自选场地潜在的开发价值或场所特征，提出场地改造的设想和愿景。在明确场地设计目标的基础上，进行风景园林要素的设计训练，通过平面布局草图结合研究模型（如手工模型）的方式推进个人设计构思深化和方案发展。

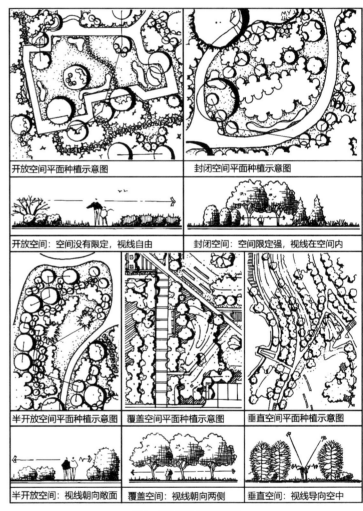

图4　植物空间类型示意图

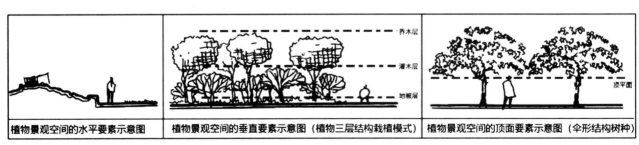

图3　植物三维空间的形态要素示意图

三、风景园林植物及其群落景观的四维空间属性认知与设计训练

1. 植物及其群落景观的四维空间属性认知

（1）教学目标

植物在涉及第四维范畴时，包含时期、季节和年限等影响植物景观配置的基本因素[12]。植物四维空间属性认知的教学目标要求学生在景观空间设计中认知不同时期、季节、年限的植物个体及群落所表现的多种形态，例如在不同时间段或气候特征下，同一株或同一群落的植物会有较大差异的表现（图5），故有"春花、夏荫、秋色、冬枝"的四季景象变化，即使在同一天的不同时间段里，同一植物的光影变化也会表现出景观的异质性。

（2）教学计划与内容

植物及其群落景观四维空间属性认知的教学计划主要通过生态学原理（24/32学时）课程讲授完成，教学内容包括景观生态学的基本研究对象、内容和方法。课程首先阐释景观生态学为一个强调格局、过程、尺度和等级相互之间关系的新生态学模式[13]；进而通过分析国内外经典案例，重点教导学生总结植物及其群落在四维空间中的景观设计原则及方法，以景观要素分析、景观环境分析、景观演变分析和时空要素分析为基础，分别介绍植物与景观中的建筑空间、园路空间、水体空间、建筑小品等不同要素在四维空间中所形成的丰富空间类型，并总结为模式图进行表达；最后，引导学生理解四维空间中植物与生境的关系，预测植物及其群落景观的动态演替过程。

（3）教学方法

课程设计核心思路是以实践调查分析为主，训练学生综合应用能力，把学生对植物景观的四维空间属性认知和设计实践的结合作为课程组织优化的切入点，采用"理论案例讲授＋户外自然研学＋景观设计实践"三合一的教学组织形式，注重对理论知识体系的建构以及相关知识在设计实践中的再现。

2. 植物及其群落景观的四维空间设计训练

（1）训练目标

植物及其群落景观的四维空间设计训练主要通过生态技术实习（20学时）进行专业知识学习（观察记录植物、动物栖息与人的活动与空间场地）和专业技能训练（花园笔记、生境实验观测、空间与场所活动的观察与分析等），引导学生通过依附第四维时间轴，进行植物及其群落景观规划设计，以此组成季相变化丰富的植物景观空间，给人们提供多样的自然环境形态。

（2）训练方法

课程的训练包含户外自然研学和景观设计实践两部分。户外自然研学训练要求学生选择1处北京市的花园进行调研，通过制作三维模型再现地形，模拟降雨和风的过程，理解场地植物与生态环境之间的关系。景观设计实践过程是在前期深入观察、记录和归纳调研成果的基础上进行，根据园林植物的种植形式与功能、植物配置的模式、植物营造空间的特点，针对该场地进行相应的植物优化设计。同时引导学生重点关注伴随时间推移，植物及其群落景观形成的小气候条件及植物对小气候条件（包括风、湿、热三方面）形成的作用。

通过"四维空间属性认知与设计训练"的园林植物景观设计课程教学组织，将景观认知与设计训练两部分有机结合，使学生能够更好地掌握风景园林植物景观设计的重点、难点；着重培养学生独立思考和分析问题的能力，特别是理解四维空间属性下的植物景观规划设计的重要性。从课程的教学结构上看，增强了课程内容的综合性，强调了教学的实践性。同时，丰富的设计实践训练，让学生能够亲身参与从理论认知到规划设计、图纸绘制的完整过程，加强了学生图解思考、从概念形成到规划设计的能力。

夏季：落叶植物的浓密树叶形成封闭空间，视线内向

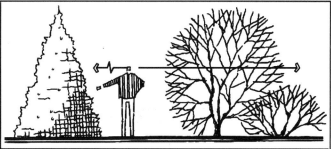

冬季：落叶植物的枝条形成开敞空间，视线透出空间

图5　落叶植物在夏、冬季的空间围合示意图

参考文献

[1] 周春光，李雄. 风景园林专业学位教育的回顾与前瞻 [J]. 中国园林，2017（1）：17-20.

[2] 孟亚凡. 美国景观设计学的学科教育 [J]. 中国园林，2003（7）：53-56.

[3] 丁奇，杨珊珊，孙明. 以空间设计为核心，以生态、社会、美学三元价值观为导向——北京建筑工程学院风景园林本科教学体系探索 [J]. 建筑知识，2013（4）：135.

[4] 袁琨，刘毅娟. 风景园林专业基础课程学习阶段"综合 studio"实践课程教学的改革 [J]. 中国林业教育，2015.33（6）：58-61.

[5] 于东飞，王琼，乔木，乔征. 建筑类院校环境景观设计基础课教学优化研究 [J]. 西安建筑科技大学学报（社会科学版），2012，31（6）：92-96.

[6] 张海清，章俊华. 论风景园林的空间构成教学 [J]. 中国园林，2011（6）：36-40.

[7] 曾颖，郑晓笛. 生态为基础的教学模式研究——以美国宾夕法尼亚大学风景园林专业教育为例 [J]. 建筑学报，2017.6：105-110.

[8] 刘滨谊. 学科质性分析与发展体系建构——新时期风景园林学科建设与教育发展思考 [J]. 中国园林，2017（1）：7-12.

[9] 林广思. 建筑院系风景园林专业园林植物教学研究 [J]. 高等建筑教育，2013，22（3）：102-105.

[10] 冯璐，林轶南，汪军. 基于多尺度营造实践的植物类课程教学改革研究 [J]. 风景园林，2020，27（S2）：51.

[11] 张乐. 北京植物园园林植物景观空间结构和语言 [D]. 北京林业大学，2010.

[12] 张龙，王东焱. 谈第四维在景观设计中的表现 [J]. 山西建筑，2014，40（13）：234-235.

[13] 邬建国. 景观生态学：格局、过程、尺度与等级 [M]. 北京：高等教育出版社，2007.

图片来源

图 1 为作者自绘，图 2- 图 5 均为学生作业

作者：潘剑彬，北京建筑大学建筑学院副教授，硕士研究生导师，博士；朱丹莉，北京建筑大学建筑学院在读硕士研究生；翟莹，北京建筑大学建筑学院在读硕士研究生；王娜，北京建筑大学建筑学院在读硕士研究生

拓展·延伸·建构：面向学科融合的城市阅读课程设计与教学模式探索

钱　芳　刘代云　于　辉　牛友山

Expand, Extend and Construct: Curriculum Design and Teaching Mode of City Reading for Subject Integration

■ **摘要**：建筑规划专业是一个以应用为导向，涉及自然科学、社会科学、人文学科、艺术学科等多学科交叉的专业。面对城市问题的日趋综合化和复杂化、城市高质量发展目标的提出以及行业工作模式的转变，国家和社会发展对培育具有基础宽厚、敢于跨界创新的建筑规划专业人才需求迫在眉睫。针对建筑大类人才培养中存在的学科交叉融合的意识薄弱、理论授课与实践教学脱节、基础教学的认识深度问题、知识灌输对建构思维的限制4个重点问题，以城市阅读课程为例，提出"拓展·延伸·建构"的课程设计理念，从过程创新、内容创新、方法创新三个层面探讨教学模式，包括"概念导入—城市感知—城市分析—城市评价"层进式教学过程、"跨学科视角＋案例解读＋专题研讨"单元式教学内容、"外联全景创设＋内促跨专业协作"建构式教学方法，并以大连理工大学建筑与艺术学院城市阅读教学为例进行实践检验，以期为促进学科融合发展，培养适应新时期行业需求的专业人才提供有益途径。

■ **关键词**：城市阅读；学科融合；拓展；延伸；建构；课程设计；教学模式

Abstract：Architectural design and urban planning is an application-oriented profession involving the intersection of natural sciences, social sciences, humanities, art disciplines and other multidisciplinary disciplines. In the face of the increasingly integrated and complex urban problems, the proposed goal of high-quality urban development and the transformation of the industry's work model, the national and social development of the cultivation of architectural planning professionals with a broad base and the courage to innovate across borders is an urgent need. In view of the weak awareness of interdisciplinary integration, the disconnection between theoretical and practical teaching, the depth of understanding of basic teaching, and the limitation of constructive thinking by indoctrination, the course design concept of "expand-extend-construct" is proposed, taking the urban reading course as an example, and the process innovation, content

基金资助：2022年度大连理工大学教育教学改革基金项目"拓展·延伸·建构——学科交叉融合背景下《城市阅读》课程统整改革"

innovation, and method innovation are discussed. The teaching model is discussed from three levels : process innovation, content innovation, and method innovation, including "concept introduction - city perception - city analysis - city evaluation", "interdisciplinary perspective + case study + seminar". The teaching model includes "concept introduction - urban perception - urban analysis - urban evaluation" cascading teaching process, "interdisciplinary perspective + case study + seminar" modular teaching content, "outreach panorama creation + internal cross-disciplinary collaboration" constructive teaching method, and the teaching of urban reading in Dalian University of Technology College of Architecture and Art as an example for practical testing, with a view to promoting the development of disciplinary integration, cultivating broad-based and innovative architectural planning majors. It is expected to provide a useful way to promote the development of disciplinary integration and cultivate broad-based and innovative composite talents in architectural planning.

Keywords：City Reading，Subject Integration，Expand，Extend，Construct，Curriculum Design，Teaching Mode

引言

第四次工业革命的到来给世界高等教育和科学技术发展带来了颠覆性影响。人类社会发展所面临的问题日趋综合化和复杂化，需要多学科联合和跨学科融合共同解决。学科融合已成为必然趋势。如何打破院系壁垒、学科壁垒，实现学科融合，培养基础宽厚、敢于创新的复合型人才也成为高校人才培养关注的焦点，包括 STEAM 教学模式探索、核心素养教育概念的提出、新工科建设的推进等。在此趋势下，面对城市高质量发展目标的提出、国土空间规划改革的推进，以往围绕物质空间布局的单一城乡规划教育思路已不足以应对行业工作模式、规划思维、规划目标转变下的人才需求。许多学者也开始结合学校办学特点、行业发展需求、交叉平台搭建等探索促进多学科融合的城乡规划教学改革路径。由于建筑大类培养的特点，已有研究主要针对高年级专业课程建设，对低年级基础教学的关注很少。

《城市阅读》是大连理工大学建筑与艺术学院面向城乡规划专业、建筑学专业、雕塑专业、建筑环境设计专业、视觉传达专业本科二年级学生开设的必修／选修课，共 32 学时。阅读是一种认知心理过程，是获取知识与信息的重要手段。城市的社会文化内涵使城市具有可读性。《城市阅读》的教学目的即帮助学生建立基本的城市观，掌握城市空间分析的基本方法，提高学生的城市认知能力。城市的复杂性决定城市认知除要借助专业知识以外的跨学科知识。基于此，响应学科融合发展需要，针对城市认知教学的现存问题，结合学院多学科／专业的平台优势，提出"拓展·延伸·建构"的课程设计理念，构建了层进式教学过程、单元式教学内容、建构式教学方法，并在教学中进行实证检验，以期为促进学科融合发展，培养基础宽厚、敢于创新的城乡规划专业复合型人才提供有益途径。

一、发展概况

"城市阅读"是对城市认知方式的一种比喻，即通过信息解读理解城市形态背后的文化意义。在专业领域，这种表述经常出现。例如，伊里尔·沙里宁的"城市是一本打开的书，从中可以读出它的目标与抱负"；凯文·林奇的"一座宜人的城市如同一本好书是可以阅读的"。然而，城市毕竟不是一本书，不是由字母、音节、段落构成的文本，但这并不意味阅读城市没有方法。关于城市阅读的方法相关学者已作了一些探讨（表1）。近年来，随着数字技术的普及与应用，城市阅读的方法也在不断被丰富。从认知途径和认知客体的互动关系看，城市阅读方法大致可分为科学认知方式、科学以外的经验认知方式和综合认知方式三类（图1）。

城市阅读主要方法的相关研究 表1

方法	核心内容	代表人物	适用范围
城市观察法	直接观察、间接观察	赤瀬川原平、威廉·H·怀特	可以亲自去体验的城市
城市符号学	对象—能指—所指	迪特哈·森普鲁格	有助于生成所需的意义或感知
认知地图法	节点、边缘、地标、路径、区域五要素	凯文·林奇	不同类型人群的城市感知
图底关系法	实体建筑涂黑，虚体城市空间留白	柯林·罗厄	城市的历史演变及肌理特征
标志与母体	母体是识别城市的重要基础	阿尔多·罗西	对城市构成的解读
层进阅读法	空间形态—生活效能—发展意向	刘堃	城市空间调查
艺术经验法	科学方法外的经验认知	成砚	从表现物感知作者的城市情感

"城市阅读"作为教学内容被引入课堂是近几年部分高校对城市认知教学的改革创新。2005年，哈尔滨工业大学（深圳）首次面向研究生一年级开设《城市阅读》课，培养学生发现和分析城市问题的能力。2011年同济大学建筑与城市规划学院首次面向建筑规划专业本科低年级开设《城市阅读》课，通过聚焦城市来探索建筑学基础理论知识的拓展。2015年大连理工大学建筑与艺术学院汲取先进经验，面向本科二年级学生开设《城市阅读》课，帮助学生建立基本的城市观，掌握空间分析基本方法，为规划实践打下基础。

无论是建筑学理论知识的拓展需要还是城乡规划学理论基础的建构需要，城市认知都是建筑规划专业基础教育的一项重要内容。与传统城市认知教学相比，《城市阅读》是一门更具广度和深度的认知方法类课程。教学内容可以从物质空间认知延伸至城市问题探讨，既可以提高学生的城市研究能力，也能为规划实践打下基础（图2）。然而，作为一门年轻课程，无论是教学内容的完善、教学形式的推广，还是与既有课程体系的协调，都有许多值得研究和探索的地方。

二、现存问题

1. 学科交叉融合的意识薄弱

建筑规划专业具有自身概念框架和方法体系，又具有极强的社会实践导向，从而汇聚了自然科学、社会科学、人文学科、艺术学科等多学科的知识内容，表现为具有以应用为导向的交叉学科和跨学科的特征。然而，在长期学科本位的教育理念下，"大学—学院—系部"的组织结构中，学院通常专注于学科内部建设，系部之间甚至都存在割裂。学生在被刻意分类的环境中学习，学习方式也会趋向分裂化、片面化，学习内容也自然会忽视跨学科的相关知识。

2. 理论授课与实践教学脱节

按照评估要求，大部分院校都开设城市经济学、城市社会学等具有跨学科特点的理论课程，作为实践教学的理论支撑。在"实践至上"的学习氛围中，由于学生对建筑规划专业交叉学科特点缺乏足够的认知，容易轻视与规划实践无直接关系的理论课。而且这些课程的授课教师多为跨专业老师，不了解所授理论与实践之间的关系。枯燥的理论讲授无法激发学生的学习兴趣，也难以培养学生主动关注和思考城市问题的意识。

3. 基础教学的认识深度问题

城市认知课程一般作为基础理论课面向低年级开设。由于建筑大类培养的教学体系要求和建筑学专业教师为主的师资配备特点，实际教学中更侧重城市物质空间及其要素的形态解读。然而，城市认知涉及的内容很多，还包括城市文化价值的历史解读、城市发展动力的政治经济学解读、城市空间结构变化的社会学解读等。虽然这些内容在城市经济学、城市社会学等课程中会有所涉及，但其更侧重讲授理论知识。城市认知作为一种关于方法论的系统性教学，有必要提供更全面的认知视角，引导学生更深入地理解城市。

4. 知识灌输对建构思维的限制

如何认识城市，将城市外在的物质空间与内在的社会发展联系起来，理解城市空间生成的过程及问题是城市认知教学的难点。在传统的教学模式中，这一过程多采用抄绘图纸、临摹范例的方式，学生的学习也以接受相关知识为主。这种类似"黑箱"的教学方式会削弱学生主动探究的兴趣，限制建构思维的发展。一些院校结合小学期开展城市认知实习实训，采取组织学生自行参观城市中建成的优秀规划案例的教学方式。由于从书本获取的知识无法与实际城市情景之间建立丰富的联系，学生走马观花，往往导致认知实习变成城市旅游。

三、设计理念

针对传统城市认知教学存在的学科交叉融合的意识薄弱、理论授课与实践教学脱节、基础教学的认识深度问题、知识灌输对建构思维的限制4个重点问题，从教学观、课程观、学习观三个方面，提出"拓展·延伸·建构"的课程设计理念。

1. 拓展——树立多维统整的教学观

根据理解复杂城市需要跨学科知识的认知特点，依托学院多学科／专业的平台优势，以"拓展"为理念，学科统整为设计框架，组织教学内

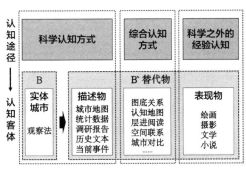

图1 城市阅读基本方法分类

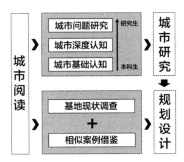

图2 城市阅读教学的应用价值

容，既兼顾社会、经济、历史等不同学科知识体系和分析方法支撑的横向广度需要，也注重引导学生关注城市问题的纵向深度要求，并通过城市案例解读进行系统性联系，为学生提供"学科融合"而非"学科本位"的学习氛围。

2．延伸——构建过程导向的课程观

结构主义观点认为，认识过程分感知、认知、评价三个阶段。遵循认知能力培养需要循序渐进的过程特点，结合专业基础理论课的课程定位要求，以"延伸"为理念，方法应用为目标框架（图2），将课程放置在整个培养体系中进行设计，构建"内化外联"的开放系统（图3），为学生提供"过程完整"而非"学科完整"的学习过程。

3．建构——培养建构主义的学习观

建构式思维是学生可以主动融合不同学科知识进行知识创新的思维方式。利用不同专业选课生形成的学习共同体和课堂—校园—城市的多样场所选择，以"建构"为理念，以问题为导向，通过内容主题化、资源模块化、学习互动化等形式，为学生提供可以"主动建构"而非"知识灌输"的学习环境。

四、教学模式

1．"概念导入—城市感知—城市分析—城市评价"层进式教学过程

对于二年级学生而言，对城市的认识主要源自已有的生活经历，尚处于初步感知层面。结合授课对象的认知特点，遵循结构主义观点，针对理论授课与实践教学脱节的现实，将课程划分为概念导入（6学时）、城市感知（2学时）、城市分析（16学时）和城市评价（8学时）四个阶段，形成从"感知—认知—评价"的层进式教学过程。其中，前三个阶段为理论教学，第四阶段为实践教学。

概念导入阶段，建立链接，激发学习动机。主要通过课堂讲授的方式，对城市的定义、城市阅读的含义及意义、城市阅读的基本内容和基本方法进行讲解，使学生对城市有更科学且全面的认识，了解国内外对城市阅读方法研究的最新进

展，并明确城市阅读在规划设计实践中的作用，为以后的教学建立理论基础。

城市感知阶段，场景回顾，初步感知意义。以学生最熟悉的校园为阅读对象，通过场所回忆和情景对比的教学方式唤起学生对城市空间的关注。在课堂上，组织学生绘制校园认知地图，通过记忆中的校园与真实校园的对比，使学生意识到自己对校园空间的使用情况。然后，以《观影读城》为主题，采取课下作业、课上研讨的方式，让学生在校园中寻找一处与所看电影场景类似的校园空间，在场景对比中唤起学生对城市空间与生活场景的思考。

城市分析阶段，拓展提升，深入内化方法。主要采取案例教学的方式，从不同角度对不同类型的国内外城市进行解读，使学生了解经济、社会、政治、文化、自然等因素对城市发展及其空间结构及形态的影响以及城市规划的干预作用。并将规划设计方案作为一种理想城市类型，讲授城市阅读在指导规划设计实践中的作用，加深学生对规划设计需要多学科支撑的理解。

城市评价阶段，实地练习，深度理解本质。以所在城市为阅读对象，《透过现象看本质》为主题，开展实践教学。首先，授课教师结合科研成果向学生展示城市空间分析方法在城市研究中的应用案例。然后，让学生利用课堂上所学的阅读方法，选取城市某一区域进行调研，评价空间使用情况，并通过摄影、短视频、绘画等熟悉且感兴趣的方式表达对空间形态与使用状况之间关系的理解。对城市的观察与思考以及空间分析方法的运用有助于规划设计实践中基地分析能力的培养。

2．"跨学科视角＋案例解读＋专题研讨"单元式教学内容

针对传统城市认知教学中对城市问题认识深度不足的问题，考虑自然科学、社会科学、人文学科、艺术学等相关学科知识内容融入与强化需要，提出"跨学科视角＋案例解读＋专题研讨"单元式教学模式。根据资料信息的可得性，共选取了以文化中心城市、经济中心城市、政治中心

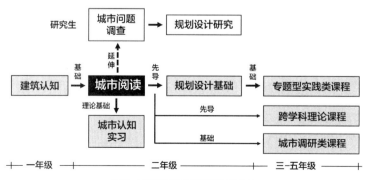

图3 城市阅读课与其他课程的关系

每个单元的教学内容   表2

类型	类型	视角	教学内容框架	案例	研讨主题
单元一	文化中心城市	建筑学视角	历史中的普遍性、今天的存在方式	巴黎	城市扩张与历史文化保护
单元二		文艺作品赏析视角	体味城市形态中的微言大义、解读经典中的城市元素描述、带着仪式感知宗教活动空间	耶路撒冷	种族隔离与城市包容
单元三	经济中心城市	经济学视角	城市经济学的三大理论工具、北美城市发展模式	纽约	城市移民与移民城市
单元四	政治中心城市	政治学视角	城市历史发展、统一后的政治性建筑语汇、曾经消失与新兴的城市空间、对历史的反省	柏林	城市为谁而建
单元五	生态城市	生态学视角	形态特征描述、发展演进分析、文化意义解读未来发展评判	香港	城市密度与生态保护
单元六				威尼斯	生态适应与城市安全
单元七	港口城市	地图学视角	从郑和下西洋说起、航海地图与城市选址、地图上的城市变迁	大连	振兴东北

城市、生态城市和港口城市五种城市类型和七座城市案例，形成七个教学单元，每个单元2-3学时（表2）。

跨学科视角，扩展阅读方法，打破学科本位。授课教师向学生介绍与类型城市相关学科在城市研究方面经常运用的理论和方法，并提出一套具有针对性的方法框架。

案例解读，立足城市形态，联系规划实践。以典型城市为案例，分别从规划、艺术、历史、经济、政治、生态、地图等视角分析对城市发展及其形态演变的影响，并引入规划设计的干预效果。

专题研讨，聚焦热点问题，激发学生思考。结合时下此领域热议的城市问题开展主题研讨。涉及的城市议题包括历史文化保护、种族隔离、文化融合、城市移民、生态保护、收缩城市等。

例如，阅读经济中心城市时，在简要讲述城市经济学中的三大理论工具和北美城市发展模式的基础上，以纽约为例，从城市概况、发展阶段、规划特点和重要地标四个方面分析了不同支柱产业下，纽约城市经济状况对城市形态的影响。最后针对与纽约类似的东京、深圳等经济发达城市中普遍存在的社会问题与学生进行讨论。解读文化城市中的宗教城市时，在简要讲述宗教城市的形成及其空间构成元素的基础上，提出体味城市形态中的微言大义、解读经典中的城市元素描述、带着仪式感知宗教活动空间三个阅读方法。然后，以耶路撒冷为例，结合《圣经》《古兰经》中对城市的描述，带领学生体味耶路撒冷地形地貌和标志建筑蕴含的宗教意义，并通过观看影片的方式使学生感受不同宗族空间所承载的仪式活动。最后，结合针对城市包容问题与学生进行探讨。

3."外联全景创设＋内促跨专业协作"建构式教学方法

利用学校管理、校企合作、国际交流、学院共选、网络共享多平台优势，为学生提供"外联全景创设＋内促跨专业协作"建构式教学方法。

一方面，以课堂教学为中心，借助多样平台进行情境创设，为学生提供全景式教学环境。通过邀请学校校园发展处的老师讲解校园发展历史、聘请规划院设计师介绍城市规划蓝图、借助学院国际交流教学中的城市参观、网络平台上共享的电影、照片、绘画等多个平台，形成汇集校园、城市、异国、虚拟时空的全景式学习情境，使学生在不同城市文化、信息传播媒介的感染中不断重构和加深对城市的理解。

另一方面，以问题为导向、任务为驱动、小组合作为形式，促进跨学科／专业协作。选课生包括了城乡规划、建筑学、雕塑、建筑环境设计、视觉传达等不同专业背景的学生。这些学生不仅因出生环境、成长经历不同对城市的体验和理解不同，而且不同的专业知识背景、思维方式和技能积累对城市的关注和表达也不完全相同。不同专业背景的学生在一起交流学习可以产生新的知识重构，促进思维创新。因此，教学中尽量提供可以合作交流的机会。通过课堂研讨的方式，以某一城市问题为主题，请不同专业背景的学生提出自己的见解和想法。通过合作作业的方式，要求学生以跨专业小组合作的方式完成，最终形成从宏观城市分析到微观小品解读的全面的城市认知作业。

五、实践效果

自2015年课程创设至今，经过六年不断的教学探索与改革，在课程建设、学院影响、教学效果和教研产出等方面取得了显著效果。

课程建设方面，已形成了完整的教学大纲和教学课件，并建立了网上案例库。而且与二年级的城市认知实习课整合，构建了互为支撑的课程体系。此外，2019年还面向研究生开设了城市问题调查课，作为城市阅读课程教学内容的延伸。同时与校园发展管理处和大连市规划设计研究院建立了合作关系，就教学建设和城市建设为学生作讲座3次。从2016年起，借助与日本广岛大学国际交流的机会，通过学分打通的方式，将交流中的城市参观模块整合到课堂教学中，扩展教学平台。

学院影响方面，从 2018 年起学院将该课程调整为面向全院的选修课，选课生由原来的 30 多人上升到 150 人左右。其中，建筑、规划、建筑环境设计专业全班学生都选修本课程，雕塑和视觉传达两个专业的选课生人数也达到班级人数的 60% 以上。从 2021 年起，还有计算机、环境工程等其他专业的学生选修了此课程。可见学生对城市阅读课的兴趣。

教学效果方面，形成了质量良好的学生作业，举办作业展 3 次，并通过学院网站进行成果推广。此外还借助认知地图和问卷调查方式进行教学效果评估。《观影读城》作业后，学生绘制的校园认知地图所提供的信息明显比之前更为丰富，说明课程教学对唤醒学生对生活空间关注是有效的。问卷调查显示，学生普遍认为教学内容新颖有趣且富有启发性，也都意识到跨学科知识对城市认知的重要。

教学研究方面，依托教学研究成果，获 2019 年度校级本科教学成果二等奖 1 项，在 2019 年中国高等学校城乡规划教育年会上发表教研论文 2 篇，均获优秀教研论文奖，并在大会上宣读。

六、结论

在学科融合背景下，城市阅读课程的开设为传统城市认知教学中的广度和深度问题提供了新的教学方式。然而，跨学科知识的融合需要授课教师具有更宽广的知识体系，也需要教师具有丰富的城市生活体验。是否可以通过不同研究背景的老师联合授课可能是更为合理的教学方式。此外，作为一门尚处在探索期的课程，如何完善教学内容、推广教学形式、融入新的数字技术，并与既有课程体系相协调等，还有许多地方值得研究与探索。

参考文献

[1] 蔡艳，唐新华，华学明. 工科专业学科交叉类课程设计与教学模式探索——以材料专业"智能热制造"系列课程为 [J]. 2021（S1）：12-15.
[2] 陈怡倩. 统整的力量：直击 STEAM 核心的课程设计 [M]. 长沙：湖南美术出版社，2017.
[3] 黄志军，郑国民. 国际视野下跨学科核心素养测评的经验及启示 [J]. 教育科学研究，2018（7）：42-47.
[4] "新工科"建设复旦共识 [J]. 高等工程教育研究. 2017（1）：10-11.
[5] 孙康宁，于化东，梁延德. 基于新工科的知识、能力、实践、创新一体化培养教学模式探讨 [J]. 中国大学教学，2019（3）：93-96.
[6] 汪芳，朱以才. 基于交叉学科的地理学类城市规划教学思考——以社会实践调查和规划设计课程为例 [J]. 城市规划，2010，34（7）：53-58.
[7] 蔡云楠，梁芳婷. 基于多学科交叉融合的城乡规划专业研究生教学探索 [J]. 华中建筑，2021（5）：101-104.
[8] 基于 BIM 的多学科交叉融合应用型人才培养模式探索 [J]. 廊坊师范学院学报（自然科学版）[J]. 2020，20（4）：100-104.
[9] 张钦楠. 阅读城市 [M]. 北京：三联书店，2004.
[10] 伊利尔·沙里宁. 城市：它的发展、衰败与未来 [M]. 顾启源译. 北京：中国建筑工业出版社，1986.
[11] [美] 凯文·林奇. 城市意象 [M]. 方益萍，何晓军译. 北京：华夏出版社，2001：2-3.
[12] 孙施文. 我国城乡规划学科未来发展方向研究 [J]. 城市规划，2021，45（2）：23-25.
[13] 伍江，刘刚. "城市阅读"：一门专业基础理论课程的创设与探索 [J]. 中国建筑教育，2017（9）：94-97.
[14] 腾夙宏. 研究性学习方法在空间认知与设计训练系列教学单元中的实践与应用 [J]. 高等建筑教育，2014，23（4）：116-121.

图表来源

表 1：钱芳，刘代云，张蕊. 文艺作品赏析在城市阅读教学环节中的运用探讨 [A]. 2019 全国高等学校城乡规划学科专业指导委员会年会论文集，2009：229-233.
表 2 及所有图片均为作者自制或自绘

作者：钱芳，大连理工大学建筑与艺术学院城乡规划系讲师，硕士生导师；刘代云，大连理工大学建筑与艺术学院城乡规划系副教授，硕士生导师；于辉，大连理工大学建筑与艺术学院教授，博士生导师/硕士生导师；牛友山，大连理工大学建筑与艺术学院城乡规划系课程助教，在读研究生

产教融合、校企协同育人模式的创新探索——以深圳大学建筑学新型校企联合工作坊为例

范雅婷　彭小松　周力大

Innovative Exploration on the Education Mode based on Industry-Education Integration and School-Enterprise Collaboration——Taking the New School-Enterprise Joint Architecture Workshop of Shenzhen University as an Example

■**摘要**：“新工科”背景下，各个院校都在积极探索产教融合、校企协同的育人模式和方法，这对传统建筑设计课堂是暗室逢灯的重要补充，但也遇到了校企合作机制薄弱、企业参与积极性不足等问题。充分利用深圳“双区建设”与“设计之都”的建筑规划设计行业先行优势，深圳大学建筑系近年逐步探索实践了新型校企联合工作坊的方式，从设计题目、任务书和教学过程设置等全方位革新合作机制，促成企业方等校外力量的结构性主导、系统性参与，通过真实项目题目、全周期导师指导、高压高强度实战等切实培养学生创新实践能力，并以此融入学院课程体系，触发长远多元的校企合作、协同育人机制。

■**关键词**：校企合作；协同育人；新型工作坊；建筑学创新实践培养

Abstract：Under the background of "New Engineering", most colleges and universities are actively exploring the education modes and methods of industry-education Integration and school-enterprise collaboration, which is an important supplement to the traditional architecture curriculum system. At the same time, they also encounter problems such as weak school and enterprise cooperation mechanism and insufficient enthusiasm of enterprises to participate. Taking full advantage of the leading advantages in the architectural planning and design industry of Shenzhen's "double zone construction" and "design capital", the Department of Architecture of Shenzhen University has gradually explored and practiced the way of new school-enterprise joint workshop in recent years, and innovated the cooperation mechanism in an all-round way, such as design topics, assignment and teaching process setting, so as to promote the structural leadership and systematic participation of enterprises and other external forces. Meanwhile real project

基金项目：深圳大学教学改革研究项目《基于协同育人教学改革的校企联合工作坊新型模式的实践与探索》（JG2020055）；广东省教育厅研究生示范课程建设项目《"当代建筑前沿"示范课程》（2021SFKC072） topics, full cycle tutor guidance, high-pressure and high-intensity actual combat, etc. effectively cultivate students' innovative and practical ability. Therefore, it would be integrated into the college curriculum system, and then trigger a long-term and diversified school enterprise cooperation and collaborative education mechanism.

Keywords: School-Enterprise Collaboration, Collaborative Education, New Joint Workshop, Architectural Innovation Practice Training

一、引言

2017 年教育部制定推进"新工科"建设的行动路线,明确提出"深化产教融合、校企合作、协同育人,推动传统工科专业改造升级"的方针,以培养适应新业态、新技术发展背景下的应用型人才。在这种新背景下,建筑学所具有的应用实践属性要求其在教学计划和人才培养方面积极主动应对时代发展中新产业与新趋势的变革。实用主义教育思想的代表人物、美国教育家杜威"从做中学"的教育理论认为,"教员和课本不能成为学生唯一的导师",建筑学的人才培养需要通过实践教学培养学生职业建筑师的身份认同,锻炼学生在实践项目中面对更加复杂严苛的场地条件、现实社会、市场经济条件时发现、应对并创造性解决问题的能力。校企联合的协同教学能针对性地提供实验模拟和试错机会,在相对真实的题目内容、周期流程、团队博弈中激发创新能力、培训职业素养、弥补传统课堂缺陷,培养新时代背景下的综合创新创业人才。

近年来各个院校兴起的联合设计模式是此类设计教学交流的重头戏,因为结合企业联合经验,设计课题选择不仅更为灵活且贴近现实条件,也融合了更多社会资源与意见反馈,能够通过更多社会论坛交流、公共设计竞赛单元、企业专家咨询等方式拓展更为多元的学习氛围和专业价值。目前学界较有影响力的案例,包括由国内多所知名建筑院校参与的"8+1+1 联合毕业设计"活动以及包括西部九校联合设计等区域性联合活动,也有涉及多方专业领域的联合设计方法,如同济大学、广州大学、吉林建筑大学等联合当地政府行政机构与大型设计企业,将地区发展诉求与高校联合设计协同起来,取得了较为丰硕的成果。

二、现行建筑学校企协同育人的桎梏与新型联合工作坊的目标

建筑学教育体系内部,不论低年级还是高年级,为了启发和引导学生进行更多的创造性和学术性思考,保护和激发学生对于建筑学的热情和探索欲望,传统的建筑设计课堂教学所拟定的任务书中通常给予充足的弹性空间,设定较理想的虚拟条件,在规避一些现实规范的制约时,主体设计教学内容与过程往往与职业建筑师的项目设计保持一定距离。同时,由于校内参与实践教学的教师因近年来科研考核制度而逐渐稀少,导致实践资源不足以支撑设计教学课程体系,传统设计教学在职业教育和实践方面的弱化趋势亟待改观。对此,校企合作、协同育人将是建筑学设计教学中暗室逢灯的重要补充。

产教融合、校企合作的重要理论基础之一是由亨瑞·埃茨科威兹和罗伊特·雷德斯多夫创立的著名的"三螺旋理论",它以"螺旋"比喻政府、企业与大学作为国家创新体系和经济发展的三大要素的关系,认为三者应彼此重叠、相互作用、紧密合作、互惠互利。近年来,在教育部对高校强调产教融合、校企合作的政策导向下,学校和企业的联系愈加紧密,合作内容也更为丰富,但仍因校企合作机制薄弱,导致当下校企合作往往以技术成果的应用和技术咨询服务等方式为主,而协同育人的教学环节因企业积极性不高、参与度有限等而空有其名。从根本上讲,一方面高校和企业性质不同,前者是培养人才和科技研发的学术教育机构,而后者是雇佣人才和应用实践的生产盈利机构;另一方面,目前的校企合作依然处于探索的起步阶段,缺乏长期有效的管理、运行和保障机制。其次,在有限的校企协同育人中,由于高校和企业目标、诉求完全不同,尚未显现有效机制和成效。以常见的"双导师制"为例,在培养过程中还是以高校为主要管理和教学主体,企业导师往往更关注高年级学生的实习与招聘,实际参与到学生的课程学习、毕业设计中的投入度和积极性有限,多以讲座、评图等松散化、碎片化的方式参与教学,并未形成系统性、体系化的教学机制和模式以带动企业的积极性和参与度。更进一步讲,在目前建筑学设计教学过程中,联合工作坊的形式是越来越常见的形式,但大体上存在"两多两少"的现象,即:通常国内外"校校"合作工作坊"多","校企"合作工作坊"少",而这部分校企合作的工作坊往往有一定的偶然性,且多以企业委托、高校承包的方式进行,从而导致高校主导"多",企业参与"少"的特征。

正是在这样的理论指导和问题导向下,为进一步推动高校和企业建筑设计教学过程中紧密协同,达成综合创新创业人才培养的核心目标,校企联合工作坊教学改革的创新模式呼之欲出,这就要求新型校企联合工作坊(以下简称"新工坊")设计教学做到以下几个方面的目标设定:

1. 新工坊的培养目标

以"新工科"背景下协同育人培养建筑学综合创新实践型人才为导向，针对现状建筑学教育，尤其高年级建筑教育存在与社会实践需求接轨不足的问题，拟定校企新工坊的培养目标：以选拔竞赛性质的实践选修课的形式，通过新工坊，给学生提供机会面对真实社会压力、真实项目题目，模拟高强度高水平的团队实战过程，培养学生综合应用课堂知识解决实际问题的实践能力。

2. 完善总体培养方案的目标

在此基础上，建立长效性、周期性的总体计划，以新工坊为基础，一方面，创建寒暑假小学期的创新实践课程，以选修课的方式使协同育人教学改革在周期性的课程中迭代更新，并切实丰富建筑学实践课程体系。另一方面，一般来说，建筑学本科培养方案中含有一定的创新学分与社会实践学分，[①]以及专业研究生学位特别设定有6学分左右的实践环节，善加利用则能有机会反哺校企联合背景下的联合设计模式，并极大地促进创新式教学改革与课程体系建设，从而培养新时代综合创新创业人才。

3. 触媒校企合作的目标

长远来看，本课题希望以校企新工坊的改革为契机，初步探索校企合作的多元、系统的协同育人机制，使其充分发挥在协同育人方面校企双方的职能优势，即按照政策要求和市场需求从事人才培养工作，提供系统的教育服务的大学职能，以及提供人才培养的服务支持和培养成果的转化渠道的企业职能。（图1）

三、校企合作、协同育人机制视角下的深圳大学建筑学创新培养体系新突破

深圳大学建筑与城市规划学院建筑系所执行的建筑学专业培养体系，利用校外企业平台建立多元专业教学与社会公益活动，目前与华阳国际、筑博、都市实践、华艺、欧博、天华等20多家知名设计单位保持联合培养、校外实践、产教一体等合作模式，并不断拓展与中海地产、万科等前沿企业的互动，聘请逾20名设计精英作为校外联合导师，吸纳优质课题与实践导师反哺一线设计教学。在联合设计层面，2020年深圳大学—都灵理工大学联合设计工作坊，由南沙原创建筑设计

工作室主持建筑师刘珩特聘教授主持，与深圳市宝安区政府合作，以"深圳 –ness 3.0：后新冠时代的城市场景"为题，借由3平方公里的城市用地，进行流动性基础设施与城市功能分区的重新梳理。2019年度建筑系联合万科集团万创设计部与设计公社，在深圳留仙洞万科云城组织进行的国际四校联合设计活动，吸引了包括同济大学、意大利威尼斯建筑大学、香港城市大学在内的多专业联合团队进行为期两周的设计教学，并最终以成果展览和专家讲座的形式参加了当年度的深圳／香港城市建筑双年展。建筑系与城市规划系也协同华侨城集团以东南大学、同济大学、奥地利维也纳技术大学等团队为班底，深入调研分析深圳西丽水库水源保护地的麻磡地区，通过城市综合整饬与更新理念，将水源三村的整体有限度开发模式纳入特区高密度城市发展框架中来，最终成果也结集出版。这些近年来雨后春笋般浮现的设计工作坊，都是在校企联合乃至政府职能部门通力合作的基础上完成的创新性联合设计典范。充分利用深圳"双区建设"与"设计之都"的建筑规划设计行业先行优势，探寻校企新工坊的创新模式，将会成为促进建筑规划领域产教融合、校企合作、协同育人的突破点。

校企新工坊首先应在组织架构上探索突出特性。相比于学校师生主导，新工坊更强调企业方的主导和全程参与。原则上新工坊的协同教学方法保证企业在新工坊教学过程中保持不少于高校的投入，共同探索协同育人方法，从而达到创新实践的培养目的。新工坊策划前期，校企双方磨合出齐心一致的目标，双方均分以恰当的责和利；新工坊中期，组织双方进行修正题目的研讨，以及方案指导、点评等重要环节；新工坊后期，企业和学校分别就学生的实习褒奖和后续发展进行跟踪，就新工坊进行成果评估和总结。全过程学院老师和企业老师几乎是势均力敌的主导者，这充分调动了企业在过程中的积极性，而不仅仅是"出资"和"验收"。更进一步，相比于学院老师和设计院总建筑师等导师参与情况下以方案设计为主导，新工坊更强调甲方设计总监以及运营总监等角色作为企业方主导和参与，以强化实践项目全周期的视角与思维。校企创新合作中，鼓励企业方面也引入位于一线实践的设计院与甲方

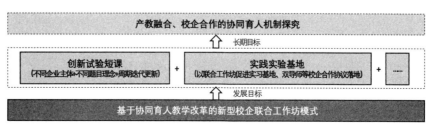

图1 产教融合、校企合作的协同育人目标

等多方合作，以"真题假做"的题目为依托，相比传统设计课，在方案设计为主要培养目标的同时，多方导师也必将强调设计管理、运营管理等真实项目中多角色、多角度的约束和潜力，更注重培养项目全周期的意识和思维的培养。（图2）

设计题目、任务书和教学过程设计是校企新工坊的重中之重。新工坊有着根据其合作企业的不同而灵活调整具体设计题目的特征和优势，但同时设计题目和任务书的拟定需要在培养目标和总体计划的框架下进行。因此，设定好设计任务书的原则和框架以指导在不同校企合作下的联合设计题目至关重要。新工坊的设计任务书拟定的具体原则包括：设计题目应满足实践能力培养目标而具有真实性、题目探讨的议题应契合时代需求和社会热点、题目内容和设计目标应具有一定的现实意义及可发展与可落地性、对设计成果的要求应满足"短平快"特征而具有可行性等。整个新工坊的设计周期及过程应契合现实项目团队在真实实践项目中的常态，强调"短平快"的设计周期内高强度的团队合作，如是，设计教学过程将被分解为三个阶段来帮助学生模拟真实团队合作的实践过程：团队头脑风暴、方案概念生成、方案深化。在这三个阶段中，设置密集的评图，以模拟团队中高压高强度的碰撞交流，结合协同多元的教学方法，教学过程还配备有结合实践的教学内容，如来自国内外校企双方的高频率强针对性的名师讲座、企业导师和高校导师的对谈、真实项目实地考察调研等。（图3）

总体来说，校企新工坊给联合设计实践方面带来的推动作用主要包括以下几个方面：第一，发挥院校整合学研产一体化的能力，拓展联合设计实践观摩与校外实践基地的可能性；第二，使得设计题目和实践形式灵活设置而提供机会去探索和磨合，让学校和企业在协同育人环节统一目标和诉求而可持续可发展；第三，由校企合作推行的具体设计方向可结合特定企业研究课题开展，能给本硕高年级学生提供真实项目、模拟项目实战、接触市场企业的建筑师职业化培养的实践教学机会，深化了课程体系专题化；第四，保障设计教学集中在相对可控的时间内以保证企业的参与度、连续度和系统性；第五，校企联合平台也有利于包括联合国际教学、联合毕业设计、暑期学生高端设计夏令营，以及打造包括建筑类知识普及性品牌公益活动，进一步拓展学生联合设计的实践性、社会性与交流性。

四、创新实践教学案例：十强地产公司校企新工坊实录

2020年暑期，深圳大学建筑与城市规划学院联合十强地产公司及本地知名设计院——中海地产与香港华艺，举办暑期联合工作坊与设计竞赛，以前文所述目标、内容、形式等框架为指导，组织实施了名为"云端·创想"的新型校企联合工作坊。该暑期工作坊以位于真实超高层项目的云端顶部空间创想为设计主题，项目地点在成都和天津，遴选本学院及部分兄弟院校24位优秀高年级学生，组成4个设计团队，在为期12天的工作坊中模拟实际设计项目，感受团队作战高效生成概念方案的过程，前后共邀请校内7名建筑设计、室内艺术的跨专业导师以及4位地产企业导师和1位设计院导师，以及来自高校和企业的4位校外顾问嘉宾及9位校内顾问教授参与讲座及评图环节，包括从城市更新设计、超高层设计、室内设计等方面进行5场配合工作坊议题的专题讲座，以及结合团内SOLO团外PK、校内外导师联合带队出战等丰富多元的参与式体验，是一次高压高强度、高团队协作与碰撞、高水平高标准的工作模式。（图4）

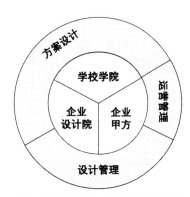

图2 新型校企联合工作坊的人员组织架构

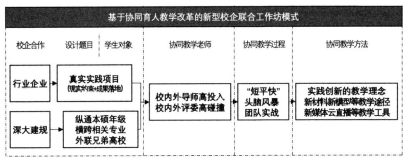

图3 新型校企联合工作坊的模式

图4 "云端·创想"深圳大学与中海地产2020年暑期联合工作坊的题目设置与组织安排

本次工作坊设计题目是中海地产企业实际进行到方案阶段的两栋超高层项目,即成都天府新区488米超高层和天津城市广场340米超高层,聚焦超高层顶部观光空间的概念设计,并提出两个问题:第一,如何基于成都独特的地域文化和超高层云端体验,设计出全新的蜀韵观光空间;第二,如何将天津这座文旅城市的活力引入建筑云端,打造出历史与现代融合的新体验。预期目标是借由概念设计,将丰富的人文与自然环境垂直延展于超高层顶层空间,消除传统高密度城市带有的隔阂感,以更亲切的空间体验拉近市民与社区、自然的距离,同时提倡对技术、材料、程序、美学和空间的新颖使用,探讨高密度城市环境的超高层云端空间中"云端、雪山、丛林"的自然意境、"科技、智能、高效"的未来创意、"生态、环保、低能耗"的可持续发展的可能议题。

在具体实施过程中,本次工作坊从开营仪式到评图闭幕共12天短平快的周期中,采用了丰富多元的协同教学形式,在传统的循序渐进式推

进基础上,从理论学习、案例调研、概念生成、方案深化等设计教学环节,结合工作坊特征模拟团队实战,将设计教学分为个人头脑风暴、团队方案概念、团队方案设计深化三个阶段,对应设置导师团队内部自评以及两次校企嘉宾的中期评图和终期评图。另外,本次工作坊因疫情影响基本全程线上进行,师生互动方案指导受到限制,但从正面意义来讲,"云端"线上互联却强化了校内外跨专业导师和地产企业导师在设计教学上的强度和密集度,尤其保证了校外企业导师的高度参与,甚至包括两名在成都和天津的项目设计总监均可无障碍地异地参与,线上教学的便捷还同时促成校内外导师们几乎每天至少2小时的在线指导。

最终评图现场,在学生们精简汇报后,另设各团队导师下场带队与邀请的评图嘉宾评委精彩研讨的环节,加之评委们的点评,是一次甲方地产、乙方设计院以及学院师生三方之间深刻交互的观点和逻辑碰撞与交融。设计评选与反馈以综合两次过

程评图、最终设计成果优先为导向原则，十余位校内外评委嘉宾投票产生优秀方案排序。随后，两家合作的企业先后与本学院签订实习基地协议，并陆续到访学院研讨后续的"产学研"深化合作框架。深圳大学建筑系"云端·创想"新型校企合作工作坊，是一次准确且恰逢时机的创新探索，像触媒一样以此为校企协同育人机制构建的突破口，推动此类新工坊发展为长效更迭的创新短课，这也符合校企共建发展的体系机制。（图5）

从作品来看，以成都超塔组一等奖方案A团《蓉灯》为例，A团方案在12天工作坊历程中经历了不断磨合、调整、深化，逐步生成，这其中头脑风暴阶段3位组员各自方案大有不同，之后激进与保守的概念碰撞磨合，生成的中期评图方案充满想象力却缺乏落地性，在导师评委的投票评选中引起广泛争议，并在校企双方紧急焦灼地就竞赛导向进行探讨后，A团明确了原型逻辑、创新落地的思路，最终以成都市花芙蓉中抽象并提取结构原型，从折纸艺术中演绎出建构的生成逻辑，在天府第一高的顶层观光层营造出看与被看瞬息万变的场景体验，脱颖而出获得一等奖（图6）。与成都超塔观光层相对完整的高耸平层空间相比较，天津超塔为常见的中心核心筒空间，设计组面对的是顶层3层观光层被中心核心筒打断、不完整而受限的苛刻条件。天津超塔B团方案《天

津十二时辰》，将天津的传统民俗文化以电影布景的方式展开，以十二时辰为节奏序列，相对巧妙地顺应观光层围绕核心筒的设计限制，浓墨重彩地引入超塔云端，因而获得一等奖（图7）。

五、新型校企联合设计模式的特色凝练及优化

以"云端·创想"新型校企合作工作坊为代表的深圳大学建筑系近期联合设计活动，围绕校企协同育人导向和目标，涌现了许多创新改革的特色，主要包括：第一，校企双方势均力敌而共同主导，尤其突出前后期间企业的方向把控与持续参与，发挥企业导入的国外顶级事务所设计总监级讲座资源，打破目前多数情况下，企业通常只冠名赞助或参与出题和评图的桎梏；第二，企业方围绕实际项目，配备参与项目的设计院及甲方多部门合作，为学生打开项目的全周期视野，聆听不限于一线建筑师的声音，也有来自甲方设计管理、运营管理的诉求和管控思路，培养综合的时间管理思维与多方团队合作，推崇高质量资源整合；第三，"真题假做"模式依然奏效，企业以真实项目诉求参与进来，具有充分参与的源动力，而学生浸入真实项目的问题解决情境，相对弱化个人主义的主观创作，强调团队协作能力，调动逻辑思维切实对待题目、现实设计条件约束、创作周期与甲方诉求等，使得传统建筑设计教学

疫情影响下的线上开幕式

终期答辩现场颁奖与合影

终期答辩导师下场答辩与评委讲评现场

甲乙双方导师教学时的碰撞与火花

中期评图发起的线上投票

工作坊后学生老师们的反馈

图5 "云端·创想"新型校企联合工作坊的教学过程实录

图 6 "云端·创想"工作坊方案推进及成果——以一等奖作品《蓉灯》为例

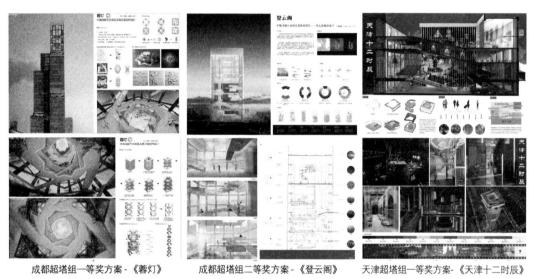

成都超塔组一等奖方案 -《蓉灯》   成都超塔组二等奖方案 -《登云阁》   天津超塔组一等奖方案 -《天津十二时辰》

图 7 "云端·创想"工作坊部分获奖的优秀作品

图 8 "云端·创想"校企联合工作坊对双方的推广效应

中的概念方案思路被重构,更讲究逻辑理性,设计成果具有在企业实际项目中发展落地的潜力;第四,多方合作必然带来社会推广效应,产教融合的成果落地也是附加创新点,新工坊因招募需要、网上评选投票、活动报道、成果展示等环节设计,无论对高校还是企业来说,都是一次集中且有效的品牌推广,是扩大社会影响力的重要机会。(图8)

"新工科"背景下对产教融合、协同育人议题的探索已成为热点,建立校企协同育人的机制本身也是难点,创新模式也存在值得回顾反思的方面,其中最突出的便是探索和磨合在校企联合设计工作坊中高校和企业的目标一致性问题。诚然,如何统一学术教育职能的高校和生产盈利的企业在协同育人方面的目标,这将是协同育人机制建立的根基性关键问题，"真题假做"和高强度工作坊模式或许是个突破点，二者也亟须从个中高效地碰撞和磨合培养目标、教学过程、培养内容等，探索出相对统一、互惠互利的长期合作目标，方为上策。

注释

① 例如，深圳大学建筑学本科培养体系中穿插 27 学分的实践模块，另外设有创新创业模块，包括 1 学分选修和 2 学分必修，此类学分属于非收费实践教学学分，计入"创新创业实践成绩单"，但不计入学生学业点。这为学生更为灵活地使用建筑实习、创新短课学分等环节来拓展校企联合设计提供了制度保障。

参考文献

[1]   约翰·杜威. 杜威教育名篇 [M]. 赵祥麟，王承绪译. 北京：教育科学出版社，2006.
[2]   王素君，吕文浩，刘阳. 校企协同育人的机制和模式研究 [J]. 现代教育管理，2015（2）：57-60.
[3]   杨希文，赵阳."校企联合"在建筑学专业人才培养与教学中的探索与实践 [J]. 科教文汇（中旬刊），2017（9）：37-39.
[4]   刘辉，孙世梅，张智超. 新工科视域下"政校院企"多方协同育人模式探索与实践——以吉林建筑大学安全工程专业为例 [J]. 大学教育，2020（7）：147-149.
[5]   Etzkowitz H，Klofsten M. The Innovating Region：Toward a Theory of Knowledge-Based Regional Development[J]. R&D Management，2005，35：243-255.
[6]   杨镇源，肖靖. 城中村的新生 [M]. 北京：中国城市出版社，2021.

图片来源

本文图片均来自作者自制、自摄

作者：范雅婷，深圳大学建筑与城市规划学院助理教授、硕士生导师；彭小松（通讯作者），深圳大学建筑与城市规划学院副教授、硕士生导师；周力大，中海地产集团有限公司商业设计总监

弘扬生态美学价值观，发现建成环境真善美
——《中外建筑艺术与环境美学》核心通识课程的探索与实践

童乔慧　艾　克　陈望衡　张　霞　胡晓青

Teaching Reform of History of World Architecture Course Based on the Cultivation of Research Practice Innovative Talents

■ 摘要：《中外建筑艺术与环境美学》是武汉大学的核心通识课程。课程从环境美学维度品评建筑设计，在中国道家文化与西方生态美学相融通的语境下，体认建筑、人居环境的文化内涵和理想境界。课程在教学中通过环境美学思考向大学生弘扬生态美学价值观，并设计不同的美学专题让学生品评建成环境的真善美，使学生对于建筑艺术和环境美学形成一种自觉，从而达到扩大学生知识视野、提高学生审美情趣、启发学生心智的目的。

■ 关键词：中外建筑艺术与环境美学；通识课程；生态美学；价值观

Abstract：Chinese and foreign architectural art and environmental aesthetics is the core general course of Wuhan University. The course evaluates architectural design from the perspective of environmental aesthetics, and recognizes the cultural connotation and ideal realm of architecture and living environment in the context of the integration of Chinese Taoist culture and western ecological aesthetics. In the teaching of the course, the ecological aesthetic values are carried forward to college students through environmental aesthetic thinking. Different aesthetic topics are designed to enable students to evaluate the truth, goodness and beauty of the built environment to make students form a sense of architectural art and environmental aesthetics, so as to expand students´ knowledge vision, improve students´ aesthetic interest and inspire students´ mind.

Keywords：Chinese and Foreign Architectural Art and Environmental Aesthetics, General Courses, Ecological Aesthetics, Opinion about Value

一、《中外建筑艺术与环境美学》通识课程建设的缘起

中外建筑艺术的发展有着几千年的历史，其辉煌成就在人类文明史上有着重要的地位。美学是一门和生活紧密相关的哲学，环境美学是关于环境的哲学思考。从环境美学维度品评

建筑设计，在中国道家文化与西方生态美学相融通的语境下，体认建筑、人居环境的文化内涵和理想境界，这是当代大学生必须思考的话题。建筑学是一门横跨工程技术和人文艺术的学科，它对于整个城市建设发展至关重要。建筑美是一个城市最好的竞争力，一个美的城市环境的构建需要全社会的共同努力，因此建筑艺术的普及是迫切需要的工作，我们教学团队由此萌生了开设相关通识课程的想法。教学团队由武汉大学哲学学院和城市设计学院两个学院的四位教师组成，四位教师年龄涵盖老中青，通过跨学科、跨学院的组合，形成新老结合的优势，并形成团队，师资力量得到进一步加强。

《中外建筑艺术与环境美学》课程中设计不同的美学专题，让我们听懂建筑艺术、看懂建筑艺术、爱上建筑艺术，从而达到拓宽知识视野、提高审美情趣、启发心智的目的。此外，帮助我们学会辨析、体验、了解建筑背后的各种因素是《中外建筑艺术与环境美学》课程最有意义的事。人类历史上的各种文明在建筑美学上的表达非常明显，所以我们一直强调建筑之树的概念，也就是各种风格的建筑是一棵树上的不同形式的果实，更重要的是要理解和认识这棵树下面的各个根系，也就是地理、历史、民族、文化等要素，它们和建筑是紧密相关、互为因果的。

同时，《中外建筑艺术与环境美学》课程是让习近平总书记生态文明思想落地生根、开花结果的有效尝试：习近平总书记在2019年系统完整地阐述了生态文明思想，为新时代加强生态文明建设提供了科学指南，并指出要坚持人与自然和谐共生，良好生态环境是最普惠的民生福祉的基本思想。

二、弘扬生态美学价值观——通识课程的教学愿景

从环境美学谈建筑具有最大的适用性。环境是人人关心的，环境是人类赖以生存的基础，适用于全校各个专业的学生。从环境美学谈建筑具有最大的包容性，它涉及建筑艺术、建筑功能、建筑结构、建筑技术等。从环境美学谈建筑具有最强的当代性，它涉及城市改造、新农村建设、环境保护、生态文明建设等。从环境美学谈建筑具有最强的前沿性，环境美学是新型学科，是当代人文社会科学的显学，可以纳入诸多自然科学、人文科学新成就。

从社会背景来看，信息高度发达，信息渠道多样，目前授课对象主要为"00后"大学生，他们和以往的大学生相比获取信息和资讯的能力更强大，是伴随着改革开放后我国经济的腾飞而成长起来的一代，学习的资源相对丰富，社会的关怀相对

全面，然而大学生思想道德素质教育更需要时时放在最高位置，目前教学中容易注重专业学习，对价值观的引导容易忽视。因此《中外建筑艺术与环境美学》课程应大力弘扬生态美学价值观的教学愿景。从宏观来看，就城市和建筑等社会环境而言，要强调建筑与自然和谐，强调建筑对生态的尊重，在生态文明时代建筑和城市建设要奉行谦卑理念。从微观来看，回归到大学生自身，回归到人的个体，进而强调人的行为和思想的价值观导向，承认人在自然面前的渺小，体现对自然的尊重，对自然规律要遵循，要因借。谦卑很重要，体现在个人的修养方面，就是要有朴素理念，过一种简朴的生活，这是中华民族的优秀传承。

三、发现建成环境真善美——通识课程的教学理念

美学是建构在真和善之上的一门学科，从属于哲学范畴，相对于德育智育体育，也许我们对美育概念不是那么熟悉，但都有感受中外建筑魅力的经历。《中外建筑艺术与环境美学》课程最大的特色是抽象的美学和具象的美学相结合。课程教学团队在讲授美学的起源、美的概念的基础上通过具象的建筑传递建筑美，与大家分享如何去欣赏、评析建筑的美、环境的美，这些具象的建筑美是以历史的线索贯穿辅佐的，如果不了解历史上的那些经典的建筑作品，具有代表性的建筑风格，建筑的美将成为空中楼阁，我们发现建成环境的真善美是为了建设未来的城市美。同时，《中外建筑艺术与环境美学》课程设计了不同的美学专题：全球美学与中国美学；道、境界与美；中国传统宫殿与坛庙；中国民居；中国古典园林；西方教堂；西方当代建筑美学思潮与理论；道法自然的有机建筑；建筑环境设计心理学等（表1、表2）。通过这些课程，帮助我们系统了解中外建筑艺术的经典作品，培育我们的建筑美学、生态美学意识，通过环境审美教育使人意识到环境之于人的意义与价值，以及对于环境的敬畏之心和谦逊之德，激发我们保护环境的责任感。

四、《中外建筑艺术与环境美学》通识课程的教学组织

《中外建筑艺术与环境美学》课程内容主要分为理论研究和案例分析，其中案例分析主要分为两类：中国建筑艺术一直注重的是一种延续，主要以建筑类型划分，例如园林、民居等专题；西方建筑艺术在于时间跨度太大，风格流变太多，是按照历史的线索来划分，从古希腊、古罗马、文艺复兴到近现代，中外建筑艺术都精选各个部分具有代表性的案例，或者是某种风格的代表性建筑。

中外建筑艺术与环境美学的教学具体内容安排（理论部分）　　　　表 1

	纲要	主要内容
全球美学与中国美学	❶ 西方美学概述	西方美学以西方哲学为基础，展现为古希腊哲学、中世纪美学、文艺复兴美学、古典主义美学、近现代美学等。主题是人的觉醒，人与世界的关系
	❷ 中国美学概念	中国美学以中国哲学为基础，展现为儒家美学、道家美学、佛教美学。主题是人与社会，人与自然的和谐
	❸ 中国古代环境美学思想	天人和谐，家国情怀，诗情画意
	❹ 中国当代环境美学及与西方环境美学比较	生活主题，宜居利居乐居，生态文明审美观
道、境界与美	❶ 道	中国哲学本体，自然之道，人伦之道
	❷ 境界	中国美学本体。象—意象，境—意境，境—界境，艺术境界，人生境界，环境境界
	❸ 美	形式美——真与美的统一，内在美——善与美的统一，美与生态，美与文明，美与境界，美与道
建筑环境设计心理学	❶ 环境心理学基础理论	关注人、建筑和环境的关系，注重人与环境的相互作用
	❷ 空间中的行为心理特征	通过人对于空间领域、形状和面积的心理认知探讨人的行为构成基础
	❸ 环境的审美评价	用生态美学、生理美学和心理美学涵盖审美评价中的分析要素

中外建筑艺术与环境美学的教学具体内容安排（赏析部分）　　　　表 2

	经典建筑艺术作品	美学赏析
中国传统宫殿与坛庙建筑的审美诉求	❶ 唐长安大明宫	大明宫位于高地，居高临下，建筑造型雄伟、壮丽，体现了唐朝的兴盛与气魄
	❷ 明清北京宫殿	宫城为紫禁城，是中国封建社会末期的代表性建筑之一。建筑群烘托皇帝的崇高与神圣，达到了登峰造极的地步，是中国古代建筑的恢弘之作
	❸ 清沈阳故宫	这是清朝入关前的宫殿，具有满族特色，建筑装饰色彩鲜艳
	❹ 天坛	建筑群环境安谧静穆，空间、造型、色彩等设计都很成功，是古代祭祀建筑群的杰作之一
	❺ 晋祠	建筑依山傍泉，风景优美，具有园林风味，不同于一般庙宇，主殿内雕塑神态各异，是中国古代雕塑史上的名作
环境美学视域下的中国民居	❶ 北京四合院	建筑中轴对称，等级分明，秩序井然，宛如京城规制缩影
	❷ 土楼	建筑一般靠近河流水塘，因地制宜，选址体现风水环境观，体现移民文化
	❸ 窑洞	体现了生态建筑的合理性，适用于干旱少雨，气候炎热地区
	❹ 阿以旺	新疆常见住宅，具有三四百年历史，建筑带有天窗，墙面喜用织物装饰，屋侧庭院供夏日乘凉
中国古典园林设计中的环境美学思想	❶ 颐和园	颐和园风景优美，正门处布置了密集的宫殿，前山部分开旷自然，后山林木茂密，环境幽邃，营造了不同境界的园囿环境
	❷ 北京明、清三海	紧靠宫城，是帝王游憩的重要场所，全园景色曲折有致、层次深远
	❸ 拙政园	园林环境幽深恬静，空间层次深远，景面如画，体现了水乡弥漫之意
	❹ 寄畅园	院内建筑高低错落，虚实相间，庭院内叠湖石假山，构成一幅幅小景画面
	❺ 个园	以四季假山闻名，假山境深意远，浑然天成
神圣的空间——教堂的建筑美学解析	❶ 圣彼得大教堂	圣彼得大教堂是最杰出的文艺复兴建筑和世界上最大的教堂，圣彼得广场长廊由 284 根高大的圆石柱支撑，顶上有 142 个神采各异、栩栩如生的雕像
	❷ 佛罗伦萨圣玛利亚大教堂	精美的雕刻、马赛克和石刻花窗，使得教堂呈现出非常华丽的风格。整个穹顶总体外观稳重端庄，比例和谐
	❸ 圣卡罗教堂	圣卡罗教堂建筑立面的平面轮廓为波浪形，建筑立面基本构成是巴洛克建筑的代表
	❹ 巴黎圣母院	巴黎圣母院为欧洲早期哥特式建筑和雕刻艺术的代表，它是巴黎第一座哥特式建筑，集宗教、文化、建筑艺术于一身
	❺ 米兰主教堂	米兰大教堂是世界上最大的哥特式建筑，是世界上最大的教堂之一，也是世界上雕塑最多的建筑和尖塔最多的建筑，被誉为大理石山。它是米兰的精神象征和标志
西方当代建筑美学思潮与理论	❶ 粗野主义	建筑特点是毛糙的混凝土、沉重的构件，例如马赛公寓大楼、耶鲁大学建筑与艺术系大楼
	❷ 讲求技术精美	喜欢用纯净、透明与施工精确的钢和玻璃建造建筑，例如范斯沃斯住宅、西格拉姆大厦
	❸ 典雅主义	这种思潮注重运用传统美学法则，体现规整、端庄和典雅的庄严感，例如美国驻新德里大使馆
	❹ 注重高度工业技术倾向	指那些不仅在建筑中坚持采用新技术，并且在美学上极力表现新技术的倾向，建筑表皮喜欢采用玻璃幕墙，例如波士顿汉考克大楼
	❺ 讲究人情化和地域性	指建筑设计注重地域性与民族习惯，对当地自然条件、文化特点都有呼应，例如芬兰玛利亚别墅
	❻ 讲求个性与象征	在建筑风格上有区别于他人的个性和特征，建筑形式变化多端，例如纽约古根海姆博物馆、耶鲁大学冰球馆、悉尼歌剧院

	经典建筑艺术作品	美学赏析
道法自然的有机建筑	❶ 流水别墅	流水别墅在空间的处理、体量的组合及与环境的结合上均取得了极大的成功，为有机建筑理论作了确切的注释
	❷ 罗伯茨住宅	建筑室内空间丰富。外形上互相穿插的水平屋檐，衬托出一幅生动活泼的图景
	❸ 威利茨住宅	设计师赖特通过开放的空间感，在建筑周围的自然环境和居住的人之间形成一种天然的屏障，同时也不失与大自然进行恰如其分的接触的感觉
	❹ 德国爱乐乐厅	夏隆倡导的有机建筑的代表作，深受德国人喜爱的建筑之一，在战后的德国现代建筑中占有非常重要的地位
	❺ 日本兵库木之殿堂	建筑位于山间密林中，别具一种超乎凡尘的宁静和灵性。自然界与建筑温柔地融合在一起，营造了共存共生的景象

此外，《中外建筑艺术与环境美学》课程在搜索和整理武汉市的中外建筑文化遗产的基础上，以身边的建筑艺术原型和范例作为教学材料和教学内容，将一部分课程放置在具有一定艺术价值的建筑实际场景之中（例如武汉大学早期历史建筑、全国重点文物保护单位），或者采用情景模拟使得学生对建筑环境进行感知体验，学生通过融入建筑之中感知建筑的艺术价值，使学生更好地理解和体验建筑建成环境，学生在课堂上的参与度也很高。（图1）

在《中外建筑艺术与环境美学》课程测评体系中，将中外建筑艺术与环境美学的测评体系分散到教学各个环节，设置多种让学生参与教学的主动性环节，例如课堂提问、小作业等都会计入其中。专业课形式的建筑历史教学更多的是让学生认识建筑的本质和建立批判性的历史观，而通识课形式则更强调学生对于建筑美的了解、认知和赏析，采用更加生动的教学内容和浸润式的教学组织。

《中外建筑艺术与环境美学》课程以通识课的形式教授建筑艺术，在阐释中外建筑艺术发展历史的基础之上，引导我们系统赏析人类文明的各种建筑经典艺术作品，并对不同文化及地域的建筑意蕴、风格及形态加以介绍，还原出一个更为丰满的艺术的世界。在课程的建筑案例讲解中会用包子比喻古罗马的穹顶和拱形空间，用玉米棒比喻哥特建筑的外观等，让学生对建筑有更形象和直观的认知感。

五、结语

通过《中外建筑艺术与环境美学》课程的学习，学生不仅能学到理论知识，也能拓宽研究视野。课程强调中外建筑艺术与环境美学之间的比较与关联分析，强调中外建筑艺术与环境美学教学与研究过程的批判精神，强调对环境的感知体验。因此，本课程结合地域文化特征，搜索和整理武汉市的中外建筑文化遗产，以身边的建筑艺术原型和范例作为教学材料和教学内容，将一部分课程放置在具有一定艺术价值的建筑实际场景之中，使学生对建筑环境进行感知体验，学生通过融入建筑之中感知建筑的艺术价值。课程引导学生从环境美学维度品评建筑设计，在中国道家

[图一]

除了普通的砖瓦房屋，图中最为显眼的就是两个门楼。左侧的门楼上写"科第"，右侧的门楼则写着"忠孝"。门楼具有丰富的象征意蕴和人文意蕴。第一，门楼建造的材质、工艺、高矮都代表了房屋主人的身份地位，具有象征性；第二，门楼常包含独特的地方文化意蕴，比如将神话故事、守护神等画在门楼上，也常有文字标榜主人家的道德素质、文化情操等，具有人文性。

"科第"是人们对于儿女的期望，即登科及第，求取功名，学优而仕；"忠孝"则是家庭氛围的体现，对长辈孝而对国家忠，遵礼守节。总体来看，两词都受到了传统儒家思想的深刻影响，更是传统秩序美、伦理美的体现。 王澍霏

2020301152045

课堂作业：描述一个你记忆中的环境审美体验（20 弘毅 李姝璇）

前几周看过的一部BBC经典影片《南方和北方》
从视频上截图几张，浅谈一下当时观看时的心灵冲击
故事发生在工业革命时期的英国，来自南方的女主随家人搬到北方
当时的南方还没有开始工业化。女主生活在种植庄园的环境之中，画面所体现的环境是明朗而温暖的，给人一种愉悦惬意之感；
而当女主来到了北方，画面色调陡转，无论是建筑还是天空，皆变成阴冷、暗沉，充斥着刚开始工业化的英国北方肃杀的氛围，都给女主和观影者带来了极大的震撼。

影片中南方的人们愉快地享受着慢节奏、闲适的生活；而北方的人们总是面色严肃、行色匆匆，与工业所体现的快节奏相合
虽然影片出于艺术层面的处理，有夸大南北差别之嫌，但确实也真切地向观影者传达出了其想表达的对比之态
不同的环境反映着不同的氛围，也影响着居住者的心理体验和情感寄托。正如老师第一节课所讲环境与人的心里之间是相互作用、相互关系的。当我们置身于不同的环境，心态也自然而然随之变化。

图1 课堂上学生课程活动所描述的环境审美体验

文化与西方生态美学相融通的语境下，体认建筑、人居环境的文化内涵和理想境界，使学生对于建筑艺术和环境美学形成一种自觉，从而达到扩大知识视野、提高审美情趣、启发心智的目的。

　　从学生的角度而言，学生们对《中外建筑艺术与环境美学》的课程评教反响很好。学生评教意见摘录如下：①课堂讲授，户外考察，演讲报告，各种形式，应有尽有，教学手段丰富精彩，课堂知识有趣生动；②多个老师从不同方面讲解，还有户外的实践，具有趣味；③亮点：多个老师授课，内容丰富，实地考察，形式多样；④每一个老师都讲得很好，老师的 PPT 制作也很精美；⑤有趣，有挑战性，好！

　　从教师的角度而言，教师通过《中外建筑艺术与环境美学》的教学积极促使自身阅读更多的原著或者实地调研，并进行相关的研究，发表相关研究型论文，这样才能使建筑史教学取得较好的效果。同时，由于团队授课促使教师之间集体备课互动交流，增强了课程的文化水平，教师之间互相听课也增强了彼此教学认知，加强了科教融合，更加体现出本课程的通识性。

图表来源

本文图片来自学生作业，表格为作者自制

作者：童乔慧，武汉大学城市设计学院建筑学系教授；艾克，武汉大学城市设计学院建筑学系硕士研究生；陈望衡，武汉大学哲学学院教授；张霞，武汉大学城市设计学院建筑学系教授；胡晓青，武汉大学城市设计学院建筑学系讲师

成果导向下城乡规划专业课程的生态教育融入路径探索

姜　雪　赵宏宇　白立敏

Research on Ecological Education and Teaching Path of Urban and Rural Planning Under the Guidance of Outcome Based Education Theory

■ 摘要：建设生态文明是中华民族永续发展的千年大计，而生态教育则是生态文明建设的重要抓手。在城乡规划课程教学中有机植入生态教育，正是将生态文明观潜移默化融入人才培养的有效途径。本文从生态教育精神内核凝练入手，以《城市生态学与绩效评价》课程为例，深入挖掘知识体系所蕴含的"生态知识、生态文化、生态伦理、生态哲学、生态安全、生态保护"等生态教育理念及育人要素，凝练专业课程的生态教育目标，从"理论维度、技术维度、实践维度"将生态教育系统性融入教学组织，为建筑大类相关课程培养"生态人才"提供借鉴与参考。

■ 关键词：生态教育；成果导向；城乡规划本科教学

Abstract："Building ecological civilization is the millennium plan for the sustainable development of the Chinese nation", and ecological education is an important starting point for the construction of ecological civilization. The organic implantation of ecological education in the teaching of urban and rural planning is an effective way to integrate the concept of ecological civilization into the cultivation of talents. This paper starts with the condensation of the spiritual core of ecological education, taking the course of urban ecology and performance evaluation as an example, and deeply excavates the ecological education concepts and educational elements contained in the knowledge system, such as "ecological knowledge, ecological culture, ecological ethics, ecological philosophy, ecological security and ecological protection", and condenses the ecological education objectives of professional courses. From the "theoretical dimension, technical dimension and practical dimension", the ecological education is systematically integrated into the teaching organization. It provides reference for the training of "ecological talents" in the related courses of architecture.

Keywords：Ecological Education，OBE Teaching Method，Undergraduate Education of Urban and Rural Planning

基金资助：①吉林省教育科学"十四五"规划课题：新工科"五维形态"与OBE理念耦合下的课程结构反向设计研究GH21096；②吉林省教育厅人文社科研究项目JJKH20210314SK；③吉林省教育厅科学研究项目GH20122；④吉林省高等教育教学改革研究课题：建筑与规划专业课程群塑造爱国主义与人文情怀的路径研究（JLJY202299934544）；⑤吉林省高等教育教学改革研究课题：面向一流专业建设的地方高校城乡规划专业实践教学改革与实践——以吉林建筑大学为例（JLJY202287876340）

一、城乡规划专业课程植入生态教育的必要性

广义的生态教育是以调节人与环境间矛盾、建立生态环境伦理观和环境道德观念为主要目标展开的教学活动，城乡规划中的生态规划、园林景观规划等相关课程更是在生态教育工作中肩负着使学生树立正确生态价值观的重要责任，借助城乡规划专业课程，训练学生掌握城乡生态规划技能的同时建立生态环境保护的价值观与责任感。

1. 生态教育培养对城乡规划专业的重要性

城乡生态环境建设已成为现代城乡规划与建设的重要组成部分，也是 2035 年美丽中国建设目标的重要支撑。大学教育是生态教育主阵地，城乡规划专业学生更是我国未来城乡环境建设与生态规划发展的关键力量，肩负着城乡未来生态建设的规划设计、策略研究、监测及管理的重要任务。因此，生态教育与城乡规划专业的有效结合与否也影响着学生们在区域环境建设、生态发展策略提出及资源环境保护中的决策倾向，只有在使学生掌握更多生态知识的基础上，具备生态文化思想、生态伦理思维、生态哲学意识、生态安全思考等高阶素质，才能使他们在将来从事相关行业中更好地处理人、社会与自然的和谐关系。

这一发展需求也驱动着城乡规划专业在生态学相关课程教学中的重大转变，响应国家生态文明建设、"双碳"战略等各项政策导向，使具有生态观综合素质的"生态人"成为城乡规划学生与环境相关课程人才培养的重要目标。而"生态人"的培养离不开正确的"生态观"教育，迫切需要在相关课程体系构建中落实契合时代发展需求的生态教育理念，开展相关教学内容研究、优化相关教育资源建设，以生态教育理念推动课程改革，借助课程体系目标分解与实施，将生态教育"落地"到具体教学过程中，把"资源节约型、环境友好型社会"的生态建设理念不断内化，培养学生多元化、立体化认知生态文明观与生态文明建设。

2. 生态教育是中国传统生态智慧精神内核传承的重要载体

我国传统文化中本就蕴含着丰富且深刻的生态内核，在生态教育本土化、高质化、特色化过程中，从传统生态智慧汲取生态教育元素是培养具有中国特色"生态人"的有效途径。首先，生态意识能够直接影响人的主体意识，在特定场景中影响人在自然环境中的行为与决策，因此以中国传统生态智慧为精神内核的生态教育对培养具有中国特色的"生态人"至关重要。

其次，以"尊重自然、顺应自然、保护自然"为出发点，挖掘传统生态智慧蕴含的生态教育理念为生态观培养提供了优质素材，有利于使学生从人的主观能动性出发明确自然界的道德责任与人类的生态伦理关系，传承"道法自然"的中国传统生态精神与规划设计技艺。然而，目前在相关课程中生态技术的讲授仍然占据教学内容主导地位，也是教材编制的核心章节，生态教育相关内容仍需要丰富化、系统化建设。

二、成果导向下城乡规划专业课程生态教育的多维人才培养目标体系

教育部 2019 年发布的《关于深化本科教育教学改革 全面提高人才培养质量的意见》文件中，明确课程建设中坚持"知识传授与价值引领"相统一、"显性教育与隐性教育"相统一。然而，相关探索大多处于理念层面，缺乏以成果为导向对课程生态育人元素的有机融入与落地。成果导向教学（Outcomes-based Education，以下简称 OBE）理念是由西方发达国家于 1981 年提出，以专业课程为基本教学单元，聚焦教学目标达成与学生在培养过程中最终能力的形成，已在美国等多个教育大国历经多年实践，然而从全过程、全方位生态育人角度出发，OBE 理念虽然给出了在课程成果控制下落实生态教育的操作方法，但在生态教育领域的应用仍处于起步阶段。

本文以城乡规划专业必修课程《城市生态学与绩效分析》为例，阐述生态教育理念下多维人才培养目标设计。以生态学理论为基础，从"理论—技术—实践"三个维度出发展开生态教育理念下的课程目标构建（图1），围绕城市生态学理论基础、城市生态空间绩效测度、生态功能区划与生态安全格局规划、城市蓝绿空间规划实践等方面系统讲授，使学生掌握城乡生态学基本理论与生态规划、生态空间绩效分析的基本原理与技术手段，从"生态技术、生态文化、生态伦理、生态哲学、生态安全、生态保护"六项关联目标出发，使学生树立可持续的城市生态发展观，充分认识到城乡空间规划中的韧性规划、减碳规划、健康环境塑造的重要性，探索生态智慧与实践应用，进而探求改善城乡生态空间结构合理、功能高效、关系协调的有效途径。

三、生态教育的精神内核挖掘与教学组织

1. 基于中国传统生态智慧的生态教育元素提取

（1）生态哲学内核：从《易经》与《老子》引发的生态平等思考

《易经》与《老子》都提出了"天、地、人"的共生关系，从生态观视角来看，庄子的"万物并存、凡物平等"的生态理念正是生态教育的重要内容，因此在生态技术与生态格局规划中应引

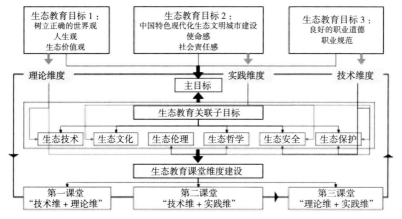

图1 生态教育理念引领下课程目标体系

导学生认识到不应以个人好恶改变自然、世间万物运行"道法自然"的生态哲学思考。

(2) 生态伦理内核：从《道德经》与《孟子》引发的生态伦理思考

《道德经》中的"慈"蕴含着对人与自然关系的深刻解读，对自然界心存仁爱与敬畏的情感伦理是生态教育的基础，正如《孟子》中所述"亲亲而仁民，仁民而爱物"，在生态文明建设与可持续发展理论的教学中，引导学生在城乡规划设计中正确看待万物关系、明辨生态伦理至关重要。

(3) 生态技术与生态安全内核："道法自然"的生态规范思考

庄子曾指出"万物运行皆有其道"，蕴含着自古天地万物的和谐演化及运行都离不开对"道"的顺应的生态智慧思考。"道"在一定程度上具有客观性，我国传统的生态规划与环境营建中也经常体现出遵循自然之法的生态规划思考，所衍生出的生态技术充盈着"道法自然"的生态智慧，指引我们在生态规划的技术教学中引导学生尊重客观规律。

(4) 生态文化与生态保护内核：永续发展下的生态消费观思考

《吕氏春秋》"涸泽而渔""焚薮而田"的经典论述就已对生态资源保护问题进行了警示，其蕴含着可持续发展与资源优化利用的生态消费观值得城乡规划建设者深思，应引导学生对生态文化与生态保护进行深入解读，传承正确的生态消费观。

2. 城乡规划专业课程生态教育的育人目标与特色实践路径

(1) "小中见大"地折射课程的生态哲学思想

"山水林湖田草是生命共同体"和"两山论"深深透露着生态共同体意识、自然界生物的平等生存权利，因此中国特色的生态教育应有别于西方发展思维将自然作为发展的价值工具。在课程育人目标建设中应从"教材体系"向潜移默化的教学体系转化，在生态规划类课程中强调尊重自然权利与万物共生的发展理念，实现教学内容从

"是什么"逐渐转向"为什么"，在成果导向下形成"问题解析式"的教学模式，在授课中重点关注人与自然维度的道德关系，向学生明确人与自然关系中来源在于人的道德主体责任，继承中国传统文化的"生态仁德"。在课程各章节讲授中应贯穿中国传统文化的德性伦理观，同时将生态哲学"大"思考融入课程"小"单元，建设生态平等精神传承下的生态哲学教学内容。

(2) "循序渐进"地在课程单元贯穿生态伦理观建设

以生态伦理思维回应现代公共社会中的行为规范，在各章节的课程中持续贯彻"绿色发展理念"，将"五位一体"建设中包含的社会公德理念讲透到实现代际、群体之间的环境公平与正义的生态伦理学的高度，拓展到生态文明的公德含义，使学生理解中国近代以来道德规范从"家庭伦理"向"社会伦理""国家伦理"的艰深探索，秉承"宏观思想→技术落实→价值观提升"这一循序渐进方式，随着章节推进将生态伦理观建设根植于课程各单元育人目标设定中，促进高校学生真正树立公德意识与责任感，将道德意识转化为道德实践。

(3) "追本溯源"地在生态技术学习中探索生态客观规律

在生态技术相关课程单元，从中国传统生态智慧入手对中国特色生态技术"追本溯源"，引导学生挖掘中国特有的城乡生态规划技术手段，并与西方生态城市营建方法进行对比，提高大学生对生态发展规律的认知和掌握，鼓励学生将生态规划设计的专业知识用在实践项目中，用实际行动维护生态平衡，用科学的生态手段处理好城乡规划各类设计项目与自然的关系，在客观规律的探索中对学生进行生态技术与生态安全教育。

(4) "有声有色"地倡导生态文化传承与资源保护

以多元化方式将生态文化与生态保护教育融入多维课堂，通过多种授课方式使生态教育内容传达更直接，提升学生对生态教育的感知度。结

合第二课堂与第三课堂，将理论同实践相结合，以生动活泼的方式内化生态价值的多层级丰富理念。其次，引导学生通过影片、经典图书、多种课外活动，培育"乐山乐水"的情趣，提升生态人文素养，同时发扬艰苦奋斗精神，积极践行生态消费观。

3. 生态教育要素在专业课程教学单元的有机融入

在生态教育体系统筹下，以《城市生态学与绩效评价》课程为例，将"生态技术、生态文化、生态伦理、生态哲学、生态安全、生态保护"生态教育要素有机融入（表1）。其中，与传统文化自信相结合的单元占比37%，与生态文明发展观相结合的单元占比41%，与新时代科学发展观相结合的单元占比52%，并在课堂维度设计中延着"理论→理论＋技术→技术＋实践"的应用路线，逐步引导学生从理论学习走向在实践中应用的生态理念。

4. 结合专业课程教学的生态教育多元化教学组织模式与实践路径

（1）教学组织方法

结合线上教学平台，"线上＋线下"同步，"课上＋课下"联动，充分利用各种网络媒体，如微课、网上视频、电子书等多种学习资源加载链接传播生态教育成果，运用新媒体、新技术使教学活起来，提升学生课内外感知生态、学习生态、内化生态价值的吸引力。

结合《城市生态学与绩效分析》课程特点，运用OBE教学理念，以学生为中心、以成果为导向展开本课程教学，在生态教育中主要采用融合型、辨析型教学方法，根据教学内容和目标不同采取多样化教学方法活跃课堂，打造"短而精"的课程。

1）潜移默化：在每节课前30分钟及课间时间，为学生播放以生态环境、地球自然、人文旅行等相关内容为主题的国际优质纪录片（图2），或以生态为主题的各类国际展览，突破地域界限，让学生在潜移默化中感受生态魅力与生态文化。

2）辩证思考：在城市生态规划方法讲授中，以实际案例激发学生批判性思考，辨析什么是"真生态"、如何辩证看待人与自然的关系等，通过对比中外生态城市规划建设，以我国古今生态建设优秀案例阐释中华生态文明建设的时代价值和影响力。

3）实践检验：在课程作业布置中着重学生的实践能力，在技术能力掌握的基础上，突出考查学生对技术应用的理解与拓展能力，将所学生态分析方法用于设计实践。

案例课程的生态教育内容设计　　　　　　　　　　　　　表1

教学版块	生态教育相关知识点	生态教育关联目标	生态教育内容	生态教育课堂维度
绪论	中西城市生态规划差异	生态哲学 生态文化 生态伦理	①播放国家自然资源部宣传片《生态文明·共建地球生命共同体》 ②讨论生态城市规划的意义	理论维度
城市生态系统与生态城市	中西城市生态规划现状问题及发展趋势对比	生态技术 生态文化 生态伦理	①生态规划实际案例的穿插与渗透 ②国内生态节制，天人合一与象天法地的传统文化精髓在城市选址、人居环境营建中的应用案例 ③欧洲生态城市埃朗根城市漫游视频，中新天津生态城视频，崇明岛生态城视频，结合视频内容引导学生讨论可借鉴的生态做法	理论维度 技术维度
城市生态规划基本理论	人与自然关系	生态哲学 生态技术 生态伦理	①温铁军采访视频《顺应时代发展生态经济》、 ②学习《2030年可持续发展议程》 ③观看中规划、SASAKI、BIG等设计企业竞标项目，讨论可持续发展理念的应用	理论维度 技术维度
城市生态绩效评价基本方法	生态系统承载力评价，敏感性评价、适宜性评价、生态风险评估、生态系统健康评价、生态系统服务功能评估指标体系与评价模型构建	生态技术 生态伦理	①数据获取与软件操作中的职业伦理、职业道德、工匠精神、科学素养 ②引导学生树立低影响开发的设计理念 ③以实际案例引导学生在设计项目中培养良好的社会责任感和敬业精神 ④在技术学习中通过分享与活动，激发学生技术创新动力 ⑤播放遥感与农业、遥感与家园守护相关教育视频	技术维度 实践维度
城市生态功能区划与安全格局构建	城市生态功能区划的内涵及其发展趋势；生态格局变化的量化模拟预测	生态保护 生态安全 生态伦理	①组织讨论生态功能区划的意义与必要性 ②实际案例融入家国情怀与生态文明观 ③城市生态功能区划的技术路线学习，培养学生清晰理性的逻辑思维	理论维度 技术维度
城乡蓝绿空间规划与实践	蓝绿空间的可持续性与低维护度评价技术方法	生态技术 生态伦理 生态保护	①基于传统园林绿地文化在现代社会中的历史定位，帮助学生树立正确的职业素养和职业道德 ②通过案例分析加深对传统优秀文化的理解 ③引导学生思考传统村落灾害防治、文化传承及现代社会的使命和社会责任等问题	技术维度 实践维度

(2) 教学组织与实践

1) 建设灵活的成果目标：首先，要求学生在课程资料库内选取其中至少1个案例，结合对所选案例的生态系统承载力分析、生态敏感性评价、地质灾害综合评价、生态服务系统评价、生物多样性评价等，并对生态评价结果进行解读，完成以问题为导向的技术方法学习。其次，解析国内外近年来城乡生态空间评价与规划案例，总结其生态设计方法并进行中西对比。最后，结课论文采用文字或视频方式，从人与自然关系、生态伦理观、生态文明观等角度出发，结合吉林省11个传统村落中的1~2个案例，构建一套相适应的生态空间绩效评价体系，并从生态文化传承角度挖掘生态规划方法。

2) 建设完备的线上教学资源：本课程采用现代化的教学手段，疫情期间利用"超星学习通＋腾讯会议"方式实现线上授课，线上课程资源丰富（图3），视频资源137个、文档资源10个、其他参考资料资源65个（包括绩效分析技术练习数据与实际操作教学视频），非视频资源231个、题库总数64道。

3) 课前、课上、课下多元互动授课：打破理论课枯燥的单向授课方式，课前采用问卷调查及时了解学生的学习兴趣点及前序知识掌握情况，

课上采用讨论互动提升学生课堂参与度，课下通过线上课程讨论区发起话题与学生交流课上知识点的延伸内容。①引导学生在课前预习，线上建设完整的章节课程讲授内容，以任务点方式布置给学生，学生以闯关学习方式学习任务点内容并获得平时成绩的积分（任务点章节17个，非任务点章节23个，全部对学生以闯关模式开放）。②引导课后复习，线上参与课后话题讨论（可参与话题讨论14项，结合章节讲授进度逐步开放话题讨论），上传案例分享获得平时成绩的积分。

(3) 基于生态教育理念的课程改革实践成效

通过课堂数据统计，在生态教育介入中，学生的课堂活动参与度逐步提升。以2022年第2学期城乡规划专业班教学为例，共44名同学相关视频的累计学习时长超过500小时，课堂参与活动总人次达403人次，课后生态教育目标相关的讨论活动发帖数达276项，参与问卷数110人次，通过课程团队5名老师对44名同学的成果考核，成果完成情况与生态教育目标达成度基本一致，且超过了开课前团队教师的预期值。（图4）结合生态教育所带来的对生态理念与生态哲学的深入思考，学生参与各项创新创业与设计竞赛率获佳绩。

（a）大地的情绪　　（b）光影传说　　（c）国际大赛项目解说视频　　（d）自然资源局生态宣传片

图2　课前生态教育资源案例

课程资源（根据所选期次展示）

授课视频	视频总时长	非视频资源	课程公告
61	569 分钟	231	16

累计页面浏览量	累计选课人数	累计互动次数
16727	45	276

（a）《城市生态学与绩效评价》线上资源建设情况　　　　（b）《城市生态学与绩效评价》2022学期课程选课与互动信息

（c）《城市生态学与绩效评价》2022学期学生线上讨论区互动展示

图3　案例课程线上资源展示

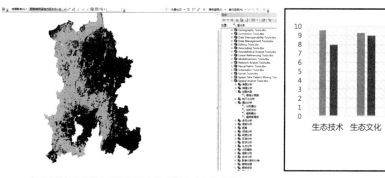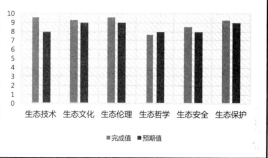

（a）《城市生态学与绩效评价》学生课上生态技术操作 　　　　　　　（b）学生目标达成度

图4　案例课程成果及学生评价

四、结语

生态文明建设是推动城乡规划发展的重要动力，在城乡规划专业课程开设中深入挖掘生态育人的关键要素，将生态文明思想渗透在教育教学的各个环节，有利于城乡规划专业"生态人"的有效培养。本文以《城市生态学与绩效分析》这一典型的城乡生态规划基础课程为例，解析在课程体系构建中生态教育要素的挖掘与提炼过程，探讨生态教育精神内核在课程教学单元的有机融入，并提出在专业课程建设中推动生态教育的专业化、特色化建设的有效路径，为建筑类高校，尤其是城乡规划专业在相关专业课程的开设中有机融入生态教育体系提供借鉴。

参考文献

[1] 刘子英，李婷婷，陈志俊.高校本科生生态价值观教育探析[J].黑龙江高教研究，2019，37（8）：130-133.

[2] 甄世涛，刘津.生态教育视角下高校思想政治教育的实践创新[J].环境工程，2021，39（10）：245.

[3] 张晓琴，孟国忠.大学生生态教育的五个着力点[J].中国高等教育，2022（2）：47-49.

[4] 杨民.建筑类高校生态教育体系的构建——以山东建筑大学为例[J].中国成人教育，2015（24）：100-103.

[5] 侯洪，刘歆.课程建设与大学生生态文明素养的培养[J].中国大学教学，2014（10）：71-76.

[6] 洪世梅.教育生态学与大学教育生态化的思考[J].高等教育研究，2007（6）：50-52.

[7] 刘芳.当代大学生生态文明观教育研究[J].河南社会科学，2014，22（5）：90-93.

[8] 张秉福.中国传统生态智慧及其现代价值[J].北京行政学院学报，2011（2）：120-125.

[9] 李志义.成果导向的教学设计[J].中国大学教学，2015（3）：32-39.

[10] 杨艳琴.中国传统生态智慧对高校生态教育的启示[J].西部学刊，2019（23）：118-120.

[11] 姜新生，杨辉.老子《道德经》的生态智慧及其教育价值[J].攀枝花学院学报，2021，38（3）：95-99.

[12] 程仲.道家生态智慧与生态教育及林业生态建设路径探讨[J].安徽林业科技，2019，45（2）：41-44+48.

图表来源

本文所有图表均为作者自绘、自制

作者：姜雪，吉林建筑大学建筑与规划学院讲师，硕士生导师；赵宏宇，吉林建筑大学建筑与规划学院副院长，教授，中科院东北地理与农业生态研究所特聘客座研究员/兼职博导，美国辛辛那提大学博士生联席导师；白立敏，吉林建筑大学建筑与规划学院，副教授，硕士生导师

当代国际建筑学本科教育体系研究概述

李俊贤　张文波

An Overview of Contemporary International Undergraduate Architecture Education System

■ 摘要：针对国际建筑学本科教学，从位于欧洲、北美洲、大洋洲和亚洲的主要国家中，选取26所开设建筑学专业的院校作为研究对象，采用文献研究、数据统计和定量分析的方法，从多样的学制与学位、开放的教学方式、明确的培养策略三个角度切入描述教学体系，计算案例院校不同学科的学分占比，归纳课程设置上呈现出的不同特点，揭示国际上建筑学专业在教学上的多元化趋势。希望借此研究，为国内建筑学教学发展的探索带来一定的思考。

■ 关键词：教学体系；教学方式；课程设置；学分占比；多样化

Abstract：For the international architecture undergraduate teaching, this paper selects 26 universities which offer architecture majors as the research objects. These universities are located in the major countries of Europe, North America, Oceania and Asia. Using literature research, data statistics and quantitative analysis methods to describe the teaching system from three perspectives：multiple academic system and degree, exoteric teaching methods, and explicit training strategies, Calculating the proportion of credits in different disciplines of the case colleges, this article summarizes the different characteristics presented in the curriculum and reveals internationally the trend of diversification in the teaching of architecture majors. It is hoped that this research will bring certain thinking value to the exploration of the development of domestic architecture teaching.

Keywords：Teaching System, Teaching Method, Course Setting, Proportion of Credits, Diversification

一、引言

当今国内众多建筑学院在建筑学本科的教学方法层面展开了积极探索。随着国际环境的不断开放与交融，不同国家建筑院校之间的学术交流与互动愈加频繁，以"建筑学教学方

课题名称：山东建筑大学2019年校内博士基金项目（编号：X19051Z0101）

法"为主题的文章、访谈和论坛层出不穷，足见学者们正在试图厘清本校建筑学专业的现状与问题，设想未来的改革方向。目前国内学者对国际上的建筑学教学研究主要集中于一个学校或是将其与国内某学校进行比较，选取的高校数量和类型有限。本文的研究基于一定数量和规模，将收集的数据进行整理，注重国际高校间的横向比较，对国际高校建筑学教学体系和课程设置进行归纳总结。研究资料的来源有三：一是各大高校官方网站发布的年鉴和招生信息，二是各大高校在 Issuu、Scribd 等网站上发布的学生作品集，三是其他与国际院校建筑学教育研究相关的文献。

由于建筑学科与地域文化、学校历史、教学传统和任课教师联系紧密，设计课的教学方法差异较大，学校的综合实力排名无法说明一切，考虑到以上原因，本文选取案例院校的标准主要有三条：第一，以建筑与建筑环境（Architecture & Build Environment）专业排名为筛选标准，选取 2020 年 QS 世界大学排名中位于前 20 的学校；第二，案例院校应分布在欧洲、北美洲、大洋洲、亚洲的主要国家，兼具不同地区和语言体系，遂增选位于德国的柏林工业大学和慕尼黑工业大学；第三，由于综合类大学、艺术类大学和建筑类院校的教学理念和办学特色均不同，案例院校应涵盖以上三种类型，遂增选谢菲尔德大学、建筑联盟学院、金士顿大学、格拉斯哥大学、爱丁堡大学和伦敦艺术大学。最终的案例院校名单如表 1 所示。

二、教学体系：面向实践，灵活多元

建筑学的教学体系涉及诸多方面，由于地理位置、历史传统、社会文化、学校类型均有差异，案例院校的培养特色和侧重点各有不同，主要表现在以下三方面：学制与学位、教学方式与培养策略。

1. 多样的学制与学位

顾大庆老师早在 2010 年就已经尖锐地指出单一的学制与我国的国情不相符的问题，十多年过去了，国内的教育制度仍然是在原来的基础上进行"个别的调整"，而非"整体的重新设计"[1]。反观国外各大高校，提供的多种选择既满足了学生参与交流学习的要求，又为学生提供了多次机会以明确未来的职业选择。目前，国际上的建筑学本科教育的学制主要有三年和四年，前者集中于欧洲和大洋洲的院校，后者集中于亚洲和北美洲的院校。学士学位分为文学学士（Bachelor of Arts）、理学学士（Bachelor of Science）、设计学士（Bachelor of Design）和建筑学学士（Bachelor of Architecture）[2]。获得学士学位后可以选择就业或进入研究生阶段学习。硕士的学制和方向更加丰富，已经获得建筑学学士专业学位[3]的可以通过一到两年的学习获得建筑学硕士学位；专业为建筑学但获得的是以上四种学士学位的可通过两到两年半的学习获得该学位；跨专业的学生也被美国院校考虑在内，可以通过三年或三年半的学习获得该学位。

新加坡国立大学为本科阶段与硕士阶段的过渡做了精心考量。学生在三年级结束时，可以选择是毕业还是继续学习，如果是后者，可以将研究生一年级的课程融入四年级，保证了教学效果的同时为同学们节约了大量时间。这里要特别指出的是，英国院校的学位认证与建筑师执业认证制度实行互认制，获得学士学位相当于通过建筑师注册委员会（Architect's Registration Board）和英国皇家建筑师协会（The Royal Institute of British Architects）第一部分认证，获得硕士学位相当于通过第二部分认证。

案例院校信息 表 1

学校名称	地区	语言	年制	所属学院	Bachelor of Science	Bachelor of Arts	Bachelor of Design	Bachelor of Architecture
麻省理工学院MIT	美国	英语	4	School of Architecture and Planning	• BSc in Architecture	/	/	/
代尔夫特理工大学TUD	荷兰	荷兰语	3	Faculty of Architecture and the Built Environment	• BSC Bouwkunde	/	/	/
伦敦大学学院UCL	英国	英语	3	The Bartlett: Faculty of the Built Environment	• BSc (Hons) in Architecture	/	/	/
苏黎世联邦理工学院ETH	瑞士	德语	3	Department of Architecture	• BSc ETH Arch	/	/	/
哈佛大学Harvard	美国	英语	4	Graduate School of Design、Faculty of Arts and Sciences	/	• BA	/	/
加州大学伯克利分校UCB	美国	英语	4	College of Environmental Design	/	• BA	/	/
米兰理工大学Polimi	意大利	意大利语/英语	3	School of Architecture Urban Planning Construction Engineering	• BSc	/	/	/
曼彻斯特建筑学院MSA	英国	英语	3	Faculty of Architecture and History of Art	/	• BA (Hons) Architecture	/	/
剑桥大学	英国	英语	3	School of Architecture, Civil and Environmental Engineering	/	• BA(hons)	/	/
洛桑联邦理工学院EPFL	瑞士	法语	3	School of Design and Architecture	/	/	/	/
新加坡国立大学NUS	新加坡	英语	4	Barnard College、Columbia College	/	• BA in Architecture	/	/
哥伦比亚大学	美国	英语	4	建筑学院	/	• BA in Architecture	/	/
香港大学HKU	中国	英语/中文	4	Architecture and Urban Design	/	• BA in Architecture	/	/
加州大学洛杉矶分校UCLA	美国	英语	4	School of Engineering/工学部	• BSc	• BA in Architecture	/	/
东京大学Utokyo	日本	日语	4	School of Design	• BSc	/	/	/
墨尔本大学UniMelb	澳大利亚	英语	3	School of Architecture, Design and Planning	/	/	• in Architecture	/
悉尼大学USYD	澳大利亚	英语	3	School of Architecture and the Built Environment	• BSc in Engineering	/	• in Architecture	/
瑞典皇家理工学院KTH	瑞典	瑞典语	3	School of Architecture	/	• BA in Architecture	/	/
谢菲尔德大学TUoS	英国	英语	3	Faculty of Planning, Building, Environment	• BSc in Architecture	/	/	/
柏林工业大学TUB	德国	德语	3	Engineering and architecture	/	• BA in Architecture	/	/
慕尼黑工业大学TUM	德国	德语	4		/	• BA(hons)	/	/
建筑联盟学院AA	英国	英语	3	School of Art	/	• BA (hons)	/	/
金士顿大学KU	英国	英语	3	Mackintosh School of Architecture	/	/	/	• Barch
格拉斯哥艺术学院GSA	英国	英语	3	School of Art	/	• BA	/	/
爱丁堡大学艺术学院ECA	英国	英语	3	Central Saint Martins	/	• BA (Hons) Architecture	/	/
伦敦艺术大学UAL	英国	英语	3		/		/	/

注：浅灰为综合类大学；中灰为艺术类大学；深灰为建筑类院校

119

多样的学制灵活性高、适应面广，学习年限得以缩短，与社会实践需求结合度较大，既符合相应国家的国情，也满足不同国家和地区之间互动时学分互认的需求。

2. 开放的教学方式

案例院校在教学方式上保持开放的姿态，采用多种手段帮助学生丰富视野，促进思考。在教学方式上的开放性主要表现在三个方面：其一鼓励学生参与国际院校间的交换学习；其二在高年级的建筑设计专题教学中为学生提供多个方向；其三打破严格的年级限制，采用垂直式工作室的方式。

慕尼黑工业大学将大三一整年设置为交换学习的时间，同学们被安排到90多所国际合作大学中学习。这一举措在帮助学生促进个人设计能力的同时增进了学生对不同文化的了解，鼓励学生从跨文化、跨地域的角度展开设计，从而增加毕业生在就业市场上的实践机会。许多案例院校颁布了跨专业培养的文件，同时欧洲学分互认系统的存在也保证了学生在完成专业培养目标的前提下参加不同院校的课程。

在传统的教学模式中，学生按入学年份被划分到不同的班级中，按照各年级的培养目标和课程安排学习。在建筑设计专题教学中，虽然仍然以年级为基础，但大多数案例院校已经允许学生自由成组，自由选择课题。到了高年级④可以选择一个感兴趣的方向进行深入研究，与低年级的教学相比，学生有充分的时间深入挖掘。如在二年级教学中，洛桑联邦理工学院设有5个方向；在三年级教学中，洛桑联邦理工学院设有4个方向，苏黎世联邦理工学院设有22个方向，曼彻斯特建筑学院与悉尼大学均设有7个方向，剑桥大学设有3个方向；在四年级教学中，香港大学设有10个方向（表2）。

部分院校甚至打破了严格的年级划分，采用垂直式工作室。这一模式由巴黎美院时期的高低年级学生互助形式发展而来。建筑联盟学院的一年级学生按照规定的设计项目学习，但到了二、三年级，学生面对18个工作室单元进行选择。每个工作室有12~14名学生，以"边学边做"为教学策略，鼓励学生运用视觉、语言和文字，积极与他人交流想法。伦敦大学巴特莱特建筑学院和伦敦艺术大学与此类似，前者为二、三年级的学生提供了15个单元，后者提供了8个单元。这种方式极大地促进了高低年级学生之间的交流，让学生享有更多的选择机会（表3）。

综上所述，案例院校在教学方式上不断努力：有的沿袭历史传统，在此基础上进行创新；有的利用新时代信息交流的便捷性，高效利用他校资源。无论是向内挖掘改善自身还是向外探索合作共赢，开放式的教学都是大势所趋。

3. 明确的培养策略

教学宗旨反映了一所院校所持有的价值观，它与建校历史和学校类型紧密相关。在所选的案例院校中，学制为四年的均为综合类院校，艺术类与建筑类院校的学制均为三年（表1）。后者针对性强，以为社会培养专业的建筑师为己任，设计课程切入的时间点早，且从大一贯穿至大三。前者则希望为学生提供充足的时间了解各专业的特点，最终选择适合自己的专业继续学习。同

高年级设计课（2020学年）　　　　　　　　　　　　　表2

苏黎世联邦理工学院				香港大学	
三年级单元名称	教授	三年级单元名称	教授	四年级单元名称	教授
领域记录/Bergell-Records of a Territory	C. Menn	让我们以形式为路径/Let's Walk About Form	A. Fonteyne	具体转换/Concrete Transitions	Olivier Ottevaere
大学空间——作为批评的设计 Spaces for Universities - Design as Criticism	Ch. Kerez	城市公园卡岑巴赫：在苏黎世北部建造新的公园 Stadtpark Katzenbach. Shaping a new Peri-Urban Park in Zurich Nord	C. Girot	城市人工制品——未来后工业尸体的角色 Urban Artefacts—the Future Roles of Post Industrial Carcasses	Anderson Lee, Oscar Ko
雅典的废弃插件/Athens Derelict Plug-In	A. Antonakakis	保护·密度·继续建造 Preserve - Densify - Continue to Build	M. Guyer	站点：自然分类/Field Stations: Natural Taxonomies	Andrea Pinochet
临时施工：圆形结构的设计 Temporary Construction. Design of Circular Structures	R. Boltshauser	材料的姿态——纺织品 Material Gesture - Textile	A. Holtrop	安德里亚·皮诺切特/Andrea Pinochet	Holger Kehne
新城市景观-城市致密化的焦点 New Urban Landscapes - Focal Points of Urban Densification	M. Brakebusch Geser	异化/Meteora #04 Alienations	L. Hovestadt	墙体效应：城市屏风墙的制作 Wall Effect: the Making of an Urban Screen Wall	Olivier Ottevaere
从空间理解建筑 Architecture From an Understanding of Space	G. A. Caminada	瑞士的旅游行为学 Tourism Behaviorology in Switzerland	M. Kaijima	上海利龙塔类型：走向垂直和水平生活的新理念 SHANGHAI LILONG Tower Types: Towards New Ideas of Vertical and Horizontal Living	Christian J Lange
建筑与自然实验 E. A. N. #M - Experiments on Architecture and Nature	A. Brandlhuber	维也纳的市场区 Market District 24/7, Vienna	H. Klumpner	住房合作模式/MEI FOO 2:Models For Housing Cooperative	Guillaume Othenin-Girard
为共同生活而计划 Making Plans for Living Together	F. Caruso	材料流动/Material Flows	E. Mosayebi	马尼拉的新住房模式/Field Housing: New Housing Models for Manila	Jason Bond
阿波罗的乐趣/Voluptas S1E6 Apollo	F. Charbonnet, P. Heiz	奥芬巴赫—我们需要谈论基础设施 Offenbach - We Need to Talk About Infrastructure	F. Persyn	捷径：孔隙度、流动和连通性 Jakarteries:Porosities, Flow and Connectivity	Holger Kehne
重新思考，重新定义苏黎世 3,3%, 33,3%, 333%. Re-Thinking-Re Re-Zu-rich	J. De Vylder	建筑社区：苏黎世的重建与住房 Building Communities: Rehabilitation and Housing in Zurich	E. Prats GUerre	阶梯式房屋/Stepped Housing	Evelyn Ting
要素/Elements	A. Deuber	边界调查/Borderline(s) Investigation #5 Visibility	A. Theriot		
曼彻斯特建筑学院		悉尼大学		剑桥大学	
三年级单元名称	教授	三年级单元名称	教授	三年级单元名称	教授
城市空间实验/Urban Spatial Experimentation	Karsten Huneck, David Conner	悉尼口述历史项目/Sydney Oral History Project	Christina Aranzubia等	公共生活？/Public Life?	Nikolai Delvendahl, Eric Martin
PRAXXIS	Sarah Renshaw等	城市身份/Urban Identities	Christina Aranzubia	成长中的喜悦/Delight in Degrowth	Rod Heyes, Prisca Thielmann
基础设施空间/Infrastructure Space	Dr. Laura Coucill等	基于规则的设计和材料系统 Rule Based Design & Material Systems	Eduardo de Oliveira Barata	持久与变化/Durability and Change:Long-Life, Loose -Fit	Peter Fisher, Mike Tuck
FLUX	Carrie Lawrence Dan Dubowitz	故事中的重要联系和可持续性的重要联系 Critical Connections in Stories and Sustainability	Malay Dave		
建筑中的连续性/Continuity in Architecture	Mike Daniels等	比虚构更奇怪（聆听城市） Stranger Than Fiction (Listening to the City)	Olivia Hyde,Kate Rintoul等		
进阶实践/Advanced Practice	Matt Ault等	触觉存记忆和遗忘中相遇 Haptic Encounters in Memory and Forgetting	Matthew Mindrup		
&RCHITECTURE	Kasia Zawratek, Stephen McCusker	地图不是地域/The Map Is Not The Territory	Thomas Stromberg		
洛桑联邦理工学院					
二年级单元名称	教授	三年级单元名称	教授		
Bakker & Blanc A.	Bakker Marco, Blanc Alexandre	Fröhlich M. & A.	Fröhlich Anja, Fröhlich Martin		
Lapierre	Lapierre Eric	Graf F.	Graf Franz		
Rey	Rey Emmanuel	Ortelli L.	Ortelli Luca		
Taillieu	Taillieu Jo Francois	Viganò	Viganò Paola		
Verschuere	Verschuere				

建筑联盟学院		伦敦大学巴特莱特建筑学院		伦敦艺术大学	
Experimental 1	关于时间/About Time	UG0	大多数/Multitude	Studio1	领域/The Field
Experimental 2	文化价值/Cultural Value	UG1	永远的苏格兰/Scotland Forever	Studio2	建造城市/Building The Civic
Experimental 3	未来森林及数字生物 The Future Forest and its Digital Creatures	UG2	物体与如画之间 Between the Object and the Picturesque	Studio3	共同城市的原型 Prototyping The Common City
Experimental 4	谁在做什么/Who's on What	UG3	出生与重生/Birth and Rebirth	Studio4	超邻接/Hyper Adjacency
Experimental 5	我被击倒/I Get Knocked Down	UG4	其他之外/Inter Alia	Studio5	公民表达 Civic Expression
Experimental 6	不定的状态/Limbo	UG5	人类的一代：冒险 Generation Anthropocene: Risking Everything	Studio6	城市碎片：城中城/Urban Fragment:City Within City
Experimental 7	回到现实/Down to Earth	UG6	物质文化/Material Cultures	Studio7	想象协作未来/Imaging Collaborative Futures
Experimental 8	生活形式/Forms for Living	UG7	非凡的冒险/Voyages Extraordinaires	Studio8	可持续的美学/The Aesthetics of Sustainability
Experimental 9	多样性：新文化项目 Multiplicity:New Cultural Programme	UG8	颠倒的实验 Experiments in the Upside-Down		
Experimental 10	投掷/Cast	UG9	随波逐流/Follow the Water		
Experimental 11	都市乐园/The Garden of Urban Delights	UG10	寒鸦之梦/Jackdaw Dream		
Experimental 12	跨国建筑/Transnational Architecture	UG12	睁大眼睛/Eyes Wide Shut		
Experimental 13	非自然历史博物馆：解构博物馆类型学 UnNatural History Museums:Unbuilding the Museum Typology	UG13	做决定/In Decision		
Experimental 14	寻找作者的十二个字 Dodici personaggi in cerca d' autore	UG14	重复，回忆，重写/Repeat, Recall, Rewrite		
Experimental 15	城市/大厅：社区和集体形式 City/Hall: Community and Collective Form	UG15	实时延迟/Real-Time Delay		
Experimental 16	没有狗没有球类运动 No Dogs No Ball Games				
Experimental 17	梦想家庭，守护猜想 Dreaming Domesticity, Sheltering Speculations				
Experimental 18	垂直综合体 Hi-Res / Hi-Rise: Vertical Synthesis				

时，综合类大学更看重学生的综合能力和人文艺术素养，会在一年级或一、二年级开设通识教育（General Education），课时甚至会占据本科课程的一半，这会导致学生进入设计的时间点靠后。

通识教育主要以两种方式展开：其一，作为必修类课程被安排进专业课程的学习过程中，这也是大多数院校采用的方式，如麻省理工学院在一年级预科课程（First-Year Pre-Orientation Program）中对学生提出了三项要求：（1）从数学、物理、生物、化学中选取 6 个科学类课程；（2）选取 8 个人文类课程；（3）选取 2 个技术类课程[⑤]。其二，将确定专业的时间点延后，如哥伦比亚大学将其定在大一第二学期末结束，哈佛大学将其定在大二第一学期开始。后者将大一这一整年定为通识教育阶段，并要求学生从以下四个角度各选择一门课程：（1）美学与文化（Aesthetics & Culture）；（2）伦理与公民（Ethics & Civics）；（3）历史、社会、个体（Histories, Societies, Individuals）；（4）社会中的科学与技术（Science & Technology in Society）[⑥]。通识教育的意义大致有二：其一，提供坚实的知识基础，帮助学生建立跨学科的思维方式；其二，经过大约两个学期的学习后，学生对大学的基本面貌和不同专业的学习方式都有了更加清晰的了解，这有利于其做出较为正确的职业选择。

院校的培养策略是教学宗旨的体现，也是课程设置的基石。就目前来说，是否必须在本科教育中开设通识性课程并没有明确的规定和标准，但仍有大学坚持将一部分课时划分给通识教育，这或许在某种程度上也可以说明它的意义。

三、课程设置：设计为主，多维切入

学分是用于计算学生学习量的一种单位，体现了不同课程的重要程度和所需要的教学时间[⑦]。本文参考陈瑾羲、刘泽洋在《国外建筑院校本科教学重点探析——以苏高工、巴特莱特、康奈尔等 6 所高校为例》中的课程分类方式，将各大高校的必修课程划分为五大种类：设计与实践、建造及工学技术、城市营建、历史人文与理论、其他。（表4）

本文对案例院校课程表上罗列的课程进行分类，对上述五大类课程的学分占比[⑧]进行计算，归纳出当今国际院校的课程设置主要在以下三方面呈现出不同的特点：设计与实践的关注点、建造及工学技术的深度、城市空间营建的重要度。

1. 设计与实践的关注点

从建筑学专业的出现开始，设计课就一直是核心课程，历史上的多次教改从不同的角度切入，试图形成一套完备的、可供教授的设计方法。从经典的布扎体系、包豪斯的现代教育改革、德州骑警的九宫格实验到赫伯特·克莱默教授的空间教学法，这些教学方法和思想都曾风靡一时。随着上述教学法在不同院校的应用和实践，如今已形成了纷繁多彩的建筑设计课程。通过计算得出，设计与实践类课程学分占比达到60% 的有四所大学，占比 50%~60% 的有七所大学。其中麻省理工学院位于美国，悉尼大学位于澳大利亚，其余大学均位于英国。建筑联盟学院（67%）、谢菲尔德大学建筑学院（61%）、曼彻斯特建筑学院（50%）属于建筑类，格拉斯哥艺术学院（61%）、伦敦艺术大学（61%）、金士顿大学艺术学院（50%）属于艺术类。

相较于综合类大学，艺术类大学和建筑类院校引入设计课的时间点更早，学分占比更高（表5）。通过对案例院校设计与实践类课程的多方面分析与比较，本文发现院校的侧重点各有不同，主要表现在四方面：强调学生的实践能力、注重跨学科的交流、鼓励多视角切入设计、结合时事与现实问题。

其一是强调学生的实践能力。建筑类院校旨在为社会输出具有硬实力的执业建筑师，帮助学生做好过渡，从学校的建筑设计轻松转换到社会的具体项目，因此在教学中注重与实践相结合。许多建筑类院校已在课程安排中加入了道德、法律与施工类课程（表6），学分占比不高，但是可以帮助学生形成相关的意识。谢

五大种类课程示例 表4

设计与实践	建造及工学技术	历史人文与理论	城市营建	其他
建筑设计 Architectural Design/Studio 表现基础 Fundamentals of Representation 数字技术空间表现 Digi Skills Space Representation CAD工具介绍 Introduction to CAD Tools in architecture 设计方法与想法 Ideas and Approaches in Design 空间计算思考 Spatial Computational Thinking 表现与设计 Darstellen und Gestalten 视觉艺术 Bildende Kunst 设计过程与方法 Design Processes and Methods 建筑交流 Architectural Communications	数学 Mathematisches Denken 建造过程 Bauprozess 数学建模与编程 Mathematisches Denken und Programmieren 技术科学基础 Technical Scientific Fundaments 结构、材料与技术 Structures, Materials and Forming Techniques 结构设计 Tragwerksentwurf 建筑材料 Baumaterialien 建筑物理 Building physics 技术与环境 Technology and Environment	景观建筑 Landschaftsarchitektur 设计基本原理 建筑历史与理论 Architectural History and Theory 遗产保护基础 Heritage Preservation Fundamentals 可持续性和建筑环境 Sustainability and the Built Environment 探索建筑 人文 Humanities 环境历史与理论 Environmental History and Theories	城市营建 Stadtebau 城市营建史 城市空间中的设计与策略 城市规划工作室 Urban Planning Studio 城市形成与发展 City Form and Development 文化与城市 Culture and the City 城市主义理论 Theory of urbanism 建筑与城市研究史 History of Architecture and Urban Studies	社会学 Soziologie 实践、道德与企业 Practice, Ethics and Enterprise 社会、实践和过程 Society, Practice and Process 大学英语 Core University English 建筑与景观学生的专业中文 Practical Chinese for Architecture and Landscape Students

设计与实践类课程学分占比 表5

学校	总分	设计与实践		建造及工学技术		历史人文与理论		城市营建		其他	
建筑联盟学院	360	240	67%	60	17%	60	17%	0	0	0	0
格拉斯哥艺术学院BA(hons)	480	320	67%	110	23%	50	10%	0	0	0	0
伦敦艺术大学UAL	360	220	61%	60	17%	80	22%	0	0	0	0
谢菲尔德大学	360	220	61%	60	17%	70	19%	0	0	10	3%
格拉斯哥艺术学院BA	360	220	61%	90	25%	50	14%	0	0	0	0
麻省理工学院MIT	180（后三年）	108	60%	36	20%	36	20%	0	0	0	0
剑桥大学	/	/	60%	/	/	/	/	/	/	/	/
伦敦大学学院UCL	360	210	58%	60	29%	45	13%	15	5%	15	5%
悉尼大学	144	84	58%	12	8%	18	13%	0	0	0	0
曼彻斯特建筑学院	360	180	50%	90	25%	90	25%	0	0	0	0
金士顿大学	360	180	50%	90	25%	90	25%	0	0	0	0
爱丁堡大学BA	360	180	50%	80	22%	80	22%	20	6%	0	0
米兰理工大学	180EC	88	49%	34	19%	24	13%	22	12%	0	0
爱丁堡大学MA(hons)	480	230	48%	60	13%	130	27%	20	4%	0	0
香港大学	240	108	45%	30	13%	42	18%	0	0	12	5%
柏林工业大学	180EC	78	43%	33	18%	15	8%	12	7%	12	7%
代尔夫特理工大学TUD	180EC	75	42%	25	15%	35	20%	0	0	15	8%
苏黎世联邦工学院ETH	180EC	72	40%	32	18%	40	22%	12	7%	4	2%
洛桑联邦理工学院	180EC	70	39%	44	24%	48	27%	8	4%	4	2%
新加坡国立大学	160	56	35%	20	13%	8	5%	8	5%	0	0
墨尔本大学	300	100	33%	62.5	21%	25	8%	0	0	0	0
慕尼黑工业大学	240	66	28%	42	18%	42	18%	20	11%	6	3%
加州大学伯克利分校	120（后两年）	34	28%	15	13%	21	18%	0	0	4	3%
加州大学洛杉矶分校	120（后两年）	23	20%	15	13%	25	21%	0	0	0	0
瑞典皇家理工学院KTH	180EC	5	3%	105	58%	0	0	10	6%	15	8%
哈佛大学	128	/	/	/	/	/	/	/	/	/	/
哥伦比亚大学	124	/	/	/	/	/	/	/	/	/	/
东京大学	/	/	/	/	/	/	/	/	/	/	/

注：a 黑体校名学校为学制4年的院校；b 总分单位为 credit，EC 参考注释⑤

职业教育课程 表6

案例院校	课程	案例院校	课程
代尔夫特理工大学	设计和施工管理 Design and Construction Management	柏林工业大学	经济学和建筑法 Bauökonomie und Baurecht
巴特莱特建筑学院	实践、道德与企业 Practice, Ethics and Enterprise	剑桥大学	管理、实践和法律 Management, Practice and Law
洛桑联邦理工学院	•建筑法导论：合同与竞争 An introduction to the law of architecture:contracts and competition •建筑项目管理 Construction project management	瑞典皇家理工学院	•经济学、计算和组织 Economics, calculation and organization •建筑许可证和房地产法 Building Permit and Real Estate Law
慕尼黑工业大学	施工法、施工工艺与施工管理 Baurecht, Bauprozess und Baumanagement •建筑生产管理概论	谢菲尔德大学	管理、实践、法律 Management Practice Law
东京大学	•建筑法规 •建筑施工		

菲尔德大学建筑学院在工作室中，让全职工作人员和执业建筑师一同加入，为学生带来建筑界的最新思想，传授与未来工作紧密相关的技能，将学术知识与专业指导相结合。

其二是注重跨学科的交流。建筑学从本源上来看属于艺术的一个分支，艺术类大学利用这一点，让不同专业的学生在艺术这一大的门类下进行合作，这往往会激发学生产生许多新颖的想法。格拉斯哥艺术学院（GSA）在第一年的课程中开设了两个协作实验室（Co-Lab），同专业的学生共同探讨一个主题，最终与GSA的其他四个学院的学生（创新学院、设计学院、艺术学院、仿真与可视化学院）一起互相分享经验。跨学科的交流和协作使学生了解与自己截然不同的观察、思考和设计的方式，并帮助他们在专业方面进行创造性的实践。

其三是鼓励多视角切入设计。"多视角"可以从两个角度进行理解：一方面是将结构、材料、历史、城市等课程作为切入点，对建筑设计进行深化。如果将这些课程独立出来，学生往往意识不到它们与建筑设计之间的联系，或不能够高效地利用这些知识，从而导致课程之间的片段化。苏黎世联邦理工学院在一年级开设的"设计与建造（Entwerfen und Konstruieren）"中，前期安排了与空间、材料和光相关的小练习，最后要求学生将概念转化成具体建筑，将设计和建造紧密结合。另一方面是方向各异的设计单元，学生可以根据自己的兴趣选择相应的课题和导师，这些课题往往与导师本人的实践和思考紧密相关，特色鲜明、更新换代快、教学深度足，教授的设计方法和培养要求也相差较大。

其四是结合时事与现实问题。疫情的突然来袭，迫使我们重新思考当下社会所面临的现实问题。教授保持对现有社会问题的关注，引导学生运用专业能力并试图提出一种解决方法。新加坡国立大学在设计5"密度—城市化—公共性（Density-Urbanism-Publicness）"中，将2020年的主题定为"疫情时代的建筑与城市"，重新审视流行病时代下这些词语的含义。冠状病毒的传播产生了新的密度概念，不同个体、个体与建筑环境之间的互动发生了重大变化，疫情结束后城市可能会发生翻天覆地的变化，我们必须对这些变化做出预判和应对。

设计与实践类课程往往是一所院校建筑学的教学特色所在，高学分占比充分说明其在整个教学环节中处于至关重要的位置。差异化的设计课程鼓励学生对建筑进行个性化的诠释，形成自己的设计流程。

2. 建造及工学技术的深度

案例院校均开设了建造及工学技术类课程，学生在这些课程中会了解到常见的建筑结构和常用的建筑材料。但各个院校的教学重点和发展方向并不相同，因此这类课程的学分占比相差较大，大部分院校在15%~25%，占比相对较低，课程种类也相对较少，开设这些课程的主要目的是配合工作室建筑项目的开展，帮助学生形成自己独特的建构逻辑（表7）。

学分占比超过25%的有三所大学：瑞典皇家理工学院与东京大学的学分占比遥遥领先，随后是伦敦大学巴特莱特建筑学院（29%）。瑞典皇家理工学院本身就是工科类大学，东京大学的建筑学属于工学部，从院校种类和所属学院（表1）便可看出这两所学校重建造和技术是有因可循的。它们开设的课程分类更加细致，考察的难度更大，覆盖的范围也更加全面。除了多数院校均开设的建筑结构、建筑物理、构造与材料外，瑞典皇家理工学院还开设了线性代数、统计学等数学类课程。需要指出的是，瑞典皇家理工学院开设的专业名称不是建筑学（Architecture），而是建筑工程与设计（Constructional Engineering and Design）。东京大学结合所在城市的特点开设了建筑抗震构造的课程，为了确保学生懂得如何应用这些知识，还增加了课程配套的练习课。正如其在招生简章中提到的，它们培养的学生既是工程师也是建筑师，懂得建筑设计与表现的同时，深谙技术开发、应用以及材料的选择。

建造及工学技术类课程与项目实践紧密相关，可以作为建筑设计的切入点之一，一些案例院校在课程设置时细化了课程的分类，并且增加了此类课程的学分占比，补充完善了建筑学本科设计教学。

3. 城市空间营建的重要度

"城市营建"常被译为城市设计（Urban Design），德语为Städtebau。在德语中，Städt为城市，bau为建筑及建造，因此'城市营建'比'城市设计'更为确切。[9]经统计可知城市营建的学分占比普遍偏低，甚至有相当一部分学校还未单独设置城市营建类的课程（表8，其中有些学校是将这部分内容渗透在建筑设计中，课程表上没有出现，学分占比甚小，因此未将这部分课程纳入统计中）。

该类课程横跨一至三年级，展开方式主要有三种：其一是以城市为研究对象的历史与理论课程，如伦敦大学巴特莱特建筑学院的"制作城市：建筑环境的生成（Making Cities：the Production of Architectural Environments）"，苏黎世联邦理工学院的"城市设计全球史（Global History of Urban Design）"，洛桑联邦理工学院的"城市和土地分析（Urban and Territorial Analysi）"，悉尼大学的"城市形成与发展（Urban Form and Development）"，

建造及工学技术类课程学分占比　　　　　　　　　　　　　　　　　表7

学校	总分	设计与实践		建造及工学技术		历史人文与理论		城市营建		其他	
瑞典皇家理工学院KTH	180EC	5	3%	105	58%	0	0	10	6%	15	8%
伦敦大学学院UCL	360	210	58%	60	29%	45	13%	15	5%	15	5%
格拉斯哥艺术学院BA	360	220	61%	90	25%	50	14%	0	0	0	0
曼彻斯特建筑学院	360	180	50%	90	25%	90	25%	0	0	0	0
金士顿大学	360	180	50%	90	25%	90	25%	0	0	0	0
洛桑联邦理工学院	180EC	70	39%	44	24%	48	27%	8	4%	4	2%
格拉斯哥艺术学院BA(hons)	480	320	67%	110	23%	50	10%	0	0	0	0
墨尔本大学	300	100	33%	62.5	21%	25	8%	0	0	0	0
麻省理工学院MIT	180（后三年）	108	60%	36	20%	36	20%	0	0	0	0
米兰理工大学	180EC	88	49%	34	19%	24	13%	22	12%	0	0
柏林工业大学	180EC	78	43%	33	18%	15	8%	12	7%	12	7%
苏黎世联邦理工学院ETH	180EC	72	40%	32	18%	40	22%	12	7%	4	2%
慕尼黑工业大学	240EC	66	28%	42	18%	42	18%	20	11%	6	3%
建筑联盟学院	360	240	67%	60	17%	60	17%	0	0	0	0
伦敦艺术大学UAL	360	220	61%	60	17%	80	22%	0	0	0	0
谢菲尔德大学	360	220	61%	60	17%	70	19%	0	0	10	3%
爱丁堡大学BA	360	180	50%	60	17%	80	22%	20	6%	0	0
代尔夫特理工大学TUD	180EC	75	42%	25	15%	35	20%	0	0	15	8%
爱丁堡大学MA(hons)	480	230	48%	60	13%	130	27%	20	4%	0	0
香港大学	240	108	45%	30	13%	42	18%	0	0	12	5%
新加坡国立大学	160	56	35%	20	13%	8	5%	8	5%	0	0
加州大学伯克利分校	120（后两年）	34	28%	15	13%	21	18%	0	0	4	3%
加州大学洛杉矶分校	120（后两年）	23	20%	15	13%	25	21%	0	0	0	0
悉尼大学	144	84	58%	12	8%	18	13%	0	0	0	0
剑桥大学	/		60%	/	/	/	/	/	/	/	/
哈佛大学	124	/	/	/	/	/	/	/	/	/	/
哥伦比亚大学	124	/	/	/	/	/	/	/	/	/	/
东京大学	/	/	/	/	/	/	/	/	/	/	/

城市空间营建类课程学分占比　　　　　　　　　　　　　　　　　表8

学校	总分	设计与实践		建造及工学技术		历史人文与理论		城市营建		其他	
米兰理工大学	180EC	88	49%	34	19%	24	13%	22	12%	0	0
慕尼黑工业大学	240	66	28%	42	18%	42	18%	20	11%	6	3%
苏黎世联邦理工学院ETH	180EC	72	40%	32	18%	40	22%	12	7%	4	2%
柏林工业大学	180EC	78	43%	33	18%	15	8%	12	7%	12	7%
爱丁堡大学BA	360	180	50%	60	17%	80	22%	20	6%	0	0
瑞典皇家理工学院KTH	180EC	5	3%	105	58%	0	0	10	6%	15	8%
伦敦大学学院UCL	360	210	58%	60	29%	45	13%	15	5%	15	5%
新加坡国立大学	160	56	35%	20	13%	8	5%	8	5%	0	0
洛桑联邦理工学院	180EC	70	39%	44	24%	48	27%	8	4%	4	2%
爱丁堡大学MA(hons)	480	230	48%	60	13%	130	27%	20	4%	0	0
曼彻斯特建筑学院	360	180	50%	90	25%	90	25%	0	0	0	0
金士顿大学	360	180	50%	90	25%	90	25%	0	0	0	0
伦敦艺术大学UAL	360	220	61%	60	17%	80	22%	0	0	0	0
加州大学洛杉矶分校	120（后两年）	23	20%	15	13%	25	21%	0	0	0	0
麻省理工学院MIT	180（后三年）	108	60%	36	20%	36	20%	0	0	0	0
代尔夫特理工大学TUD	180EC	75	42%	25	15%	35	20%	0	0	15	8%
谢菲尔德大学	360	220	61%	60	17%	70	19%	0	0	10	3%
香港大学	240	108	45%	30	13%	42	18%	0	0	12	5%
加州大学伯克利分校	120（后两年）	34	28%	15	13%	21	18%	0	0	4	3%
建筑联盟学院	360	240	67%	60	17%	60	17%	0	0	0	0
格拉斯哥艺术学院BA	360	220	61%	90	25%	50	14%	0	0	0	0
悉尼大学	144	84	58%	12	8%	18	13%	0	0	0	0
格拉斯哥艺术学院BA(hons)	480	320	67%	110	23%	50	10%	0	0	0	0
墨尔本大学	300	100	33%	62.5	21%	25	8%	0	0	0	0
剑桥大学	/	/	60%	/	/	/	/	0	0	/	/
哈佛大学	124	/	/	/	/	/	/	/	/	/	/
哥伦比亚大学	124	/	/	/	/	/	/	0	0	/	/
东京大学	/	/	/	/	/	/	/	0	0	/	/

慕尼黑工业大学的"城市规划（Städtebau）"。其二是构成低年级建筑设计的某个单元，旨在培养学生的观察和分析能力，同时鼓励学生运用不同的媒介手段进行表达，如谢菲尔德建筑学院在"我们的城市（This City Is Ours）"中，要求学生以小组形式工作，使用画画、图表、地图、笔记、照片、拼贴画、模型等方式，制作城市中的某个场景，探索私人、社会和公共空间之间的关系。其三是与低年级的建筑设计模块相衔接的城市设计单元，学生需要站在更加宏观的角度审视建筑设计，思考建筑与城市的关系，如米兰理工大学的"城市规划单元（Urban Planning Studio）"，苏黎世联邦理工学院的"城市设计（Urban Design）"，瑞典皇家理工学院的"城市与住宅规划（Urban and Dwelling Planning）"，柏林工业大学、慕尼黑工业大学的"城市设计（Städtebaulicher Entwurf）"等。

综上所述，一些案例院校已将城市空间营建类课程从设计与实践类、历史人文与理论类课程中独立出来，开设了城市设计单元和城市发展历史与理论课程。城市营建的重要度在本科教学中逐渐凸显出来，成为建筑设计中另一个重要的切入点。

四、结语

案例院校位于不同的地区和国家，如何确保不同院校培养的学生均满足学士学位的毕业要求？在国际交流和学位认证的背景下，各大院校如何在相似的标准下展现自身的传统与特点？本文从教学体系和课程

学校	总分	设计与实践		建造及工学技术		历史人文与理论		城市营建		其他	
洛桑联邦理工学院	180EC	70	39%	44	24%	48	27%	8	4%	4	2%
爱丁堡大学MA(hons)	480	230	48%	60	13%	130	27%	20	4%	0	0
曼彻斯特建筑学院	360	180	50%	90	25%	90	25%	0	0	0	0
金士顿大学	360	180	50%	90	25%	90	25%	0	0	0	0
苏黎世联邦理工学院ETH	180EC	72	40%	32	18%	40	22%	12	7%	4	2%
伦敦艺术大学UAL	360	220	61%	60	17%	80	22%	0	0	0	0
爱丁堡大学BA	360	180	50%	60	17%	80	22%	20	6%	0	0
加州大学洛杉矶分校	120(后两年)	23	20%	15	13%	25	21%	0	0	0	0
麻省理工学院MIT	180(后三年)	108	60%	36	20%	36	20%	0	0	0	0
代尔夫特理工大学TUD	180EC	75	42%	25	14%	35	20%	0	0	15	8%
谢菲尔德大学	360	220	61%	60	17%	70	19%	0	0	10	3%
慕尼黑工业大学	240	66	28%	42	18%	42	18%	20	11%	6	3%
香港大学	240	108	45%	30	13%	42	18%	0	0	12	5%
加州大学伯克利分校	120(后两年)	34	28%	15	13%	21	18%	0	0	4	3%
建筑联盟学院	360	240	67%	60	17%	60	17%	0	0	0	0
格拉斯哥艺术学院BA	360	220	61%	90	25%	50	14%	0	0	0	0
伦敦大学学院UCL	360	210	58%	60	29%	45	13%	15	5%	15	5%
米兰理工大学	180EC	88	49%	34	19%	24	13%	22	12%	0	0
悉尼大学	144	84	58%	12	8%	18	13%	0	0	0	0
格拉斯哥艺术学院BA(hons)	480	320	67%	110	23%	50	10%	0	0	0	0
墨尔本大学	300	100	33%	62.5	21%	25	8%	0	0	0	0
柏林工业大学	180EC	78	43%	33	18%	15	8%	12	7%	12	7%
新加坡国立大学	160	56	35%	20	13%	8	5%	8	5%	0	0
瑞典皇家理工学院KTH	180EC	5	3%	105	58%	0	0	10	6%	15	8%
剑桥大学	/		60%	/	/	/	/	/	/	/	/
哈佛大学	124	/	/	/	/	/	/	/	/	/	/
哥伦比亚大学	124	/	/	/	/	/	/	/	/	/	/
东京大学	/	/	/	/	/	/	/	/	/	/	/

设置两大方面入手，发现国际建筑学本科教学正稳步朝着多样化的方向发展。反观国内，在专业评估的大背景下，一些先锋院校积极参与教改，在国际潮流中寻找一席之地，如东南大学在与苏黎世联邦理工学院交流的过程中始终保持对本体建筑学的坚守与拓展，同济大学在以建筑学课程系列教学为主的同时穿插有关保护的理论和技术课程等。还有部分院校充分利用自身背景，如中国美术学院作为艺术类院校，提倡对身体经验的重视，通过历史溯源建立与文化传统的精神关联；山东建筑大学作为工科院校，坚持服务地方经济建设的方针，强调前沿技术和实践能力等。但仍有不少地方性院校由于办学历史较短，无传统可依，位置偏僻，资源匮乏，只能跟着老八校亦步亦趋。向老八校的教育体系学习是一种十分稳妥的方法，但绝非唯一出路。

在这个风起云涌的时代，多样化的教学特点是大势所趋，但找准定位、保持初心或许才是立根之本。正如葛明曾在《方法：关于设计教学研究》的论坛中说到的：优秀的建筑学院都有着独特的传统和特点，比如瑞典皇家理工的构造与设计、东京工业大学的空间意义与设计、宾夕法尼亚大学的历史和设计。因此，对于国内地方院校来说，提高本土意识，深入对地方建筑文化的挖掘，自我剖析、了解自身的优势所在，并且密切关注国际院校是如何进行调整和创新是非常有必要的。拙文希望能够为我国建筑学的教学探索提供一定的借鉴思考。

注释

① 顾大庆.中国建筑学学制的问题及其改革[J].建筑学报，2010（10）：10-13.

② 顾大庆老师在《中国建筑学学制的问题及其改革》中对国内外的学制进行对比时，提出了两种模式：其一，我国采用的"5+2.5"的双专业学位学制（建筑学学士和硕士均为专业学位）；其二，国际上采用的"3+2"的专业硕士模式（只有硕士才是专业学位）。从《建筑教育宪章》中规定的5年的全日制教育的角度来说，国际上的建筑学硕士学位相当于我国的建筑学学士学位。此处的Bachelor of Architecture虽也译为建筑学学士，但由于学习时间未满五年，因此级别相当于其他三类学士学位。

③ 此处特指经过五年的全日制教育后而获得的建筑学学士学位。

④ "高年级"对于三年学制的学校指二年级和三年级，对于四年学制的学校指三年级和四年级。

⑤ 如麻省理工学院有三条教育指导原则：第一在人类知识的核心领域中具有广泛而坚实的基础；第二在特定专业领域进行深入而熟练的培训；第三解决现实世界问题的实践取向。出自 https：//mitadmissions.org/discover/the-mit-education/mits-educational-philosophy/.

⑥ 哈佛大学的学生手册中有着明确的选课要求。出自 https：//wiki.harvard.edu/confluence/display/HHAA/Harvard+HAA+Undergraduate+Student+Program+Handbook.

⑦ 参考维基百科和百度百科中对学分（credit）一词的定义。欧洲采用学分转移和累积系统（European Credit Transfer and Accumulation System，ECTS），是欧洲诸国间在高等教育领域互相衔接的一个项目，以确保各国高等教育标准相当。30学分被认为相当于欧洲学分转移系统（ECTS）中的15学分。

⑧ 详见表5、表7、表8、附表1。由于案例院校的总学分设置不同，只看各类课程的学分参考性不大，因此选择计算出各类课程占总学分的比例之后，再将百分比按照从大到小的顺序进行排列。

⑨ 陈瑾羲，刘泽洋.国外建筑院校本科教学重点探析——以苏高工、巴特莱特、康奈尔等6所院校为例[J].建筑学报，2017（6）：94-100.

参考文献

[1] 顾大庆.向"布扎"学习——传统建筑设计教学法的现代诠释 [J].建筑学报，2018（8）：98-103.

[2] 胡滨.面向身体的教案设计——本科一年级上学期建筑设计基础课研究 [J].建筑学报，2013（9）：80-85.

[3] MIT.General Institute Requirements.[EB/OL].http：//catalog.mit.edu/mit/undergraduate-education/general-institute-requirements/#text.

[4] GSA.Media.[EB/OL]. https：//www.gsa.ac.uk/media/1708283/first-year-experience-2019.pdf.

[5] NUS.Gallery.[EB/OL].https：//www.sde.nus.edu.sg/arch/gallery/ ？ galleryType=programmes&programmes=1180&yearFilter=1.

[6] 東京大学.大学案内 .[EB/OL].進振りパンフレット 2021 年度版 -1.pdf (u-tokyo.ac.jp).

[7] 陈瑾羲，刘泽洋.国外建筑院校本科教学重点探析——以苏高工、巴特莱特、康奈尔等 6 所院校为例 [J].建筑学报，2017（6）：94-100.

[8] 韩冬青，单踊.融合 批判 开拓——东南大学建筑学专业教学发展历程思考 [J].建筑学报，2015（10）：1-5.

[9] 刘抚英，金秋野.国内高校建筑教育发展现状探析 [J].华中建筑，2009，27（7）：235-237+240.

[10] 金秋野.建筑教育的三个层次：关于中国美术学院建筑艺术学院实验教学的思考 [J].新美术，2017，38（8）：38-41.

[11] 刘甦，赵继龙，仝晖，张建华，江海涛.面向区域 创新建筑学专业人才培养模式 [J].中国高等教育，2009（7）：34-35.

[12] 顾大庆."布扎 - 摩登"中国建筑教育现代转型之基本特征 [J].时代建筑，2015（5）：48-55.

[13] 葛明，克里斯蒂安·克雷兹，大卫·莱瑟巴罗，顾大庆，李岳岩，晏俊杰，史永高，鲍莉，王正，朱渊，朱昊昊，张旭，王君美，方浩宇 .方法：关于设计教学研究 [J].建筑学报，2016（1）：1-6.

图表来源

本文所有表格均为作者根据官网内容或官方年鉴整理

作者：李俊贤，山东建筑大学建筑城规学院硕士研究生，建筑历史理论与遗产保护方向；张文波（通讯作者），山东建筑大学建筑城规学院，ADA建筑设计艺术研究中心建筑设计教学研究所主持人

哈尔滨工业大学建筑美术基础教学的传承与发展

王松引　李　丹

Inheritance and development of basic teaching of architectural art in Harbin Institute of Technology

■ **摘要**：创办于1920年的哈尔滨工业大学是我国最早开设建筑学专业的学校之一。论文回顾了哈工大建筑美术基础教学的百年发展历程，总结了其在建筑美术基础教学传承与创新两方面所取得的经验。哈工大建筑美术基础教学的发展具有兼容并包的特点，既传承了学院派的教学传统又对造型艺术基础课程进行了新的探索。新时期的教学重点在培养学生的形象思维基础上又增加了创造性思维的训练内容。

■ **关键词**：哈尔滨工业大学；建筑美术基础教学；传承；发展

Abstract：Founded in 1920, Harbin Institute of Technology (HIT) was one of the earliest schools in China to offer architecture. This paper reviews the development process of basic teaching of architectural art at HIT, and summarizes the experiences gained in the inheritance and innovation. The basic teaching development of architectural art at HIT is inclusive. It not only inherits the academic teaching tradition, but also makes a new exploration on the basic curriculum of plastic arts. The teaching focuses on cultivating students´ abilities of image thinking, and adds the training content of creative thinking in the new period.

Keywords：Harbin Institute of Technology，Basic teaching of architectural art，Inheritance，Development

建筑是"工程技术和建筑艺术的综合创作"[1]。建筑美术基础是建筑类专业教学的有机组成部分。它主要通过素描和色彩写生、建筑速写、形态与色彩构成等美术教学活动，使建筑、城乡规划、景观和环境设计等专业的学生掌握基本的造型艺术规律与方法，提升审美素养[2]。

哈尔滨是一座"因路而生"的城市，也是我国现代化转型较早的城市之一[3]。1920年，中东铁路局为了"哈尔滨城市建设及中东铁路业务发展"创办中俄工业大学，即今天的哈尔滨工业大学（以下简称哈工大），开设铁路建筑科与电气机械工程科培养工程师人才[4]。哈工大的建筑美术基础教学与专业的发展同步，经历了早期（1920–1952年）、中期（1952–2000年）和新时期（2000年至今）三个历史发展阶段。

1. 哈工大早期建筑美术基础教学（1920–1952年）

从1920年建校至1952年全国高等学校院系调整属于哈工大早期建筑教育，包括"俄式教学"（1920–1938年）、"日式教学"（1937–1945年）和"俄式教学"（1945–1952年）三个发展阶段。"俄式教学"承接圣彼得堡民用工程师学院与皇家美术学院的教学渊源，在专业基础课程中开设绘画和画法几何等（表1），师资有建筑师С·Н·德鲁日宁（С·Н·Дружинин）和Р·Г·克特林斯基（Р·Г·Кетлинскнй，又译捷特林斯基）等。"日式教学"延续东京帝国大学和高等工业学校的教学渊源，推行"学院派"教学体系，在建筑科一年级设置每周12学时、二年级每周6学时的绘画课，师资有铃木秀一和佐藤功，助教韩景生[4]（表2）。

早期教学计划中绘画课的学时分配表（1935–1938年，四年制）　　　表1

系	科	学年	学期	学时/周	授课形式	备注
建筑工程	道路交通和城市建设科	一	1	2	习题	第一学年绘画课总学时约72学时
			2	2	习题	
		二	3	2	习题	1931/32年以前开设，五年制
			4	4	讲授和习题各2学时	
电气机械	电气工程和机械科	一	1	2	习题	1931/32年以前，课程为绘图和习作，每周4学时
			2	2	习题	
		二	3	2	习题	绘图和习作
			4	—	—	

（资料来源：根据哈工大档案馆藏阿·克·波波夫《哈尔滨工业大学1920-1938》廉乐明译本第34-43页内容制作）

早期承担美术基础教学任务部分教师简况表　　　表2

序号	姓名	毕业院校及专业	任教时间	教授科目
1.	С·Н·德鲁日宁	德国达姆施塔特工业技术学院	1920年-不详	绘图
2.	П·А伊凡诺夫	圣彼得堡矿业学院	1920年-不详	绘图技巧，俄语
3.	Р·Г·克特林斯基	巴黎美术学院	1920年-不详	制图，画法几何
4.	Н·А·萨维列耶夫	不详	1920年-不详	细木工手艺，制图，绘画，自然科学
5.	费托洛夫斯基·П·Ф	不详	约1926-1938年	建筑学，阴影和透视理论，建筑形式，绘画
6.	铃木秀一	不详	约1937-1945年	绘画
7.	佐藤功	不详	约1937-1945年	绘画
8.	韩景生	上海美术专科学校	1936-1945年	绘画，画法几何

（资料来源：1、3、6、7、8：陈颖，刘德明《哈尔滨工业大学早期建筑教育》和林建群《韩景生油画艺术特质与成因浅析》[5]；2、4：哈工大博物馆；5：哈工大档案馆，阿·克·波波夫《哈尔滨工业大学1920-1938》廉乐明译本，第24页）

哈工大早期美术基础教学采用石膏教具进行绘画与绘图训练。如图1所示是一套保存在哈工大建筑学院的早期石膏教具，从分类编号3、序列编号60石膏教具（图1第一行左二）背后留存的俄文标签看，该类石膏建筑花饰（Розетка гипс）是中长铁路哈尔滨工业大学建筑学教研室的教具，标注时间为1946年7月20日。此时的哈工大由中长铁路局领导，属中苏两国政府共同管理，教学由"日式教学"恢复到"俄式教学"（表3）。

这套石膏教具现存八件，其中有"S"形曲面造型、中心对称几何与花卉造型、中轴对称植物装饰等（图1）。它们能够让学生从表现简单的光影变化开始，逐渐过渡到表现结构和光影变化丰富的形体，循序渐进地提高造型能力。此外，通过与早期"俄式教学"学生素描作业（图2b）和"日式教学"时期的教学照片（图2e）对比可以看出，这类石膏教具在早期各个阶段的美术基础教学中都发挥着作用。

图2(a)和图2(b)是哈工大博物馆馆藏1922年的两幅学生素描习作。图2(a)作者为铁路建筑科学生Н·科科列夫（Н·Кокоревъ），画面约为8开纸大小，用蓝色粉笔表现，高光处用白色粉笔提白。图2(b)为电气机械工程科（Электро-Механическо Отделение）学生作业，画面大小与前一幅相似，用铅笔刻画，右下角成绩为5分，作者签名为Ван шоу цян。通过与1920–1921年哈工大入学名单[4]对比，推断其应为17名中国预科班学生当中的王寿辰[6]，指导教师根据签名推测为С·Н·德鲁日宁。

图1　哈尔滨工业大学早期石膏教具

早期石膏教具俄文标签与中文译文对照表　　　　　　　　　　　　表3

石膏教具背后标签	俄文与中文译文			
	Наименование помещения	Каб. Архитек	教研室名称	建筑学教研室
	Наименование и No. классиф	Розетка гипс 3.	名称分类码	石膏建筑花饰3
	Порядков No.	60	序列	60
	Дата	20/7 1946	日期	1946.7.20
	Харбинсний Политехнич. Институт К.Ч. ж.д.			中长铁路哈尔滨工业大学

　　图2（c）是建筑师巴吉奇·米哈伊尔·安德烈维奇（Michael·Bакісн，1926入哈工大，1933年毕业）完成于1947年的水彩建筑风景写生（黑龙江省博物馆馆藏）；图2（d）是原哈尔滨建筑工程学院副院长赵景信（1943年毕业于哈尔滨工业大学建筑科）学生时代的水墨渲染作业（完成于1942年）。这些作品造型准确、生动，能够从一个侧面反映出哈工大早期美术基础的教学水平与成效。哈工大早期建筑美术基础教学秉承"学院派"传统，教学严谨、内容丰富，有效地支撑了早期建筑教育"宽基广适"的培养目标[4]。

2．哈工大中期建筑美术基础教学（1952-2000年）

　　从1952年全国高等学校院系调整至2000年哈尔滨建筑大学与哈工大合校是建筑美术教学的中期阶段，期间经历了1959年"土木系从哈工大分离出来单独成立哈尔滨建筑工程学院"（1994年更名为哈尔滨建筑大学）[7]。

　　中期美术基础教学主要由哈建工建筑美术教研室的教师负责，包括刘砚（1954-1959年任教于哈工大土木系，1959-1976年任教于哈建工建筑系）、陈桂馥、黄佳、周洪才和史春珊等。改革开放后，尤其是在1995年招收环境艺术设计本科生以来，建筑美术教研室逐渐充实了师资，包括于美成、王广义、苗壮、乐大雨、王琳、刘军、杜宝印、杨世昌、杨维、吕勤智、刘敬波、何佳、汪磊、马辉和韩振坤等（表4）。

　　1996年哈工大建筑工程系开始培养建筑学方向本科生，此后工业设计专业（1995年开设，1998年9月成立工业设计系，同年更名为艺术设计系）吴士元、林建群、晁方方、王松华、孔繁文和王维佳等教师也在建工系（1998年更名为建筑工程与设计学院建筑系）教授造型基础等课程。

（a）素描习作　　（b）素描作业　　（c）水彩写生　　（d）水墨渲染　　（e）建筑科画室

图2　哈工大早期学生习作及教学照片

中期承担建筑美术基础教学任务部分教师简况表 * **表 4**

序号	姓名	毕业院校及专业	任教时间
1.	刘砚	日本东京大学美术系	1954-1976
2.	陈桂馥	中央美术学院	1959 – 约 1978 年
3.	黄佳	中央美术学院绘画系	1959-1990 年
4.	周洪才	鲁迅美术学院，版画	约 1962-1988 年
5.	史春珊	中央工艺美术学院，装饰工艺	1962-1995 年
6.	于美成	哈尔滨师范大学	1980-1987 年
7.	苗壮	鲁迅美术学院，版画	约 1984-1994 年
8.	乐大雨	中央工艺美术学院，装饰雕塑	1987-1994 年
9.	王琳	中央工艺美术学院，装饰雕塑	1987-2020 年
10.	杜宝印	哈尔滨师范大学，油画	1989-2003 年
11.	杨世昌	哈尔滨艺术学院，雕塑	1991-1999 年
12.	杨维	哈尔滨师范大学，油画	1991 年 - 今
13.	吕勤智	浙江美术学院，油画	1993-2013 年
14.	吴士元	哈尔滨教育学院美术系	1994-2003 年
15.	林建群	黑龙江省艺术学校，舞台美术	1995 年 - 今
16.	王松华	东北师范大学，环境艺术设计	1995 年 - 今
17.	孔繁文	上海戏剧学院，舞台美术	1997-2018 年
18.	马辉	鲁迅美术学院，美术教育	1997-2019 年
19.	韩振坤	天津美术学院，雕塑	1998 年 - 今
20.	王维佳	中央美术学院，壁画	1998 年 - 今

　　中期建筑美术基础教学主要以写生训练为主。根据原美术教研室主任王琳和现任艺术基础教研室主任王维佳回忆，一年级秋季学期有 16 周的素描（原每周两次课，每次 4 学时，后改为每周一次课。主要以全因素素描静物写生为主，每张作业一般为 8 学时），春季学期 16 周色彩（课时安排与素描相同，主要以水彩静物写生为主，每张作业一般为 4 学时，包括 12 色色相环和单色静物写生）和 2 周的建筑速写。二年级的素描与色彩课时安排与一年级相同，春季学期的最后两周为风景写生，后来调整到秋季学期（表 5）。

　　长期的写生训练有利于提高学生的观察能力、表达能力以及形象思维能力。两个学期之间的户外写生实习，还能够让学生深入生活、观察自然，培养学生发现并表现身边的美。正如 1980 级学生、现任中国科学院大学教授的张路峰老师在《我记忆中的黄佳老师》一文中写的那样，"从黄老师那里，我学会了如何用艺术之眼来观察世界"，"（长时素描）是一种非常有效的造型训练，对一个人的观察认知能力、提炼概括能力以及再现表达能力的提高都有着重要的作用"[7]。

　　图 3 是 20 世纪 80 年代原哈建大学生的建筑风景写生习作，作者为张姗姗、赵南平等，材料使用的是水粉或水彩，尺寸在 16 开至 8 开纸大小之间。作业注重建筑的形体结构和空间的塑造，以及建筑与周围环境之间和谐的色彩关系的处理，是中期建筑美术基础教学的生动例证。

　　这一时期的教学在保持写生训练的基础上也进行了新的教学探索。为了突出专业特色，史春珊等教师还进行过一段时期的钢笔素描和速写的教学实践。钢笔素描表现的内容还是石膏和静物，表现方法主要是通过钢笔线条的疏密排列以及点的分布表现光影、形体和空间[7]。哈工大中期建筑美术基础教学既传承了"学院派"教学体系又进行了新的教学实践。学生们得益于长期的写生训练，打下了扎实的美术基本功，为专业的学习与发展奠定了基础。

3. 哈工大新时期建筑美术基础教学（2000 年至今）

　　2000 年 6 月，哈尔滨建筑大学与同根同源的哈尔滨工业大学合校。哈工大艺术设计系教师吴士元、林建群、张伟明、王松华、孔繁文、刘杰、王维佳、黄胜红来到建筑学院，建筑美术基础的教学实力进一步加强。在合校之前，吴士元、林建群等教师为了培养学生的"设计师基本能力"，将绘画和构成训练进行改造，并融入视知觉心理学原理等内容，构成新的造型基础课[8]。

　　合校后，艺术设计教师与建筑和规划专业教师一起将《造型基础》与建筑类专业本科生培养目标相结合，学习借鉴香港中文大学顾大庆等人的教学设计，将现代主义的绘画方法运用到形态构成的教学实践中。学生从涂鸦起步到关注抽象

中期建筑美术基础教学安排 　　　　　　　　　　　　　　　　　　　　　　　**表 5**

学年	学期	课程设置	教学内容	课时安排	总学时
大一学年	秋季	建筑美术 1	石膏几何形体与静物素描写生	8 学时 / 周，16 周	128 学时
	春季	建筑美术 2	水彩、水粉静物写生	8 学时 / 周，16 周	128 学时
		绘画实习 1	哈尔滨近现代建筑速写等	2 周	2 周
大二学年	秋季	建筑美术 3	大卫五官石膏像等素描写生	8 学时 / 周，16 周	128 学时
	春季	建筑美术 4	水彩、水粉静物写生	8 学时 / 周，16 周	128 学时
		绘画实习 2	水彩、水粉风景写生	2 周	2 周

图 3 二十世纪八十年代哈尔滨建筑工程学院（原哈建大）学生的建筑风景写生习作

（a）丁文卓：抽象之味　　　（b）罗一南：正负形互动　　　（c）罗一南：球体与方体的结合　　　（d）刘琳：四维空间训练

图 4 新时期建筑美术基础形态构成学生习作

形式、正负形关系再到四维空间和多维空间的表达，循序渐进地提高观察与表达能力，启发创造性思维（图4）。

2003 年新的"造型艺术基础"课在建筑学院推广，四个教学环节被安排在大一和大二的四个学期，同时"绘画实习2"（风景写生实习）调整为只面向环境艺术设计二年级本科生开设。2004年"造型艺术基础"课程被评为哈工大精品课，2005 年被评为黑龙江省精品课[9]。此后，"造型艺术基础"经过几轮调整，目前建筑美术基础课由"造型艺术基础""绘画实习""风景写生"和"艺术专题"四部分教学内容构成（表6）。

新时期的建筑美术基础教学深挖课程内涵与专业要求之间的联系，在培养学生形象思维能力

的基础上，增加了创造性思维的训练内容。"造型"被定义为"在一定观念及情感驱动下，有目的地采用某些物质材料，通过对形态、空间、色彩等要素进行编排组合，创造视觉形象的活动"。通过造型基础训练加深学生对形态、色彩和空间关系的认识，培养独立驾驭造型语言，并根据设计要求创造恰当的设计表现语言的能力[8]。

4. 结语

哈工大建筑美术基础教学伴随着专业的创立，已经走过百年历程。从诞生之初秉承"学院派"教学传统，到新时期对造型艺术基础课的改革，百年的发展具有兼容并包的特点。首先，从师资角度看，建校初期承担建筑美术基础教学任务的主要是建筑师，到中期和新时期则以美术与设计

新时期建筑美术基础教学安排　　　　　　　　　　　　　　　　表6

学年	学期	课程设置	教学内容	课时安排	总学时
大一学年	春季	造型艺术基础1	素描写生，形态构成	8学时/周，7周	56学时
	夏季	绘画实习	建筑速写	2周	2周
大二学年	秋季	造型艺术基础2	色彩写生，色彩构成	8学时/周，7周	56学时
		艺术专题1	造型艺术原理	4学时/周，2周	8学时
	春季	艺术专题2	视觉形式分析	4学时/周，2周	8学时
	夏季	风景写生	色彩风景写生（环境设计专业）	2周	2周

专业教师为主，专业分工进一步细化，师资的专业学缘更加多样。其次，从教学内容看，早期和中期的建筑美术基础教学具有明显的"学院派"特征，通过长期的素描和色彩写生培养学生的形象思维能力和审美素养。新时期的教学在写生基础上增加了形态与色彩构成等内容，强化了创造性思维训练，教学体系更加完善，并呈现多元化的特点。

参考文献

[1] 夏征农，陈至立.辞海：第六版普及本 [M].上海：上海辞书出版社，2010.1853.
[2] 刘凤兰.清华大学建筑学院素描教程 [M].北京：中国建筑工业出版社，2010.
[3] 刘松茯.哈尔滨城市建筑现代转型与模式探析 [M].北京：中国建筑工业出版社，2003.
[4] 陈颖，刘德明.哈尔滨工业大学早期建筑教育 [M].北京：中国建筑工业出版社，2010.
[5] 林建群.韩景生油画艺术特质与成因浅析 [J].文艺评论，2012（9）：114-120.
[6] 马洪舒.哈尔滨工业大学校史（1920-2000）[M].哈尔滨：哈尔滨工业大学出版社，2000.7.
[7] 《传承：土木楼—哈工大建筑百年忆述》编委会.传承：土木楼—哈工大建筑百年忆述 [M].哈尔滨：哈尔滨工业大学出版社，2020.
[8] 林建群.造型基础 [M].北京：高等教育出版社，2000.1-15.
[9] 林建群，杨维.哈尔滨工业大学建筑学院《造型基础》课教学改革 [J].中国建筑装饰装修，2010，（2）：188-227.

图片来源

图 2：图 d 和图 e 为哈工大建筑学院建筑系提供
文中图表除单独标注外，均为作者拍摄及制作
表 4 中部分教师信息采访自王琳、李春报、卞秉利、李婉贞、侯幼彬、王松华、林建群、王维佳和刘晓光等老师

作者：王松引，哈尔滨工业大学建筑学院，寒地人居环境科学与技术工信部重点实验室讲师，艺术基础教研室副主任；李丹，哈尔滨工业大学城市规划设计研究院有限公司助理翻译，产学研发展运营中心副主任

福建土楼聚落与土堡聚落空间特征差异及其影响因素比较研究

张　琛　宗德新　孙　傲

Comparative Study on Spatial Characteristics and Influencing Factors between Tulou Settlements and Tubao Settlements in Fujian

■ 摘要：福建地区的土楼与土堡外观相似，二者同为社会动乱年代的产物，可比性较强。既往研究多围绕二者的建筑单体展开，对二者所在聚落的空间特征研究较少，比较研究更为罕见。文章以福建地区702个土楼聚落和120个土堡聚落为研究对象，通过文献资料查阅、ArcGIS平台技术分析、卫星地图浏览描绘、田野调研等手段，对土楼聚落与土堡聚落的空间特征差异进行比较研究，并着重分析差异产生的原因，以期为土楼聚落和土堡聚落的保护与发展工作提供"传承基因"。

■ 关键词：福建地区；比较研究；土楼聚落；土堡聚落；空间特征

Abstract：The appearance of Tulou and Tubao in Fujian area is similar. They are highly comparable because they are both the products in the era of social unrest. Previous studies mostly focused on the architectural units of the two, less on the spatial characteristics of the settlements where the two are located, and more rare is the comparative study. Taking 702 Tulou settlements and 120 Tubao settlements in Fujian as the research object, this paper makes a comparative study on the spatial characteristics of Tulou settlements and Tubao settlements by means of literature review, technical analysis of ArcGIS platform, browsing and depiction of satellite map, field investigation and so on, and focuses on the causes of the differences to provide "inheritance gene" for the protection and development of Tulou settlements and Tubao settlements.

Keywords：Fujian Area, Comparative Study, Tulou Settlement, Tubao Settlement, Spatial Characteristic

一、研究背景与既往研究

福建中部山区至今仍散落着一些外观与土楼相似的土堡（图1~图4），此类建筑普遍规

图1 大田县东坂村安良堡

图2 大田县建国村琵琶堡

图3 永定区初溪村土楼

图4 南靖县石桥村土楼

模宏大，有强烈的中轴对称特征，是一类防御为主、居住为辅，兼具宗教、祭祀、学堂、议事、节日庆典、婚丧嫁娶等功能活动的建筑样式。土楼与土堡同为社会动乱年代的产物，但在功能分布、平面布局、墙体材料、受力体系等方面都有所差异，呈现出各自的唯一性和独特性，二者可比性较强。由于学界对土堡的关注度不够，加之土堡所处地理位置偏僻，土堡的研究深度和保护工作远不及已经申遗成功的土楼，近年来土堡才逐渐进入人们的视野。既往研究多关注于土楼和土堡建筑本身，对其所在聚落的系统研究较少，二者所在聚落的比较研究则更为罕见。

厦门大学王伟助理教授、东南大学王建国院士等人在《空间隐含的秩序——土楼聚落形态与区域和民系的关联性研究》一文中将土楼聚落的总体形态分为五类，并分别剖析了各类聚落形态与区域和民系的关联性[1]。清华大学潘凯华在《福建土堡探析》一文中对土堡聚落概况做了一定描述，分析了聚落与土堡的空间关系，但未对其他方面做细致分析与论述[2]。厦门大学戴志坚教授在《福建土堡与福建土楼建筑形态之辨异》一文中对土堡与土楼的异同进行了辨析，但未对二者所在聚落的异同进行辨析[3]。本文通过文献资料查阅、ArcGIS平台技术分析、卫星地图浏览描绘、田野调研等手段对福建省境内现存土楼聚落与土

堡聚落的空间特征差异进行定性和量化比较研究，并着重分析差异产生的原因。

二、概念界定与数据来源

关于土楼与土堡的概念界定，学界目前有较为权威的观点。根据黄汉民先生对土楼进行的界定，定义土楼至少要满足以下几点：一是具有家族聚居性；二是具有防御功能；三是具有夯土墙与木梁柱共同承重的外墙结构；四是建筑为多层的巨型居住建筑[4]。根据戴志坚教授对土堡进行的界定，定义土堡至少要满足以下几点：一是具有独特的防御功能；二是外部为石头垒砌基础，用生土夯筑成高大厚重的封闭式墙体，但堡墙并不是建筑受力体，外部的木梁柱结构体系可以独立存在；三是内部一般有独立的院落式民居建筑[5]。

土楼与土堡的差异点众多，但学界公认的两者最显著的区别在于外墙结构。土楼的外墙相对单薄，夯土墙与木梁柱结构共同承重；土堡的外墙则较为厚实，木梁柱结构可以脱离外围夯土墙独立存在（图5、图6），即"墙倒屋不倒"的通俗之说。[6]

通过文献资料查阅[4-5]、[7-9]、卫星地图浏览和田野调研等手段，本文以行政村为最小单位[①]，对福建省境内现存土楼聚落与土堡聚落的信息和数量进行整理和统计，共计702个土楼聚落和120

个土堡聚落分别组成研究对象集。

三、土楼聚落与土堡聚落空间特征差异研究

1．地理分布特性对比

（1）聚落聚集程度对比

本文借助 ArcGIS 平台的核密度分析工具对土楼聚落与土堡聚落分别进行聚落点[②]的聚集程度分析。根据分析结果可知，二者的相同点为：既有各自聚集程度较高的区域，均呈现出组团分布的特征，又有零星散落的区域。土楼聚落聚集程度最高的区域为永定、南靖、平和三地交界处的博平岭山脉两侧；土堡聚落聚集程度最高的区域为三明市大田县北部的广平镇、建设镇和文江镇的局部区域，此区域亦是三元、大田、尤溪、沙县四地的交界处。两者的不同点为：土楼聚落的核密度值明显高于土堡聚落；土楼聚落的数量亦远高于土堡聚落。

（2）聚落海拔分布对比

海拔高度是影响聚落分布的重要因素之一，海拔高度的不同会带来自然资源和环境的差异。本文借助 ArcGIS 平台中的值提取工具叠加福建全域的 DEM 底图，提取两者点集的高程。据统计结果显示，土楼聚落的海拔高度为 7—1041m，土堡聚落海拔高度为 57—1042m，二者海拔高度的最大值相近，土堡聚落的最小值稍大于土楼聚落，区间范围类似，此为二者的相同点。二者的不同点为：土堡聚落平均海拔高度高于土楼聚落；二者海拔分布均呈现出不平衡状态，分布规律和集中范围有所不同。

土楼聚落主要集中于海拔高度 0—100m 范围内，土堡聚落在此范围内分布较少，形成极大反差。土楼聚落分布在海拔高度 300—400m 的数量仅次于 0—100m 的数量，以此为分水岭，100—200m 开始呈逐渐上升趋势，400—500m 开始呈逐渐下降趋势，直至分布数量最少的 1000—1100m；土堡聚落海拔高度主要分布在 100—800m，其中 200—300m 和 400—500m 两个范围数量最多，800—1100m 也有少量分布。两者在 800—1100m 的分布均比较少。（图 7、图 8）

（3）聚落与水系的关系对比

水自古至今都是人们生产生活中必不可少的自然资源，亦是决定传统聚落选址与规划的重要因素之一[10]。本文将福建全域的线状水系（河流支流、溪流、沟渠等）和面状水系（主要河流，如闽江、九龙江、晋江、韩江等）数据[③]导入 ArcGIS 平台，借助近邻分析工具分别计算出土楼聚落、土堡聚落每个聚落点距最近水系的最小距离。据分析结果显示，两者与最近水系的距离绝大部分都在 1500m 的范围以内，仅有 3 个土楼聚落大于 1500m。因此，在综合考虑线状水系与面状水系对聚落分布影响的差异性[④]的基础上，本文分别以 300m 和 500m 的间距对线状水系与面状水系建立缓冲区，构建 5 个和 3 个研究样本，分别计算出土楼聚落与土堡聚落的各自聚落点与最近水系的距离，做进一步的比较分析。

结果发现，两者与水系的关系有一定相似性：面状水系中，均是二级缓冲区 500—1000m 占比最大，究其原因，距离大型水系过近有安全隐患，太远又会增添取水难度；线状水系中，均

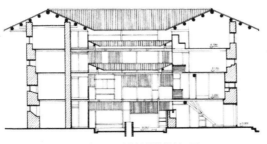

图5 新罗区适中镇松坑楼剖面图

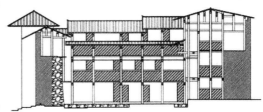

图6 漳平市灵地乡泰安堡剖面图

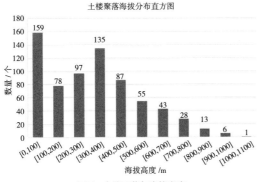

图7 土楼聚落与海拔高度

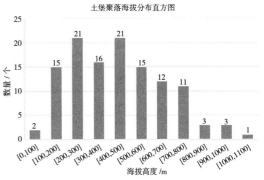

图8 土堡聚落与海拔高度

是一、二级缓冲区占比最大，往后均是呈现逐级递减趋势，五级缓冲区的聚落数量几近于无。但是，土楼聚落与水的关系相较于土堡聚落更为密切，具体表现在：土楼聚落距面状水系 1500m 范围内的聚落占比大于土堡聚落（土楼聚落约占14.7%，土堡聚落约占 7.5%）；无论线状水系还是面状水系，距离最小的一级缓冲区中土楼聚落所占比重均大于土堡聚落（线状水系：土楼聚落约占 50.3%，土堡聚落约占 29.2%；面状水系：土楼聚落约占 28.2%，土堡聚落约占 11.1%）。（图 9~ 图 12）

2. 选址对比

福建境内地形地貌丰富，以丘陵山地为主，河谷盆地穿插其间，沿海一带平原遍布。土楼聚落分布地域广泛，选址类型多样，占据了福建省境内大部分类型的地形地貌，本文借助 Bigemap 地图中的"三维地球"工具总结归纳出以下四种基本类型：山间盆地型、山谷型、丘陵山地型、平原型（表 1）。其中，山间盆地型占比最多（45.1%），山谷型次之（31.0%），丘陵山地型（13.3%）略多于平原型（10.6%）。而土堡聚落选址类型主要包括山间盆地型、山谷型、丘陵山地型三类（表 2），主要集中在山间盆地型（62.5%），山谷型（28.3%）次之，丘陵山地型（9.2%）最少。两者在选址方面最大的差异在于：土堡聚落没有平原型选址，相较土楼聚落其选址更倾向于山间盆地型，其中的口袋形盆地尤甚。口袋形盆地三面环山，形成了优良的天然屏障，具有良好的防御性，不仅可

以避免多面受敌的情况，还能及时了解敌情，可进可退。此外，土堡聚落对山谷型选址中的依山面水型、急弯半岛型的倾向明显强于土楼聚落，体现出强烈的以山为屏、以水制塞的特点。

3. 形态对比

根据乡村聚落中房屋建筑的聚集与分散的状态，地理学者习惯将我国传统乡村聚落分为集村和散村两类。集村中的房屋建筑集中布置，与田地、山林距离较远，界限分明，往往会有聚落的中心；而散村中的房屋建筑则是零星散落于田地、山林间，彼此之间无明显的空间组织秩序和隶属关系，故也就没有聚落的中心[11]。根据这一分类标准统计后发现，土楼聚落以集村为主，约占聚落总数的 83.0%；土堡聚落恰恰相反，散村约占聚落总数的 82.6%。其中，土楼聚落中的集村根据其形态特征可以分为团状聚集型、带状聚集型、类网格聚集型、向心聚集型四种基本类型，因散村占比较少，故本文将其散村单独定义为散落型土楼聚落。而土堡聚落中的散村根据其形态特征可以分为线形散落型、环形散落型、面形散落型三种基本类型，因集村占比较少，故本文将其集村单独定义为聚集型土堡聚落。对二者的形态特征分类整理后（表 3、表 4）发现：两者最大的差异在于聚落的"集"与"散"，受地理环境、经济条件、文化背景等因素的影响而各具特色。

4. 布局对比

土楼在其所处聚落中的数量情况复杂，从一村一楼到一村几十楼不等，土堡聚落大多数为一村一

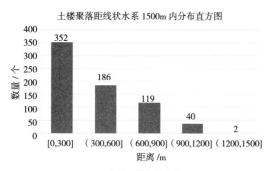

图 9 土楼聚落与线状水系

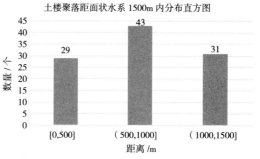

图 10 土楼聚落与面状水系

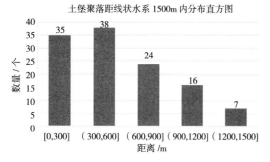

图 11 土堡聚落与线状水系

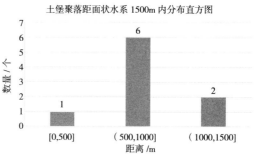

图 12 土堡聚落与面状水系

土楼聚落 4 种典型选址地形分类分析　　　　　　　　　　　　　　　　　　　　表 1

基本地形	分类	特征与原因	典例图示
山间盆地 (45.1%)	多水流交汇地段 (36.1%)	多条河流或溪流交汇的地段，交通便捷，水源丰富，土壤肥沃，利于农业生产，规模一般较大，大多呈多聚落组团分布	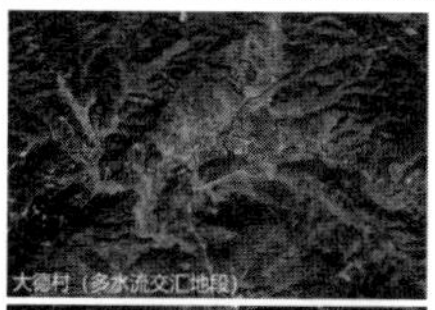  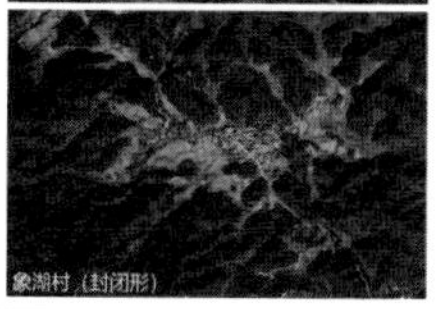
	山谷开阔地段 (33.3%)	山谷局部开阔地段，高宽比明显小于山谷，中间常有河流或溪流穿过，规模一般较大，大多呈多聚落组团分布	
	封闭形 (15.7%)	四面环山，防御性较强，但是对外交通联系较弱，水源单一，以山泉沟渠为主，规模一般较小，多为单聚落分布	
	口袋形 (14.9%)	三面环山，防御性较强，交通便捷，常有局部小支流流过，规模有大有小	
山谷 (31.0%)	靠近水流或水流穿村 (53.6%)	靠近河流或溪流，地势平坦，取水方便，常在两侧山脚开发梯田	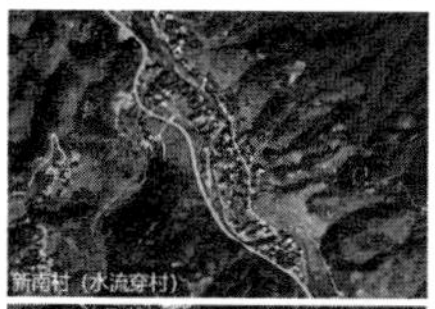 
	依山面水 (31.9%)	在山脚缓坡依山势呈线性分布，与水流有一定距离，中间常以田地作为缓冲区，利于趋避水患	
	急弯半岛 (11.2%)	因河流急弯和泥沙堆积形成的大面积的沉积半岛，地势开阔，土壤肥沃，聚落常选择在内凹一侧	
	无明显水流 (3.3%)	此类山谷无河流或溪流流过，水源主要是山泉沟渠、水井等	
丘陵山地 (13.3%)	平坡 (10%)	坡度在 0%~3%，接近于平地	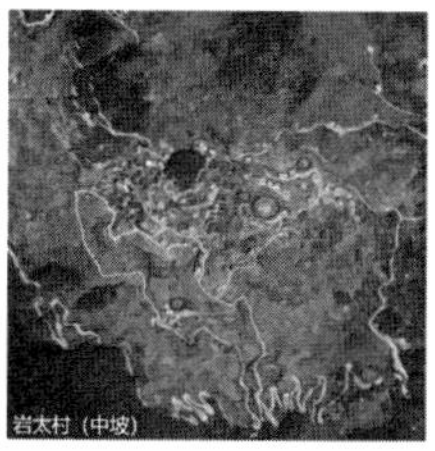
	缓坡 (56.7%)	坡度在 3%~10%，聚落布局自由，不受地形的约束	
	中坡 (28.9%)	坡度在 10%~25%，聚落布局受一定限制，常设梯级	
	陡坡 (4.4%)	坡度在 25%~50%，聚落布局受地形影响较大，基本沿等高线	
平原 (10.6%)	山前平原 (22.2%)	河流出山进入平原，发生大量堆积，形成冲积扇，多个冲积扇连接而成倾斜平原，土壤肥沃，利于农耕	
	中部平原 (68.1%)	位于山区和海洋之间，地势较缓，水流速度较小，适合农业生产	
	滨海平原 (9.7%)	在河流沉积和海洋冲蚀共同作用下形成	

资料来源：Bigemap 地图截屏绘制

土堡聚落 3 种典型选址地形分类分析　　　　　　　　　　　　　　　　　　　　表 2

基本地形（占比）	分类（出现频率）	特征与原因	典例图示
山间盆地 (62.5%)	多水流交汇地段 (20.0%)	同表 1	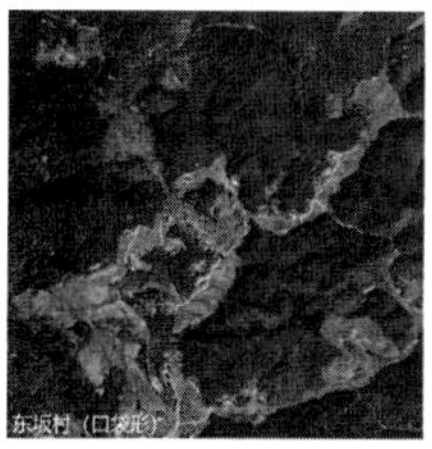
	山谷开阔地段 (14.6%)	同表 1	
	封闭形 (13.4%)	同表 1	
	口袋形 (52.0%)	同表 1	
山谷 (28.3%)	靠近水流或水流穿过 (14.8%)	同表 1	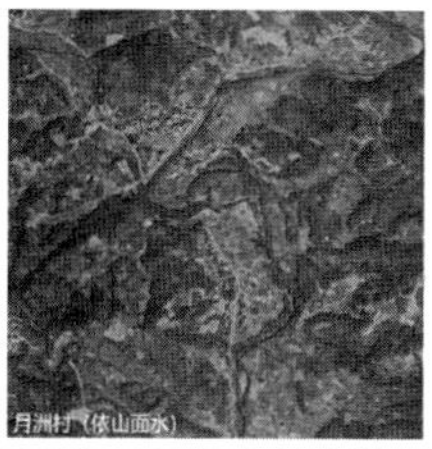
	依山面水 (58.8%)	同表 1	
	急弯半岛 (23.5%)	同表 1	
	无明显水流 (2.9%)	同表 1	

基本地形（占比）	分类（出现频率）	特征与原因	典例图示
丘陵山地（9.2%）	缓坡（45.5%）	同表1	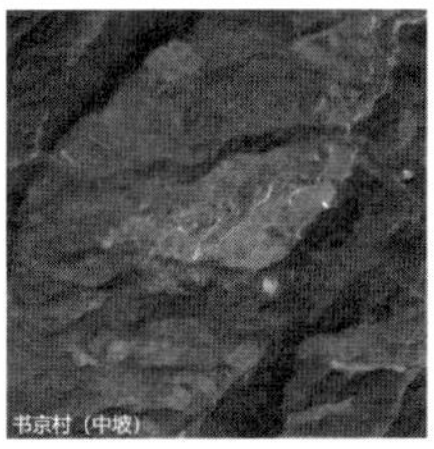 书京村（中坡）
	中坡（45.5%）	同表1	
	陡坡（9.0%）	同表1	

资料来源：Bigemap 地图截屏绘制

土楼聚落5种典型聚落形态分析 　　　　　　　　　　　　　　　表3

	聚落类型	特征	肌理图	航拍图
集村（83.0%）	团状聚集型	聚落的南北轴和东西轴基本相等，平面形态接近于圆形或不规则多边形，多见于山间盆地与丘陵山地		 永定区初溪村
	带状聚集型	受地形因素影响较大，多见于山谷，依地形朝特定方向延伸，也有沿水流、道路延伸的情况	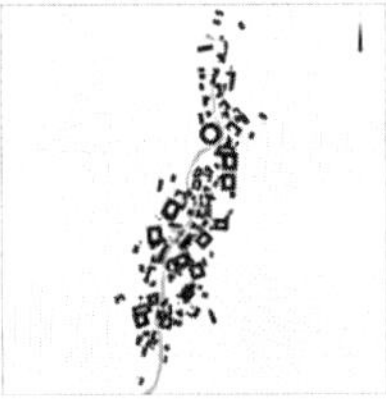	 南靖县南欧村
	类网格聚集型	房屋布局相对规整，街巷系统由十字、丁字、人字等形式纵横交错组成，呈类网格状，多见于沿海平原		 诏安县西峤村
	向心聚集型	以大型圆楼为中心呈放射状向外辐射，整体形态为圆形、半圆或八卦状等，集中于诏安、平和一带的山区		 诏安县光坪村
散村（17.0%）	散落型	受地理和人文两方面的制约，多见于高海拔山区和闽南民系区域		 华安县大地村

资料来源：笔者自绘、自摄

堡，一村多堡的情况较为少见。因此，土楼与其聚落的关系也较为复杂：一村几十楼的聚落基本没有特定的规律可循，土楼布局与普通民居无异；平和、诏安一带的向心聚集型聚落中土楼位于聚落的核心位置，随着人口增长层层向外扩散；沿海平原地区的类网格型土楼聚落或以土楼为核心进行类网格扩展，或独立于类网格聚落外单独设置。

土堡与其聚落的关系则较为明晰，根据土堡所处位置可以分为村口型、村后型、村中型三种基本类型，三者各有其特点和规律，均体现了土堡聚落布局中对防御的高度重视。村口型土堡常利用山坡、山隘、河流等自然要素形成险塞，把守进入聚落的必经之路，起到高度的监视和防御作用（图13）。村后型土堡设于聚落后部，常设于聚落后部的小高地之上，易于观察敌情，成为整个聚落的防御后盾（图14）。村中型

	聚落类型	特征	肌理图	航拍图
散村 (82.6%)	线形散落型	受地形影响较大，多见于狭长山谷，依山势排列开来，或临水而建，或沿道路展开		大田县建国村
	环形散落型	常见于口袋形盆地和封闭形盆地中，沿环山布置成一圈，整体形态接近于圆环		沙县水美村
	面形散落型	散落于中央田地或半山坡地之上，呈现出一个隐形的"面"		尤溪县书京村
集村 (17.4%)	聚集型	多见于城镇边缘，交通便利，经济相对发达		永安市文龙村

资料来源：肌理图皆为笔者自绘，水美村、书京村航拍图来源于网络，其余笔者自摄

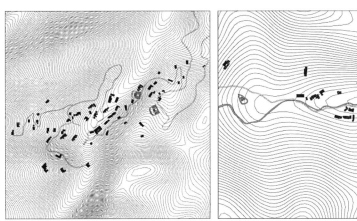

图 13　尤溪县书京村（村口型）

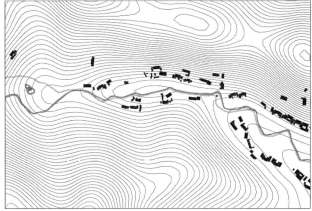

图 14　大田县建国村（村后型）

土堡分为两种情况，一种是将土堡与普通民居一起置于盆地周边，结合山势形成坡地堡，借助山体的掩护，减少敌人来犯的可能路线，后山亦是撤退的绝佳方向（图 15）；另一种是将土堡置于水田中央，不仅能监视敌人的动态，还能利用水田延缓敌人的进攻速度（图 16）。

四、土楼聚落与土堡聚落空间特征差异的影响因素分析

上文对土楼聚落与土堡聚落空间特征差异进行了研究，总结下来主要有以下几个方面：在地理分布特性方面，土楼聚落平均海拔高度低于土堡聚落，趋水性强于土堡聚落；在聚落选址方面，土堡聚落倾向于天然防御性较好的地段，以山为屏，以水制塞；在聚落形态方面，两者"集"与"散"的差异显著；在聚落布局方面，土楼聚落规律性较弱，土堡聚落布局体现出高度的防御特征。本文从两者的发展源流与建造目的、经济类型、宗族组织制度、人口流动四个方面对影响土楼聚落与土堡聚落空间特征差异的因素进行分析。

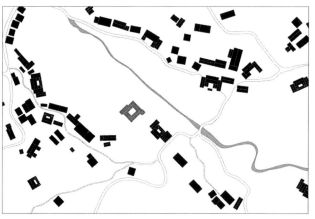

图15 大田县东坂村（村中依山型）　　　　　　图16 大田县小华村（村中水田型）

1. 聚落发展源流与建造目的

福建土楼与土堡均有来自中原之说，但此论断并没有确凿的事实证据，受到了国内诸多学者的质疑。本文结合史料文献、历史事件以及最新的学术研究成果对福建土楼聚落和土堡聚落的发展源流进行辨析，探寻两者差异的历史环境因素。

（1）土楼聚落

关于土楼的出现时间，学界一直争论不休，有学者从族谱和居民口传推断出一些土楼的出现时间，譬如有"千年土楼"之称的馥馨楼，但无论是族谱还是乡民口传，都无法确切证明土楼的建造时间，只能作为推断参考。目前，福建土楼中有准确纪年的最早的土楼是漳浦县绥安镇马坑村的一德楼，建于明朝嘉靖三十七年（1558年），而康熙年间的《诏安县志》中记载的土楼时间恰巧与一德楼形成时间一致，《诏安县志》也是最早记载土楼时间的地方志[12]。明万历时期的《漳州府志》（卷之七）中也记载了嘉靖四十年（1561年）后漳州地区土楼日渐增多且沿海地区尤甚的现象⑤[13]。据此，可以初步判定明嘉靖年间是目前有确凿证据证明的土楼最早的建造时间。

同时期的嘉靖三十一年（1552年）亦是倭寇大肆侵扰福建的开端[14]，土楼正是漳州沿海一带建卫抗倭的产物。明嘉靖以后，倭患渐息，但客家人与本土的福佬人（闽南人、潮汕人）的族群矛盾开始激化，本是福佬人用于抗击倭寇的土楼亦被客家人学习使用，故明末清初以永定为中心的闽西客家地区才逐渐出现了土楼。不幸的是，清顺治十八年（1661年），受"迁界禁海"令⑥的影响，福建沿海一带的土楼遭到了毁灭性的打击，为如今作为客家与福佬交界地区的博平岭山脉一带建有大量土楼聚落而沿海一带只有零星分布的少数土楼聚落的格局奠定了基础。土楼文化研究者蔡建南也在《福建土楼探源》一书中通过大量确凿史料和事实证明，直到明代中叶，博平岭山脉一带仍是人烟稀少的荒蛮之地，即所谓"闽之绝域"，明代闽西客家人基本没有土楼[15]。

"集体防御"作为建造土楼的首要目的是确定无疑的，但随着经济社会的发展，建造土楼的目的也有所改变。清中叶以后，永定、南靖一带烟草业繁盛，水运发达，给当地乡民带来了巨大的经济收益。此时期人口流动也较为频繁，众多海外经商的华侨都有出资兴建土木的意愿，雄厚的经济实力使大量的土楼拔地而起。这一时期兴建土楼的目的不再是单纯的防御，逐渐趋向于显富与居住。

新中国成立之后，社会治安趋于稳定，但仍有大量土楼被建造。究其原因，20世纪50年代人民公社运动掀起后，生产资料高度公有化，人民普遍的温饱问题尚未解决，家庭无力自建房户，集体建房的理念深得人心。传统土楼建筑每户房间的大小、结构基本一致，体现了强烈的集体观念，故此建筑形式大受欢迎并大量建造。[16]

（2）土堡聚落

明末清初学者李世熊编著的福建存世最早的地方志《宁化县志》中记载："先是隋大业之季，群雄并起……其时土寇蜂举，黄连人巫罗俊者，年少负殊勇，就岗筑堡卫众，寇不敢犯，远近争附之……"[17]这也是最早记载土堡的地方志，但尚不能据此断定此文献中的"堡"就是真正意义上的土堡[18]。现存土堡中有准确纪年的最早的土堡是大田县建设镇、太华镇的万厚堡和万积堡，年代均是清顺治九年（1652年），但由于土堡保护力度不足，已有大量土堡被拆毁，故也无法单独据此断定土堡的形成时间。根据文博研究员李建军的著作《福建三明土堡群》中对各类土堡年代的统计，土堡建造的时间大多是在明嘉靖、万历以后，集中在明末清初至清末这段时间。据此，可以初步判定明末清初是福建土堡相对可信的建筑年代。

明嘉靖正值倭寇患闽之际，福建全域局势动荡不安，而闽中山区恰是多县的交界处，山高路远，交通闭塞，官府力所不逮，行政管辖混乱，故此区域便成了匪寇窝藏的绝佳之地。在此背景下，乡民不得不自己出资建堡，以求生产生活的安全，故建造土堡的主要目的是应对山贼匪寇的侵扰。随着社会治安逐渐好转，土堡建造数量逐渐变少，建造规模也逐渐变小。从清末到民国，土堡的功能不再是防御土匪流寇，而是防御小偷强盗和应对鼠患等，建造规模与普通民宅相近，如清末建造的大田县太华镇汤泉村的风沙堡，面积仅有100多平方米，是现存面积最小的土堡。新中国成立后，基本没有了建造土堡的迹象，甚至随着社会经济的快速发展，相当数量的土堡被拆毁，保护现状堪忧。

（3）小结

对两者的发展源流进行梳理后（图17、图18）可以发现：二者均是起源于福建本土的建筑样式，最初的建造目的均是应对几乎同一时期的社会动乱，但之后的发展轨迹却有着显著的差异，土楼逐渐作为居住之用和富商显富的标志，不再是单纯的防御，而土堡则一直作为应对社会动乱之用，兼有短期的居住功能，若社会安定、百姓安居乐业，土堡也就不会再出现。所以，现存大多数土楼在聚落中的布局与普通民居无异，而土堡在聚落中的布局则极为讲究，常选在交通要道口、独立山冈之上、空旷田地等，以便充分发挥其避难、防御、监视的作用。

2．聚落经济类型

福建枕山面海，素有"八山一水一分田"之称，整体耕地资源较为紧缺，但山海资源独具特色，封建社会时期福建经济很早就体现出山海经济的特点。福建山区面积约占全省面积的75%，自然资源丰富，除了传统的粮食以外，茶、烟、竹、木、果、药、菌、矿、漆无所不有，大大拓宽了乡民的经济收入渠道，而沿海经济主要体现在鱼盐之

利和海上贸易。明清时期，福建沿海城市迅速发展，但粮食和手工业原材料紧缺，故山区生产的粮食可以支援沿海城市，山区经济作物可以为沿海的手工业提供原材料，加之海外市场对闽浙手工业产品的需求，山区经济产物得到了充分利用，城乡商品经济繁盛一时。另外，沿海地区频繁的海上贸易活动也将海外的农作物和生产技术带到了山区，二者形成了互通有无的关系。[19]

明清时期，随着月港的兴起，漳州成为继泉州后福建的又一个贸易集散中心。我国的烟草最早就是在明万历年间由漳州月港传入，在南靖、平和、长泰等地大面积推行，随后传播至当时属于汀州地区的永定。南靖、平和、永定正是土楼聚落的集中区域，土楼聚落的兴起与烟草业的繁盛密不可分。从时间上来看，18世纪末至19世纪中叶是土楼的成熟发展期，而烟草业进入繁盛期的时间比其早了将近50年，为土楼的大量建造提供了雄厚的经济基础，以烟草重镇抚市镇为例，除早期的万石楼为盐商所建，其余皆为烟商所建。从空间上看，博平岭山脉一带的土楼聚落之所以逐水而居，一部分原因是烟草业水运航道的兴起，例如南靖的船场镇就因水运发达、船舶云集而得名，永定、南靖一带生产的烟草大部分需汇集到此，经船场溪送达漳州、厦门。[20]

同一时期以戴云山脉为中心的闽中山区资源状况与博平岭山脉一带类似，除少有的土地可以播种粮食外，大部分资源还是来自山林，主要优势是矿产和竹木资源。闽中山区交通闭塞，山林经济产物的运输路线主要为闽江中上游支流沙溪、尤溪汇入闽江后流至福州中心市场[21]。然而，闽

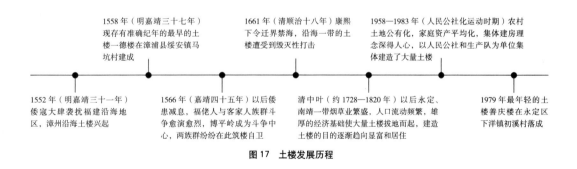

图17　土楼发展历程

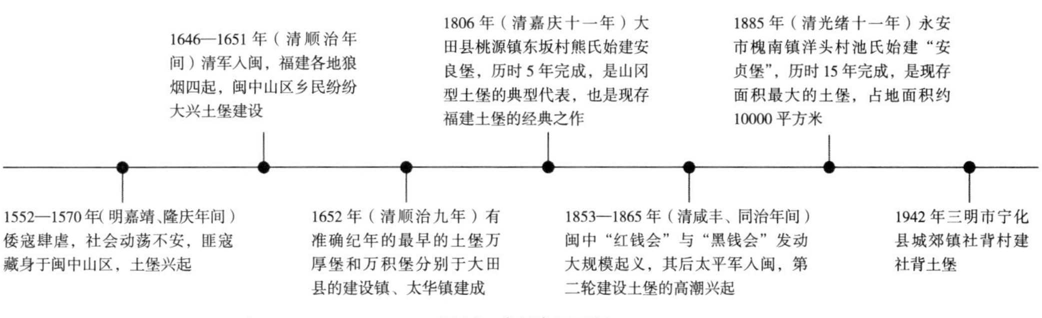

图18　土堡发展历程

中山区土堡聚落的商品经济发达程度不及博平岭山脉的土楼聚落，主要原因有以下几点：一是闽江中上游支流溪深岩险，运输条件恶劣，常有货物损失和人员伤亡事件发生；二是闽中山区的优势产物的经济效益远不如烟草业，例如杉木的培育周期较长，矿藏由于缺乏开采技术而得不到充分利用等，而烟草本身就具有种植期短、易包装、易存储、重量轻等天然的商品流通优势；三是闽江流域商品贸易的主体仍是粮食，没有形成真正意义上的商品流通。（图17、图18）

综上所述，商品经济的繁盛为土楼大量建造提供了雄厚的物质基础，多数聚落呈现出逐水而居的状态，形态由分散逐渐趋向聚集；而土堡聚落仍是以自然经济为主，经济基础薄弱，为尽可能地保留耕地、利用山林，聚落呈现出逐林、田、水而居的状态，形态较为分散，整体海拔高于土楼聚落，趋水性弱于土楼聚落。

3. 聚落宗族组织制度

除少数开发较迟的聚落外，大多数土楼聚落的宗族组织表现出强烈的以血缘关系为基础的宗族聚居模式，主要体现在单姓自然村聚居和同宗族大土楼聚居两个方面。每个家族通常会有一些辈分较高的人被尊为族长、家长，具有一定权威，相互之间分工明确，具有处理家族内部公共事务和组织家族成员商议重大事项的权利，加上族规、家规家训的世代流传，土楼聚落内部形成了一套严密的管理组织体系。在此宗族组织制度的影响下，土楼聚落呈聚集分布，各代建造的土楼及普通民居清晰地反映了家族繁衍的历程。

由于自然资源状况、经济模式、交通条件等因素的制约，闽中山区宗族聚居的规模普遍较小，宗族组织发展较为平稳，一般是多家族散居的模式，世家大族单姓聚居的情况较为少见。在此模式下，闽中山区的土堡聚落形成了以血缘为纽带和以地缘为联系的两种宗族组织模式，所以土堡的建造一般是当地相对有声望的同姓家族出资建

设或是同村几个异姓家族合资建设，也有多个村落合资建设的情况。此外，在山林经济的驱动下，家族之间还形成了以利益关系为基础的合同式宗族组织，以契约文书的方式记录证明，确保相对公平合理的山林产权制度[22]。

4. 聚落人口流动

隋唐以来福建地区开始迅速发展，人口呈现螺旋式增长的趋势。清中叶后，在人口政策调整、农业经济发展、对外贸易扩大等因素的驱动下，福建地区人口进入快速增长的繁盛期，道光年间尤甚，且道光年间福建人口分布情况与今日高度相似[23]。本文以土楼聚落最集中的漳州府和土堡聚落最集中的延平府为例（图19），查阅与福建人口相关的文献史料[14][24-25]，整理出道光年间两地区人口的变化趋势（图20）。可以看到，道光年间漳州府的人口数量远大于延平府，两者均呈现增长趋势，漳州府人口增长率大于延平府。道光年间漳州府的辖区面积（12754.9km²）却小于延平府（15366.5km²），漳州府的人口密度远大于延平府，两者形成了人多地少与地广人稀的巨大反差。

鉴于此，分家在土堡聚落是十分常见的现象。土楼特殊的结构形式导致家庭单元的空间利用十分紧凑，基本没有改造的余地，原家庭单元一般不会用作分家之用。后代分家后的去向大体有四类：一是与父母同楼的新的家庭单元；二是与父母异楼的同宗族的家庭单元；三是在土楼旁另建新的普通小房子；四是迁出村落。建造新的土楼需要巨大的人力、物力、财力，且短时间内难以完成，所以土楼在聚落中并非孤立存在，其间充满了供无法住在土楼的家庭容身的普通小房子。因为土楼聚落的土地资源十分有限，不少分家后的人选择外迁，近则迁至附近村落，远则迁至广东、江西、浙江等相邻省份，甚至移居海外。值得一提的是，土楼聚落最集中的南靖、平和、永定均是福建华侨最集中的区域之一。[26]

土堡聚落人烟稀少，各家族的居住主体并不

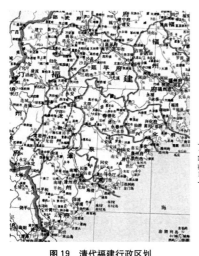

图19 清代福建行政区划

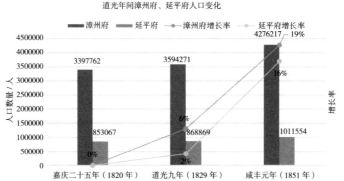

图20 道光年间漳州府、延平府人口变化

是土堡，而是常规的院落式住宅，土堡一般只作为集体防御设施，战时全体村民躲进土堡避难，平时则分散居住，时而兼作宗教、祭祀、学堂、议事、节日庆典之用。土堡聚落的分家模式与传统的单层住宅大院类似，每次分家只需要在原有住宅划分出新的家庭单元，空间紧张时在院落旁扩建新的房屋即可，一个家族可以长期生活在同一屋檐下。在此背景下，土堡聚落中外迁的居民一般只是迁至附近村落或相邻府县，迁至相邻省份和海外的现象较为少见。

五、结语

每一个传统聚落现存状态的背后都存在着若干决定性因素，并非脱离历史而独立存在，而各因素之间又是相互联系、相互制约的，一段时期有一个或多个主导因素，共同推进聚落空间的发展。土楼聚落与土堡聚落当下呈现出的空间差异与其各自发展历程、经济类型、宗族组织、人口流动等因素都存在着或多或少的关联性，我们须以历史的、多维的、系统的眼光去研究聚落的发展历程，以期为当下的保护与发展工作提供"传承基因"。

注释

① 行政村是我国基层群众性自治单位，可能包括一个或几个自然村，也可能由一个大型自然村划分为几个行政村。因自然村数据尚统计不全，且以福建省为靶区，在宏观空间层面自然村与行政村呈现的分析结果差异性较小，故本文以行政村为最小单位进行统计分析。

② 聚落地理坐标点位于聚落几何中心附近，经过人工手动校对。

③ 数据来源于国家基础地理信息中心，更新时间为 2019 年底。

④ 线状水系与面状水系对聚落的选址和形态布局的影响作用有所差异。一般情况下，聚落宜靠近线状水系便于取水用水；而面状水系则不然，聚落与其距离过近会存在洪涝灾害隐患，过远不便于取水用水。

⑤ 《漳州府志》（卷之七）记载："漳州土堡旧时尚少，惟巡简司及人烟凑集处设有土城，嘉靖辛酉年（嘉靖四十年）以来，寇贼生发，民间围筑土围，土楼日众，沿海地方尤多。"

⑥ 清顺治十八年（1661 年），为避免台湾郑氏海军通过袭扰福建沿海来攫取物资，康熙下诏对福建沿海地区实行大规模迁界，使沿海居民向内陆迁移，沿海一带的村庄田宅皆被拆毁焚烧，并且设立界碑，修建界墙，建立塞墩，采取强制性的措施，让沿海形成了一大片无人之区。

参考文献

[1] 王伟，王建国，潘永询. 空间隐含的秩序——土楼聚落形态与区域和民系的关联性研究 [J]. 建筑师，2016（1）：95-103.

[2] 潘凯华. 福建土堡探析 [D]. 清华大学，2010.

[3] 戴志坚. 福建土堡与福建土楼建筑形态之辨异 [J]. 中国名城，2019（16）：50-55.

[4] 黄汉民. 福建土楼：中国传统民居的瑰宝 [M]. 北京：生活·读书·新知三联书店，2009.

[5] 戴志坚，陈琦. 福建土堡 [M]. 北京：中国建筑工业出版社，2014.

[6] 戴志坚. 福建土堡的现在与未来——中国·福建土堡全国学术研讨会纪要 [J]. 新建筑，2011（5）：130-137.

[7] 福建省传统村落和历史建筑、特色建筑保护发展"十三五"规划（2016-2020 年）（征求意见稿）[R]. 福建：福建省住房和城乡建设厅 福建工程学院，2016.

[8] 黄汉民，陈立慕. 福建土楼建筑 [M]. 福州：福建科学技术出版社，2012.

[9] 李建军. 福建三明土堡群——中国古代防御性乡土建筑 [M]. 福州：海峡书局，2010.

[10] 陈志华，李秋香. 中国乡土建筑初探 [M]. 北京：清华大学出版社，2012.

[11] 鲁西奇. 散村与集村：传统中国的乡村聚落形态及其演变 [J]. 华中师范大学学报（人文社科学版），2013（4）：113-130.

[12] 秦炯. 诏安县志 [M]. 北京：方志出版社，1999.

[13] 闵梦得. 漳州府志 [M]. 厦门：厦门大学出版社，2012.

[14] 陈寿祺. 福建通志·卷四十八·户口 [M]. 台北：华文书局，1968.

[15] 珍夫. 福建土楼探源 [M]. 北京：中国大百科全书出版社，2013.

[16] 郑静. 合股民居与住宅合作社：1949 年以后建造的土楼 [J]. 建筑学报，2011（11）：1-5.

[17] 李世熊. 宁化县志 [M]. 福州：福建人民出版社，2012.

[18] 刘康. 基于历史文献的明清福建民间防御性聚落研究 [D]. 华侨大学，2017.

[19] 厦门大学历史研究所，中国社会经济史研究室. 福建经济发展简史 [M]. 厦门：厦门大学出版社，1989.

[20] 钟毅锋. 烟草的流动——永定烟草历史及其文化 [D]. 厦门大学，2008.

[21] 张志华. 明清时期的闽江航运与河道社会 [D]. 厦门大学，2017.

[22] 郑振满. 明清福建家族组织与社会变迁 [M]. 北京：中国人民大学出版社，2009.

[23] 刘强. 道光年间福建地区人口探究 [D]. 福建师范大学，2019.

[24] 曹树基. 中国人口史·第五卷·清时期 [M]. 上海：复旦大学出版社，2001.

[25] 陈景盛. 福建历代人口论考 [M]. 福州：福建人民出版社，1991.

[26] 郑静. 土楼与人口的流动：清代以来闽西南华侨的建筑变革 [J]. 全球客家研究，2014（2）：123-164.

图表来源

图 1～图 4：笔者自摄。

图 5：路秉杰，谢炎东. 福建龙岩适中土楼实测图集 [M]. 北京：中国建筑工业出版社，2011。

图 6：参考文献 [9]。

图 7～图 16，图 17，图 18，图 20：笔者自绘。

图 24：来源于网络。

表 1～表 4：作者自制

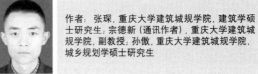

作者：张琛，重庆大学建筑城规学院，建筑学硕士研究生；宗德新（通讯作者），重庆大学建筑城规学院，副教授；孙傲，重庆大学建筑城规学院，城乡规划学硕士研究生

基于 CRS 矩阵策划体系的老旧工业建筑改造策划研究

李瀚威　陈　俊

Research on Transformation Planning of Old Industrial Buildings Based on CRS Matrix Planning System

■ 摘要：本文阐述了老旧工业建筑改造的意义，介绍了建筑策划在工程项目中的作用。通过 CRS 建筑策划方法作为策划框架，进而引入老旧工业建筑改造的约束要素、后评价体系两个概念，将其与 CRS 矩阵策划体系结合，提出针对老旧工业建筑改造项目的 CRS 矩阵策划体系。希望该体系能够为老旧工业建筑改造类项目建筑策划提供一种便利、有效的工具，以供建筑策划者选择使用。

■ 关键词：老旧工业建筑；建筑策划；约束要素；后评价体系；改造

Abstract：This paper expounds the significance of the transformation of old industrial buildings and introduces the role of architectural planning in engineering projects. Then, through the CRS building planning method as the planning framework, the two concepts of constraint elements and post evaluation system of old industrial building reconstruction are introduced, and combined with the CRS matrix planning system, the CRS matrix planning system for old industrial building reconstruction projects is proposed. It is hoped that the system can provide a convenient and effective tool for architectural planning of old industrial building reconstruction projects for architectural planners to choose and use.

Keywords：Old Industrial Buildings, Architectural Programming, Constraint Elements, Post Evaluation System, Transformation

一、引言

当下遗存的大量老旧工业建筑是人类文明阶段性发展的历史见证。"老旧工业建筑"概念是指在 20 世纪工业时代中，人们为了生产生活所设计建造的工业类建筑。由于世界整体正逐步从工业化时代迈向信息时代，随着传统制造业、实体经济、实体商业的比率逐渐减少，新兴产业、网络信息等技术的出现，曾经占据城市主导地位的工业建筑渐渐淡出舞台中央,直至废弃,这些建筑被遗忘在各个城市的许多角落中。伴随我国人民生活水平的提升及对更好生活的向往,这些老旧建筑的产业功能和空间利用显然已经不符合当下人们的使用需求,但其作为城市以及城市空间的组成部分却需要被重新利用起来;且老旧工业建筑承载着一段时期城市产业的发展,表现了人类在一段时期的生产力水平,同时还拥有一定的历史、文化属性及美学价值。对老旧工业建筑进行更新与保护在利用现有资源、提升经济效益、保护自然环境、传承发扬历史文化等方面具有现实意义和价值。

在面对建筑设计项目时,建筑师通常会通过设计任务书来指导设计。而如何获得一份适用于项目的设计任务书则需要借助建筑策划等相关手段来达成这一目标。带入到老旧工业建筑改造的语境中,则是通过建筑策划的方法寻找一条适宜特定老旧工厂改造项目的最佳途径,这一途径既通过老旧工业建筑的改造设计满足业主的条件与要求,同时能为接下来的设计工作提供科学、简明、清晰易懂的设计依据。

建筑策划是当今建筑设计工作流程当中重要且不可缺失的一环。它为建筑师设计工作起到了承上启下的作用。那么如何在老旧工业建筑改造项目中进行建筑策划呢?下文中将重点论述建筑策划师威廉·佩纳的CRS矩阵策划体系以及将该体系结合老旧工业建筑改造的实现途径。

二、CRS策划方法简介及其与老旧工业建筑改造结合途径

庄惟敏院士对"建筑策划"进行了明确的定义,即"特指在建筑学的领域当中,建筑师通过总体规划的目标作为导向,从建筑学学科角度出发,结合其他专业领域的相关知识,制定达成总体规划设定目标的手段。这不仅依赖于个人经验和传统方法,同时还需要排除偶然性,在基于客观实态调查所得的资料基础之上,通过缜密的分析及数学统计,建立达到目标的标准工作程序"。

在研究建筑策划方法的过程当中共搜集了8种主要的建筑策划方法,由于威廉·佩纳的CRS策划方法具有搜集信息系统的全面性、工作方式的高效性和实践经验的丰富性等特点,故选用该策划方法作为本文研究对象。下面将聚焦于该方法展开介绍。

1.CRS建筑策划方法——矩阵策划体系介绍

CRS建筑策划方法来自美国20世纪60年代末的CRS建筑师事务所,在这之前,虽然该事务所的建筑设计项目遍布美国各州,但在项目进行过程中,经常发现与业主或项目使用者沟通不畅从而造成设计成果出现纰漏的问题。于是该事务所展开了对设计程序和方法的探索来对设计项目

进行良好的控制。威廉·佩纳在1969年推出了 *program seeking—An Architectural programming Primer* 的第一版,此书经过不断的修订,在2012年已出版到第五版。这本书是CRS事务所几十年间关于建筑策划方法的总结。

威廉·佩纳认为策划是对问题的搜寻和陈述。通过矩阵策划表格能让建筑策划者寻找到项目核心问题并对问题进行清晰明确的表述。而CRS建筑策划方法的核心便是矩阵策划体系。该体系的使用方法是将一个项目能够获取的所有信息划分为功能、形式、经济与时间四类,这四类又分别细分出三方面的内容,分别是:功能对应活动、人与空间;形式对应场地、实体物理或人的心理环境、建筑与场地空间及建造质量;经济对应项目的预算、运行成本、生命周期成本;时间对应历史、当下现实、未来方面。通过纵向将项目资料分类后,再将每一类资料又按照目标、现状、概念、需求来进行横向划分,接着通过策划的目标——"问题"栏的填写来完成矩阵策划表格。前几栏的填写决定了对问题的取舍与分析,而完成问题栏需要建立在前几栏的分析之上。整个矩阵策划表格形式如表1所示。

2.CRS建筑策划方法与老旧工业建筑改造结合的实现途径

威廉·佩纳对表格中横向五类内容是这样描述的:目标确定、现状信息的汇总与分析、概念发现检验、明确需求、陈述问题。上文提及建筑策划的最终目的为表述问题,对应至表格中的问题栏。而填写问题栏则需建立在目标、现状、概念、需求之上。对于老旧工业建筑改造类策划项目而言,又会有其特定的目标、现状、概念、需求。而老旧工业建筑改造的约束要素及后评价体系则可以清晰且有条理地填入CRS策划表格。通过老

CRS 矩阵策划表格　　　　表1

		目标	现状	概念	需求	问题
功能	人	○	○	○	○	▲
	行为活动					
	空间关系					
形式	场地	○	○	○	○	▲
	物理和心理环境					
	空间和建造质量					
经济	最初预算	○	○	○	○	▲
	运行成本					
	生命周期成本					
时间	历史	○	○	○	○	▲
	现实					
	未来					

旧工业建筑的约束要素和后评价体系与 CRS 建筑策划方法的结合，得到特定针对老旧工业建筑改造类项目的 CRS 建筑策划表格，用以更精准地进行老旧工业建筑改造类项目策划工作。

三、老旧工业建筑改造的约束要素及后评价体系

下面将重点介绍老旧工业建筑的约束要素及后评价体系，及两者与 CRS 表格中目标、现状、概念、需求之间的对应关系。

1.老旧工业建筑改造的约束要素

约束要素是指在一个项目当中，影响及制约项目的各现状条件，在 CRS 矩阵策划体系当中，项目的约束要素对应了表格中"现状"部分，而老旧工业建筑改造类项目也有自身独特的约束要素对项目进行控制。为保证项目顺利、合理地进行，建筑策划者必须在策划项目前熟悉了解各类约束要素。通过查阅相关资料，汇总老旧工业建筑改造的约束因素。该类项目约束要素分为三大类，分别是控制类、受益类、设计类要素。（图 1）

1）控制类要素

（1）政府机关

控制管理：控制管理方面是指政府国有土地相关管理部门（例如自然资源与规划局）制定的有关土地管理法规、条例等，每个项目必须严格遵守。在进行建筑策划时需要明确项目用地性质、建筑密度、高度、容积率等相关用地要求。

区域发展：在对土地进行开发或者计划对老旧工业建筑改造时，政府机关会考虑到该项目对周边区域产生怎样的效益，以促进区域的发展，一般涉及经济、政治、文化、生态等方面的效益。建筑策划师需要对城市发展及区域发展进行详细的了解，如城市及区域路网、产业经济结构、生态自然环境等与城市、区域发展相关的资料。

政策扶持：近年来，政府对老旧工业建筑改造有着很多的政策鼓励和支持，建筑策划师利用这些政策能让项目得到更好的发展空间。

图 1　老旧工业建筑改造类项目约束要素

（2）现状条件

工业资源：老旧工业建筑改造项目的要点之一就是如何合理利用现有的工业资源，这是它与新建建筑项目之间存在的最大差异，故在建筑策划阶段就需要对现有的工业资源中的空间类型、构造方式、建筑结构形式、设备、管线等方面进行详细调研。

周边环境：原有工业建筑周边的交通情况、周边业态分布、主要人流位置、场地及原有建筑的出入口等方面都会对建筑策划产生一定的导向。

污染情况：指原工业建筑产业对现有的用地及建筑是否产生污染，相关策划人员需要对该类情况进行核实，若场地或建筑污染严重无法使用时需要改造场地或拆除有害建筑。

2）受益类要素

（1）经济受益者

经济受益者是通过实施、经营项目，最终获得经济利益的群体，一般而言经济受益者是该项目的业主、投资者、经营者。在建筑策划阶段必须充分考虑该群体提出的项目收益水平、成本回收期、资金平衡等具体要求，并提出相对应的施工成本控制、施工时长、产业业态等具体实施策略。

（2）功能受益者

该群体是指改造后建筑的使用者，通常需要考虑使用者的数量、类型、结构、个体特征等，同时也要考虑到人的行为模式和交流方式等方面。

3）设计类要素

该要素是指在项目的设计工作中包含的与本阶段相关的各个设计专业，包括规划、建筑、景观、室内、结构、给排水、暖通、电气等。策划者需充分考虑这些专业对设计提出的条件和要求，并以清晰、有条理的形式将其表述出来，运用到建筑策划当中。

2.老旧工业建筑改造后评价体系

1）使用后评价的作用

使用后评价（简称 POE）是通过既定程序及相关标准、法规对建成建筑全方位性能进行测量，检验建筑的实际使用状况是否达到策划与设计预期的设想，在建筑全生命周期中属于最后阶段。（图 2）

POE 有短期、中期、长期三方面作用。（图 3）短期作用为反馈现有建筑及解决现有建筑现状问题；中期作用为通过 POE，使建筑使用后评估得到的信息能够反馈作用到今后同类型建筑策划上，为同类型建筑策划提供参考依据；长期作用为通

图 2　使用后评价在建筑工程项目流程中的位置

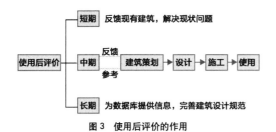

图3 使用后评价的作用

过 POE 获得的信息可以提供于数据库,以供完善相关建筑的设计规范。根据 POE 的中期作用,在利用 CRS 矩阵策划体系时,可以通过以往同类项目建筑后评价指标填写表格,完成策划矩阵。上文谈到,调查项目的约束要素可以收集并归类项目的现状信息,那么使用后评价体系则可以涵盖目标、概念方面来指导建筑策划者填写表格。

2)工业建筑改造后评价体系

老旧工业建筑改造后评价指在一处旧工业建筑改造完成且已进行使用一段时间后对改造成果的评判、衡量及验证,它从属于"使用后评价"程序(POE)。该体系专用于老旧工业建筑改造工程完结后,评价其能否对原有工业建筑的优势进行利用,促进原有资源的合理利用,减少能源消耗,保证建造材料与改造方法的适用性,为地区的经济、文化、政治、生态自然等方面提供发展,同时营造出高质量的人居环境等。

老旧工业建筑改造后评价体系指标应从客观和主观两个层面建立。客观层面是指老旧工业建筑改造的设计、施工、运营、维护等方面需要遵守相关的法规与规范。客观层面内容可以细化到各个指标当中,如建筑日照、容积率、建筑密度等相关评价指标,通过相关指标来评价改造建筑是否实现了预设目标。主观层面指标判定标准是指更新过的老旧工业建筑是否满足了人这一主体的需求,其指标一般为空间尺度适宜性、环境舒适度等。

通过使用层次分析法,现将老旧工业建筑改造的后评价体系分为以下三个层次,分别是目标层、准则层与指标层。目标层对应老旧工业建筑后评价指标体;准则层面对应了历史文化延续、公共形象提升等八种评价方向;指标层面对应每类评价准则下具体评价指标,即通过哪些指标来完成准则层面目标。评价体系详见图4。

四、针对老旧工业建筑改造项目的CRS矩阵策划体系

在得到老旧工业建筑改造的约束要素与该类项目的后评价体系后,将两者带入 CRS 矩阵策划体系当中,用填空的方法将约束要素、评价体系与 CRS 矩阵策划体系建立对应关系,以得到针对老旧工业建筑改造项目的 CRS 矩阵策划体系。

以下是约束要素、评价体系与 CRS 矩阵策划体系的对应结果:约束要素对应该项目所搜集到的各类现状信息,即现状层面;后评价体系中的准则层对应矩阵策划体系中的目标层面;后评价体系中的指标层对应矩阵策划体系中的概念层面。现在 CRS 矩阵中还有需求层面未被对应,其原因是表格中的需求层的实质内涵是基于项目的目标、现状、概念综合考虑得到的结果,需进一步推演。整个对应关系如表 2 所示。

在利用矩阵策划表格进行老旧工业建筑改造建筑策划工作时,应优先考虑将与表 2 中相关的内容填入表格。有必要提及的是表中的内容并非需填写的全部信息,其仅是对于老旧工业建筑改造策划较为重要的部分。在考虑到表中要素的同时,策划者应将更多影响项目的相关因素考虑进来,再通过策划的目标——"问题"栏凝练提出核心问题,以更精准地对老旧工业建筑改造类项目进行策划工作。

得到约束要素、评价体系与 CRS 矩阵策划体系对应关系后,将其填写至 CRS 建筑策划表格当中,最终得到基于老旧工业建筑改造项目 CRS 矩阵策划体系,成果如表 3 所示。

得到基于老旧工业建筑改造项目的 CRS 矩阵策划体系后,建筑策划者面对老旧工业建筑改造

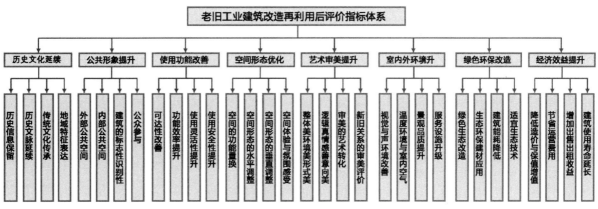

图4 老旧工业建筑改造再利用后评价指标体系

约束要素、评价体系与 CRS 矩阵策划体系对应关系 表 2

		目标	现状	概念	需求	问题
功能	人					
	行为活动					
	空间关系					
形式	场地					
	物理和心理环境	后评价体系（准则层）	约束要素	后评价体系（指标层）	通过目标、现状、概念确定	▲
	空间和建造质量					
经济	最初预算					
	运行成本					
	生命周期成本					
时间	历史					
	现实					
	未来					

基于老旧工业建筑改造项目 CRS 矩阵策划体系 表 3

		目标	现状	概念	需求	问题
功能	人			可达性改善		
	行为活动		管理控制	功能效率提升		
		使用功能改善空间	污染情况	使用灵活性提升	基于目标、现状、	
		形态优化	区域发展	使用安全性提升	概念得到需求	▲
	空间关系		工业资源	空间功能置换		
			功能受益者	空间形态水平调整		
				空间形态垂直调整		
				空间体验与氛围感受		
形式	场地			外部公共空间		
	物理和心理环境			内部公共空间		
				建筑标志性与识别性		
				公众参与		
				绿色生态改造		
		公共形象提升	管理控制	生态环保建材应用		
		绿色环保改造	污染情况	建筑能耗降低	基于目标、现状、	▲
	空间和建造质量	室内外环境升级	工业资源	适宜生态技术	概念得到需求	
			周边环境	视觉声环境改善		
				温度环境与室内空气		
				景观品质提升		
				服务设施升级		
经济	最初预算		政策扶持	降低造价与保值增值		
	运行成本	经济效益提升	工业资源	节省运营费用	基于目标、现状、	▲
	生命周期成本		经济受益者	增加出售出租收益	概念得到需求	
				建筑使用寿命延长		
时间	历史			历史信息保留		
	现实		区域发展	历史文脉延续		
		历史文化延续	管理控制	传统文化传承		
		艺术审美提升	功能受益者	地域特征表达	基于目标、现状、	▲
	未来		经济受益者	整体美环境美形式美	概念得到需求	
				逻辑真情感善意向美		
				审美的艺术转化		
				新旧关系的审美评价		

类项目策划时，可通过填写目标栏，即确立策划目标（例如使用功能改善作为目标），再填写现状栏，即进行现状信息的收集与分析（例如得到工业资源信息），进而填写概念栏，通过提出概念（例如可达性改善与功能效率提升）来实现目标。那么如何改善可达性与提升功能效率？则接着需要填写需求栏：基于现状确定需求（例如业主需要在厂房内部置入可容纳 200 人的报告厅）。那么能否满足业主置入报告厅的需求，则需要再次通过与现状栏相结合进而填写问题栏：陈述问题（例如能否通过打通隔墙或加建的形式来满足业主对报告厅的需求）。这样就完成了策划目的——找到并提出问题。

在面对老旧工业建筑更新项目时，会遇到多个要求与目标，建筑策划者需按照上述使用方法完成策划，提出遇到的问题，分类填入问题栏，以完成策划，指导下一步任务书的制定。

五、结语

我国老旧工业建筑改造趋势在逐步增长，过去暂停使用或荒废的老旧工业建筑正逐步回归人们的视野当中，与此同时，基于该类项目的策划工作的意义也不断增加。本文引入了老旧工业建筑改造的约束要素、后评价体系两个概念，并将其与 CRS 矩阵策划体系相结合，提出针对老旧工业建筑改造项目的 CRS 矩阵策划体系。希望该体系能够提供一种有效手段，当建筑策划师遇到老旧工业建筑改造类项目时，能够利用该体系更精准、更全面、更便利地对该类项目进行策划。

参考文献

[1] 王建国.后工业时代产业建筑遗产保护更新 [J].建造师，2008，（3）：90-90.
[2] 徐宁，徐小东.产业类历史建筑改造再利用的设计策略——以加州大学伯克利美术馆和太平洋电影资料馆改扩建为例 [J].新建筑，2019（5）：57-61.v.
[3] 庄惟敏，李道增.建筑策划论——设计方法学的探讨 [J].建筑学报，1992（7）：4-9.
[4] 韩静.对当代建筑策划方法论的研析与思考 [D].清华大学，2005.
[5] （美）罗伯特·G.赫什伯格.建筑策划与前期管理 [M].汪芳，李天骄译.北京：中国建筑工业出版社，2005.
[6] 何冰.旧工业园区改造为文创园的建筑策划研究 [D].清华大学，2014.
[7] 韩静，胡绍学.温故而知新——使用后评价（POE）方法简介 [J].建筑学报，2006（1）：80-82.
[8] 梁思思.建筑策划中的预评价与使用后评估的研究 [D].清华大学，2006.
[9] 蒋楠.近现代建筑遗产适应性再利用后评价——以南京 3 个典型建筑遗产再利用项目为例 [J].建筑学报，2017（8）：89-94.

图表来源

表 1~ 表 3 为作者自绘
图 1 引自：何冰.旧工业园区改造为文创园的建筑策划研究 [D].清华大学，2014.
图 2、图 3 改绘自：梁思思.建筑策划中的预评价与使用后评估的研究 [D].清华大学，2006.
图 4 引自：蒋楠.近现代建筑遗产适应性再利用后评价——以南京 3 个典型建筑遗产再利用项目为例 [J].建筑学报，2017（8）：89-94.

作者：李瀚威，重庆大学建筑城规学院硕士研究生；陈俊（通讯作者），重庆大学建筑城规学院副教授

新文科教育的尝试：
基于视觉思维和空间思考的美术史教育

唐克扬

Refreshing Education for the Humanities: Art History Taught in Space with Visual Thinking

■ **摘要**：传统中国教育哲学没有那么重视〝眼睛〞的作用。然而，艺术史的教学方法中最有效的恰恰在于让学生学着挑战自己，聚焦于他们所看到的，从而可以获得更切题的深入理解，与一般认知生成的基本原则相关。以在南方科技大学教授的实际课程为例，本文论证了艺术教育应该在适宜的教学空间中发生，它可以追随核心的体验，让学生获知他们所学知识的内在结构，而不是接受干巴巴的事实和静态的图像。

■ **关键词**：新人文教育；艺术史课程；创新教室；视觉思考

Abstract：Traditional Chinese teaching places less emphasis on the eyes. However, one of the most effective aspects of art history curriculum is its ability to present challenges in a way that forces students to focus on visual thinking, leading to a deeper understanding of the topic with fundamental gains in metacognitive principles. With courses taught at Southern University of Science and Technology, the article argues that art teaching that happens in a relevant learning space can follow a more experience-centered pedagogy that lets the participants figure out the infrastructure of what they learn, as opposed to being given dry facts or silent images.

Keywords：New Humanities, Pedagogy, Art History Education, Classroom Innovation, Visual Thinking

著名物理学家斯蒂芬·霍金经常提到〝图像〞对他研究的意义。众所周知，他因为早年残疾丧失了常人的大部分肢体功能，犹如一台电脑既无键盘鼠标也无屏幕打印机，只靠一个功能有限的传感器和外部交换信息。他交换的信息基于某种他反复提到的〝图像〞，这些图像甚至构成了他所说的〝宇宙模型〞。他的结论是：〝不存在与图像或与理论无关的实在性概念〞，图像的机制实质是〝依赖模型的实在论〞（model-dependent realism）；〝一个物理理论和世界图像是一个模型（通常具有数学性质），以及一组将这个模型的元素和观测连接的规则。"①

传统中国的教育模式显然不那么强调眼睛的意义。相反，儒家和法家的训诫是通过"看不见"而微妙地表达的。例如，"万仞宫墙"："叔孙武叔语大夫於朝曰：'子贡贤於仲尼。'子服景伯以告子贡。子贡曰：'譬之宫墙，赐之墙也及肩，窥见室家之好。夫子之墙数仞，不得其门而入，不见宗庙之美，百官之富。'"②韩非子的看法相似而更极端，是一种具有东方色彩的政治哲学的起源："道在不可见，用在不可知。虚静无事，以暗见疵。见而不见，闻而不闻，知而不知……掩其迹，匿其端……去其智，绝其能……绝其望，破其意……弒其主，代其所……散其党，收其余，闭其门，夺其辅……大不可量，深不可测……"③

今日的情形恰好是一种反转：视觉知识不再是禁域，相反，更多的图像将带来对于图像的无法餍足的更大的需求，极大地冲击了传统文化对于文本传播手段的依赖。视觉的解放不仅意味着更多的视觉内容，还意味着视觉本身成为一个人对于世界基本理解的基石，"从关注视频图像呈现了'什么'到关注视频图像是'如何'得以呈现，以及由谁来呈现……当从'什么'转换为'如何'之后，意味着图像学分析的发问方式与思维方式由此生成，它与基于'什么'的发问方式有着根本性的不同。它所寻求的是'如何发生'"④国内的研究者进一步指出，在教育理论的世界里，视频与图像媒介之所以事关重大，就是因为它们内含有对特定事物的理解方式，超越了传统所依赖的语言文字。一方面，它们是一种"内隐知识"和"缄默知识"，另一方面又具有把隐性知识"转译"为显性知识的能力。用卡尔·曼海姆（Karl Mannheim）的术语描述，图像属于一种"元理论知识"，因此，观看可以改变人，改变社会，"眼见为实"将不再是一句空话。这种情势，是对中国传统社会压抑视觉知识的做法的一种极大的反动，从而也验证了后者的某种先"见"之明。

在南方科技大学，我们把通识课程看成使得学生掌握普泛型的思维方法的一种路径，而不仅仅是"鉴赏"或者"修养"，在这个意义上理解视觉文化的教学实践将会带来全新的教育实践。比如，教授美术史，就不仅是理解美术自身，而是理解美术之"术"的养成，或者说，使得作品成其为值得讲授的作品的那些更本质性的选择机制。学习美术史不仅仅是显现和表达已经被表达的世界，也是重新发现和建构一个未知的世界。研究"观看之道"的终极目的，按照威廉·米歇尔（William J.T.Mitchell）的观点，视觉作品除了阐释和说明"世界的意义"，也会构成一种"行动取向"（handlungsleitende）。⑤对于21世纪以来进入

"读图时代"的中国社会而言，这一特点不难理解，但是什么才构成了由图而至现实，由二维（大多数图像的载体）而至三维（"立体"的生活）的"行动取向"的具体的路径？答案则是众说纷纭。视觉思维显然不是孤立的存在，它将受到一个更大的语境的牵掣，从而产生实在的技术、实在的策略和实在的方法论。这是本文的题眼。⑥

这个"更大的语境"就是我们生活的语境。作为一个有着建筑学背景的美术史教师，我以自己的教学践行了由"空间思考"而至"视觉思维"的理论。在《利玛窦的记忆之宫》（*The Memory Palace of Matteo Ricci*）中，耶鲁大学的史景迁（Jonathan D. Spencer）教授讨论了空间—视觉和文化智识的一个跨文化案例：万历年间来华传教的耶稣会士利玛窦（1552—1610），利用了一种自希腊时代开始风行西方的"记忆术"，向明代士大夫宣谕西方文明的构成。这里的视觉是和空间密不可分的，在不能使明人亲见罗马教廷辉煌宫室的前提下，他向他们描述了一座全然虚拟的"记忆之宫""数百幢形状、规模各异的建筑物"，然后再利用特定的空间关系，把观念组织进相对更直观的形象生成的机制之中。这个案例对于我们的启发是可以用空间来索引形象，⑦构成基本的理解形象与形象，乃至形象代表的文化观念之间关系的线索，这是突破认知瓶颈的有效方法。我所教授的理工科大学学生，大多数人只有非常淡薄的美术史知识，更重要的是他们全然不理解每一件美术作品映射的复杂文化环境，这种环境由于隔着历史和地理的距离而变得缥缈而不可及，我之试图说服他们，就像利玛窦面对的难题一样。我们无法向他们直接说明这种总体性的、体验性的知识，而只能在结构中理解结构，由"眼见为实"去启发智性体验。

利玛窦向与之交游的中国社会精英暗示，在泰西，至为宏伟的"记忆之宫"，是人类经验的世界地图。它的功用之一首先是定位和记录已有的知识之间的关系：传说中希腊诗人西摩尼得斯（Simonides of Ceos）在宴饮中途离席，飓风突如其来，吹塌了宴会厅，将同宴者砸得面目模糊，肢体残缺；幸好西摩尼得斯还记得他们各自的座位，由此才得以从灾难的现场辨认出这些死者。按照这种思路，我们首先需要为美术史的学习建立起一种初步的，但是又具备真实属性的"结构"——比如，一个最简单的思路，随机挑选一些作品，在公共教室的方格地面上，按照作品的时间属性，将它们按照实际时间的间隔，每个方格一件作品贴在地面上，构成一条比例相当的"时间线"。例如，公元前后（西汉）的作品"长信宫灯"和公元1000年（北宋）的作品"溪山行旅图"之间的格子数目恰如后者与2000年左右作品"国

家大剧院"之间的格子数目。

这种做法的实际好处是可以使得学生直观地看到"时间"的客观量度，使得学生的人文课程学习和他们自己的生活经验相连，不是那些只有在博物馆中才能把握的知识，而是日常经验——比如每个人都能体会的有着不同房间的房子。⑧尤其对于中国美术史而言，我们一贯重视"朝代风格"并且对它们等量齐观，却有意无意忽略了不同朝代的跨度和其内部演化机制的差异，实际形成了一种时间分布上的不平衡，比如相对近代的艺术作品往往会有更大的权重、密度和识别度。直到建立起这个可见的结构，也就是设法把所有作品贴到地板上之后，很多学生才第一次意识到唐代或是 20 世纪 30 年代和他们实际的距离之别，同时，还意识到不同的量度——某个王朝比如"隋代"，某个历史时期比如"盛唐"——在视觉化的时候存在不同的"精度"和"容量"的问题——受制于教室里格子的数目，在特定的时间段内选择过多的作品就有可能完成不了任务。于是，这样就为漫无边际的美术史建立起了一个切实可行的意义框架，简单、有效而快速。

假如仅仅如此，那么我们多少简化了整部美术史，或者，仅仅因循时间先后的线索，并不能帮助学生认识美术史中各色"思潮""运动""转承"的纷繁逻辑，也不利于他们感性地理解现实中活泼的美术史现象。比如南北朝以及宋代，实际上存在着不同区域艺术的并列关系，比如北魏和南齐，辽金与北宋。在这种情况下简单的"线"就会衍生出不同的宽度。更有甚者，历史并不总是"进步"的，为了说明某些风格之间存在断续或者"隔代相传"乃至"周期循环"的现象，我们需要将原来设定的直线变更为曲线、点状线、折线，或者让这条线拐弯回到与起点平行的地方——最后一种情形，很大程度上也是因为我们教室的面积有限，不可能容纳一条直来直去的巷道，构成足够长的方格序列。

如果说最初的练习仅是为了量化抽象的时间便于学习，那么接下来的变化就完全因应了上述的准则：对美术史方法的推演并非只是重复已经被表达的世界，它也势必将重新建构一个新的理解美术史的角度。重要的首先是"看见"，因为那些具体的格子和房间的面积，美术史的时间具有了一种客观性的量度。其次，这种可见的结构联系着的是结构具体的逻辑，也即格子在真实空间的可能排布。每一种具体的排布形式，现在将具体地改变美术史时间的结构。⑨原来不可能联系在一起的某些点，一旦在曲线轨迹中就近连接会对应什么样的解释？学习物理的同学很自然地联想到，这也就是某种历史的"虫洞"，在其中时空被扭曲了，原本单一的线性时间度量，现在有了"近

道"。于是他们可以看到，当代的画家从史前艺术中得到了灵感，室町时代（公元 1450 年）建立的京都龙安寺的枯山水，和梵·高的《星夜》居然也有某种构成机理上的相似性——以上，并不是试图真的在这些并无事实关联的事物之间建立起因果关系，而是作为一种思维练习，培养学生基于一定前提下的联想能力，这种联想可能乍看起来荒唐无稽，但又不是完全无迹可寻。"空间"在此是最大的意义框架，而且是可见的，可分析重组的意义框架。

不仅如此，一旦抽象知识有了某种可附着之物，那么这种可附着之物的逻辑也就是知识生成的逻辑。既然空间形式的演绎变化远不止如此，知识生成就会变得饶有趣味。还是那位有物理学背景的同学，他提出，既然时间可以用点、线这样的空间形式来描述，那么是否它也可以具有"面"的属性？既然点（位置）、线（长度、宽度）的属性和它索引的美术史意义相关，赋予每个方格一定的高度，我们也就可以获得一个起伏的意义的"坡度"，其中不同的标高意味着作品的某种可以度量的属性（这种属性有待结合美术作品的特点予以决定）。这样一来，我们就有了一个美术史的"地形"：它既有一定的方向性，但现在又不是单一线性的，而是具有连绵、弥漫的特征——我们该如何命名其中的"高地""低谷"和"马鞍线"呢？这样有意思的教学结果，恐怕教师和学生双方在练习开始时都未预料到。⑩

从 2016 年末第一次在南方科技大学实施创新教学以来，"空间"就一直是特色人文教学的一个关键词。讲解人文学科和自然科学、理工学科的不同点，自然而然从我们现代媒体与跨学科教研室的教学空间开始，因此，整个校园就是我们的"实验室"。我们并不认为，这个实验室需要某种额外的"装饰设计"，它只是亟须在结构上得到改良。以上面提到的课程教室为例，公共空间是学生练习的主要发生场所，教室和公共空间之间其实并无确定界限。我们打破了普通教学楼常见的"筒子楼"格局，把中间的走廊扩大为方便管理和灵活使用的室内公共空间。如此一来，教师和学生之间的关系，就不再是简单的中心—边缘或前后面向的关系，而是可以在任何方向上延展，演绎出空前复杂的模型。如此一来，学生在这种身临其境的感受中获取的也不必定是死知识，有明确向度，但缺乏变化的可能。相反，通过理解他们身处的空间语境，并且将这种语境剖分、演绎、重组，他们就获致了此前不可想象的新知。

注释

① 江晓原，"霍金'站队'：上帝、外星人和世界的真实性"，《文汇报》，2014 年 10 月 31 日。

② 《论语·子张》。

③ 《韩非子·主道第五》。

④ 李政涛，"当代教育研究的视频与图像转向——兼论视频图像时代的教育理论生产"，华东师范大学学报，2017年第5期，第3页。

⑤ 同上，第7页。

⑥ 主要的分歧在于：视觉经验是否像我们今天所习惯认知的那样仅限于二维？事实上，是视觉界面，还是一种界面机制(interfacing)，将会迫使我们重新认知那些"纸面上"的，"屏幕"中，和那些"空间中"的，"立体"的图像生成机制的关系。"interfacing"的提法见于 Nikolaus Kuhnert 和 Angelika Schnell 对于"折叠"(fold) 的讨论，见 *Arch Plus*，April 1996，n.131，p.12-18，74-81。

⑦ 梅义征译，史景迁著，陈恒，《利玛窦的记忆之宫：当西方遇到东方》，上海远东出版社，2005年。

⑧ 这种房子有关普通空间经验，而不是"高等建筑"，它可以适当地称之为"生活的房子"。参见 Mario Praz，*The House of Life*，The Akadine Press，1999. Gennaro Postiglione，*The Architects' Home*，Taschen，2013.

⑨ 乔治·库布勒（George Kubler）在《时间的形状》中主张对美术史的"形状"进行反思。他的主要观点是以风格发展为主轴的美术史叙事是近世学者们的事后发明，而不一定是某种真理。其一，漫长历史的演绎并非有限生命的"发端-成熟-衰落"的短暂周期可以概括，其二，这种基于有机赓续的"生物模式"并不能反映美术史整体发展的普遍叙事模式，后者未必具有一个完整的形状，也不一定是连续的。在库布勒之后，人们更对历史内在的主体性提出质疑，形式究竟是自发成长和消亡，还是人类对于意义的积极寻求，现在尚属一个可以开放讨论的话题。参见巫鸿，"美术史的形状"，《读书》2007年第8期。

⑩ 如前，利玛窦也鼓励用建构新的"记忆之宫"的办法营造一座文明不断生长的大厦，人们应该在一幢他们非常熟悉的房子上，"在它的后墙上开一扇门，抑或为了抵达该房子原本并不存在的高层，设想在房子的中央建造一座楼梯。"正是诉诸尚属臆测的结构，依赖对已有存储场所的扩展，而不是一味去恢复不可能全部恢复的事实，人们的记忆能力才得以增强。

作者：唐克扬，清华大学
未来实验室首席研究员

万里长江第一桥的六十五载
——《南北天堑变通途》画作的历史追忆

辛艺峰

Sixty Five Years of the First Bridge over the Yangtze River —A Historical Review of the Painting "A deep chasm turned into a thoroughfare"

■ 摘要：本文从湖北美术馆展出辛克靖先生所绘中国画《南北天堑变通途》说起，通过对万里长江第一桥落成通车盛典的历史追忆，辛克靖先生及其巨幅中国画《南北天堑变通途》的创作，以及从"桥"与"城"融合所记载出城市建设历程来解读武汉长江大桥与这个城市所独有的联系和特殊情愫，以从画作呈现的人文图景中追溯武汉人民在实现大江南北天堑变通途世纪夙愿时的历史记忆及其城市更为辉煌的未来。

■ 关键词：万里长江第一桥 六十五载 大桥群组 《南北天堑变通途》 辛克靖

在中国凡是跨江临河面水的城市，都有说不完、道不尽的关于"一座桥与一个城市"的话题，但有一个城市关于这个话题的叙述在中国乃至世界城市中独领风骚，这个城市就是位居华中地区的最大都市武汉。60多年前在横跨世界第三大河长江上落成的万里长江第一桥——武汉长江大桥，是那个百废待兴、蓬勃向上年代共和国桥梁与城市建设史上取得的巨大建设成就之一。武汉长江大桥的建成不仅使天堑变通途、让三镇成一体、将中国的南北大动脉一线贯穿，而且实现武汉市民的夙愿、焕发了中国人民建设新生活的热情。从1957年10月武汉长江大桥建成通车，弹指一挥间过去65年，桥梁的角色在武汉这座城市已经远超其基本功能，不仅成为城市的重要节点，也成为城市空间中不可缺少的景观构成要素，在城市整体环境风貌塑造中更是展现出"大江大湖大武汉"的磅礴气势（图1）。

1.《南北天堑变通途》画作及万里长江第一桥落成通车盛典的历史追忆

历时月余在湖北美术馆举办"长江·汉水"这一主题展览展出的作品，均以湖北美术馆馆藏地域题材美术作品为基础，展出与长江文化、区域发展、城市精神等相关的作品。该展为湖北美术馆入选文化和旅游部2022年全国美术馆馆藏精品展出季项目，展览分为"江湖人城""天堑通途""和谐相融"三个部分，既有大江大湖形貌，也有湖水人城和谐相融的再现；既有承载着新中国工业记忆与中国自信的"大桥"，以及"因桥而兴"的城市面貌，也有抗洪、抗疫、三峡工程建设等勇于斗争、坚强不屈的精神呈现，旨在通过深入梳理地域美术，传承弘扬长江文化（图2）。

在"长江·汉水"这一主题展览大厅中，有辛克靖先生为武汉长江大桥落成纪念所绘制长的362cm、高150cm的巨幅中国画《南北天堑变通途》。这件巨幅中国画作形象地、艺术地展示了1957年10月15日武汉人民久望的长江大桥落成举行通车典礼的盛大场面，这是一个具有历史意义的时刻。只见画卷中"长江、汉水两岸和水上船只都挂满了彩旗。从龟山伸延到蛇山的千百面红旗和花朵，把大桥装扮得光彩夺目。在大街小巷迎风招展的国旗，好似一片红色的海洋，到处张灯结彩、喜气洋洋，呈现出最为隆重的节日气象（图3）。

图1　展现武汉"大江大湖大武汉"磅礴气势的"桥"与"城"融合图景

图2　湖北美术馆举办的"长江·汉水"主题展览，画前总是人潮簇拥、观者不断

图3　辛克靖先生所绘巨幅中国画《南北天堑变通途》画作

据辛克靖先生回忆，武汉长江大桥建成通车的这天黎明，他即带上早已准备好的画具，手捧鲜花和穿着最华丽、最漂亮的服装的人们一道向大桥两岸桥头汇集。九点半钟，当桥头音乐会演奏的"大桥组曲"的嘹亮歌声刚一结束，琴弦的余音还飘绕在长江大桥上空的时候，几十个扩音器里响起了"武汉长江大桥落成通车典礼开始"的声音，这时武汉关的钟声响了十下。霎时间，鞭炮声、奏乐声、千万人的欢呼声春雷般地起伏着，千万只手摇起了美丽的花束，千万双喜悦的眼睛放射出了幸福的光芒。这天，实现了人们在长江上的建桥梦想。长江大桥以壮丽的雄姿，轻拖着从首都北京到国境凭祥的第一列直达火车，横跨过天堑长江，怎不叫人们欣喜若狂呢！[1]

当 2009 年新中国要迎来建国 60 周年之际，为反映新中国 60 年来的建设成就，辛克靖先生便依据当年亲历大桥通车盛典的场景，创作了《南北天堑变通途——武汉长江大桥通车典礼》这幅巨作，也许正是辛克靖先生绘制巨幅中国画《南北天堑变通途》有着这样的经历，加之武汉人对武汉长江大桥特殊的情愫，在美术馆展厅里，在这幅画前驻足的观众总是很多。有满头银发的老者，也许他就是当年大桥的建设者；有人到中年的夫妻，也许大桥曾见证了他们在此相恋的身影；还有青年学生们，他们想到课本中学过的长江大桥课文；丫丫学步的孩童一进展厅见到这幅画就嚷到："这是长江大桥吧！"，拉着妈妈的手要先来到这幅画前……所有这些也许都在不言中，述说了这座桥与武汉这个城市千丝万缕的联系。

2．辛克靖先生及其巨幅中国画《南北天堑变通途》的创作

武汉长江大桥从 1957 年 10 月建成通车，弹指一挥间 65 年过去，在 2022 年虎年春节到来之际，武汉长江大桥桥头两端及观景平台上就摆满花篮与植物扎景，以展武汉市民对万里长江第一桥风雨兼程六十五载的祝贺，由此也彰显出这座桥与这个城市发展更为深远的影响和人文情怀。

见证过武汉长江大桥落成通车的辛克靖先生，1934 年出生于四川广安，1956 年毕业于华中师范学院美术系。大桥开工建设时还是华中师范学院美术系大学三年级的学生，作为那个火红年代的青年人与众多武汉人一样就深为武汉长江大桥这一宏伟工程所感动，常利用星期天和假期到大桥工地写生。1956 年 7 月作为学院首届优秀毕业生留校任教后，在教学之余更是多次来到大桥工地体验生活（图 4）。辛克靖为不惧严寒酷暑的建设者们日以继夜地建桥的忘我奋战精神所感动，用手中的画笔绘制了数以百幅画面生动的速写人物与场景。当时作为国家重点建设工程管理严格，但他手上有一张大桥管理机构专门颁发的通行证可进入工地。一年之中，"不管武汉盛夏火炉的高温酷暑下，还是大雪纷飞的严寒中，工地钢梁架旁总能见到他画速写的身影。建设工人欢迎他，路过的苏联专家也伸出大拇指连声说："Хороший、Хороший"（很好、很好）。1957 年 5 月，辛克靖从大桥的宏伟景象和大桥建设者们的奋战精神中获得创作灵感，与大桥美工余佩冕合作创作了木刻《大桥就要合拢了》发表在《湖北日报》。1957 年 10 月 15 日，所绘大桥通车盛典的速写《天堑变通途》发表在武汉的报刊并转登在《广东文艺》上（图 5）。[2]

其后辛克靖先生于 1958 年响应国家号召到恩施支援文化建设 27 年，完成大量扎根人民、反映民族地区生活及具有很强时代美感的中国画艺术作品。20 世纪 80 年代中期重返高校执教，并利用在武汉城市建设学院（现华中科技大学）风景园林系从教中与城市建设各类工程联系的机会，在又一个 27 年间创作大量反映城乡建设成就的山水画作品，这些作品将山水画创作与建筑结合，由此被学界誉为"当代中国建筑画派"的开创者[3]。而《南北天堑变通途》即为辛克靖先生进行山水画创作与反映武汉市重要城乡建设成就结合所完成的探索之作。

图 4　辛克靖先生 1958 年夏在已建成的武汉长江大桥观景平台留影

图 5　辛克靖先生与大桥美工合作创作的木刻《大桥就要合拢了》及所绘大桥通车盛典的速写《天堑变通途》

素有"万里长江第一桥"美誉的武汉长江大桥，是我国首座公铁两用桥，也是武汉重要的历史标志性建筑之一。辛克靖先生于 2009 年在新中国迎来建国 60 周年前创作的《南北天堑变通途——武汉长江大桥通车典礼》这幅巨作，不仅呈现出武汉人民世纪夙愿得以实现时人们的喜悦心情，画作中更是引入了"长江天际线"及三镇的宏观视野，呈现出中华人民共和国刚成立后不久便使多少年的天堑变成了人间通途的盛况（图 6）。画作具体入微，给人们留下了永恒的记忆。它不止是艺术表现，还是新中国建设成就历史记忆的视觉再现。

图 6　已 75 岁高龄的辛克靖先生创作
《南北天堑变通途——武汉长江大桥通车典礼》画作时留影

2012 年 7 月，作为湖北省委宣传部、省文化厅纪念毛泽东在延安文艺座谈会上讲话发表 70 周年系列活动之一，湖北美术馆举办了《丹青融情系九州——辛克靖从艺六十周年中国画作品展》，其中巨幅中国画《南北天堑变通途》作为汇集辛克靖先生从艺六十周年精选的百余幅中国画展出作品中反映新中国建立以来，武汉市城市建设重大成就具有历史记忆和研究价值的作品，与辛克靖先生另外具有代表性的作品原作捐赠给作为国家级美术馆的湖北美术馆永久收藏。在这次作品捐赠馆藏中，辛克靖先生还将画家武石所送，收藏 55 年的木刻作品《最后一根钢梁》首批拓印画作赠予湖北美术馆，该作品为画家武石依 1957 年 7 月 1 日万里长江第一桥安装最后一根钢梁，并完成合拢工程这一历史瞬间创作的木刻作品。这件藏品不仅记录了武汉长江大桥建成前最后一根钢梁的吊装场景，也见证着两位画家那年那月从不同视角对万里长江第一桥建设的关注及其创作热情，以及艺术家之间的情谊与交往。直至在湖北美术馆为完善湖北老一代艺术家馆藏作品到处收集作品时，才从辛克靖先生的慷慨捐赠中如愿收集到画家武石的这件寻觅很久的木刻作品，从而延伸出这一后续花絮。

3. "桥"与"城"融合所记载的城市建设历程

在中国凡是跨江临河面水的城市，都有说不完与道不尽的关于"一座桥与一个城市"的话题在述说，但有一个城市关于这个话题的叙述在中国乃至世界城市中都独领风骚，这个城市就是位居华中地区的最大都市武汉。长江大桥建设期间，毛泽东主席曾三次来到大桥工地视察，并于 1956 年 6 月第一次畅游长江，望着当时已具雏形的大桥轮廓，毛泽东即兴写下《水调歌头·游泳》一词，其中"一桥飞架南北，天堑变通途"一句更是将伟大领袖的浪漫豪情与大桥的气势表现出来。1957 年 9 月 6 日，毛泽东主席在大桥通车前再次来到武汉长江大桥视察，并从汉阳桥头步行到武昌桥头，体现出新中国第一代领导人对武汉长江大桥建设的关注与重视（图 7）。

图 7 毛泽东主席题写"一桥飞架南北，天堑变通途"词句的万里长江第一桥建桥纪念碑

而 20 世纪 50 年代万里长江第一桥的建成，对武汉市民来说更是激发出巨大的建设热情，武汉长江大桥建设对武汉这个城市的影响无疑是深远的，这从那个年代出生的婴儿取名中大量重复使用的"建桥""汉桥""银桥"……即可窥见一斑。武汉人从此在全国也以大桥为自豪，至今虽然市内建了众多景点，但"在武汉，不去长江大桥就是一种遗憾"的说法一直延续至今。正是对武汉长江大桥沟通中国南北交通这一重要作用的真实写照，作为中国第一个五年计划的主要成就，武汉长江大桥的雄姿还入选 1962 年 4 月发行的第三套人民币，成为新中国国家建设的重要标志（图 8）。2013 年 5 月 3 日，武汉长江大桥成为第七批全国重点文物保护单位，并于 2016 年 9 月入选"首批中国 20 世纪建筑遗产"名录。2018 年 1 月 27 日，武汉长江大桥入选第一批中国工业遗产保护名录。2021 年 3 月 8 日，武汉长江大桥被评为"武汉十大景点"，成为中国乃至武汉这座特大城市著名的旅游景点之一。

图8　武汉长江大桥于1957年10月建成通车，堪称当代中国建桥史上的一个里程碑，也是新中国国家建设的重要标志

　　如今，武汉市随着城市的发展，以武汉长江大桥为中心沿长江上下游延伸的"长江主轴"，其区域范围内已建成或在建的13座长江大桥，已成为一个"桥梁组群"[4]。在"万里长江第一桥"建成通车已过去38年后，武汉长江二桥于1995年6月在其下游6.8km处建成。武汉长江二桥为长江上第一座特大型预应力混凝土斜拉公路桥，它的建成也由此推动了武汉市在长江沿江两岸建设跨江桥隧步入了发展的快车道。岁月如梭，进入21世纪以来，随着武汉城市环线的不断加密，武汉大桥建设通车的速度明显加快，先后有9座跨江大桥建成通车。分别是2000年通车的白沙洲长江大桥，2001年通车的军山长江大桥，2007年通车的阳逻长江大桥，2009年通车的天兴洲长江大桥，2011年通车的二七长江大桥，2014年通车的鹦鹉洲长江大桥，2017年通车的沌口长江大桥，2019年通车的杨泗港长江大桥，2021年通车的青山长江大桥（图9）。而随着一座座长江大桥的建成通车，不仅进一步优化了武汉"环线和射线"路网结构，同时武汉长江大桥也成为一个组群。弹指一挥间过去65年，现在武汉市域内的长江江面已建成通车11座长江大桥，进入2022虎年又有双柳长江大桥、汉南长江大桥在年内动工，规划建设的还有光谷长江大桥、白沙洲公铁大

图9　武汉市域内已有9座跨江大桥建成，其市域内的长江大桥已形成世界级的大桥群组，
"桥"与"城"融合必将呈现出更为辉煌的城市人文图景

桥和多条过江隧道等，武汉市域内的长江大桥已形成世界级的大桥群组，而"桥"与"城"的话题，也从"一座桥与一个城市"演进到"大桥群组与整个城市"的范畴，在武汉这个城市是言犹不尽的，而辛克靖先生所绘《南北天堑变通途》画作对万里长江第一桥落成通车盛典的的历史追忆，无疑是武汉这个城市与大桥交融的序篇，在武汉市面向未来国家中部地区中心城市发展建设的进程中，"桥"与"城"的融合还会谱写出更为辉煌的交响乐章。

（2022 年 8 月写于武汉长江大桥建成通车 65 周年纪念前夕）

参考文献

[1]【2】辛克靖.万里长江第一桥——南北天堑变通途画记【J】.中华建设.2009（10）.16-17；

[3] 高介华.中国画传承中的新意——略议辛克靖开创的当代中国建筑画派[J].中华建设.2011（12）.48-50；

[4] 辛艺峰.环境色彩的学理研究及景观设计实践探索【M】.武汉：华中科技大学出版社.2019

*作者：*辛艺峰，华中科技大学建筑与城市规划学院教授